普通高等院校环境科学与工程类系列规划教材

水环境实验技术

主　编　王利平　陈毅忠
副主编　杜尔登　许　霞　甄树聪

中国建材工业出版社

图书在版编目（CIP）数据

水环境实验技术/王利平，陈毅忠主编. —北京：
中国建材工业出版社，2014.11
普通高等院校环境科学与工程类系列规划教材
ISBN 978-7-5160-0958-1

Ⅰ.①水… Ⅱ.①王…②陈… Ⅲ.①水环境-实验-
高等学校-教材 Ⅳ.①X143-33

中国版本图书馆 CIP 数据核字(2014)第 196311 号

内 容 简 介

本书以环境科学与工程教育和技术应用为出发点，站在学者的高度，从读者的角度，全面系统地介绍了水环境科学与工程实验技术和方法，强调将实验设计原理、数据分析处理与具体水处理实验应用案例相结合，解决落实实验项目中科学的技术路线方案和规范的实验报告。通过简要概述科学研究方法和科技论文写作的基本要求，加强科学研究型拓展实验项目的训练，提高科技论文写作的基本能力，达到创新型人才培养的目的。

本书特色主要体现在：以水环境科学与工程为出发点，在介绍基本理论知识的基础上，通过设计具体的实验案例融入相关部分，使理论与应用有机结合，提高实用性；围绕当今热点的水环境污染问题和相关课题研究的主要方向，增设了拓展性探索和创新项目内容，强化科技创新内涵；实验与研究相结合，丰富科学研究思想，增强系统性。

本书适合作为环境科学与工程、给排水科学与工程等相关专业本科生和研究生教材或教学参考书及大学生科技创新活动指导用书，也可供相关领域的科研和工程技术人员参考。

水环境实验技术
王利平　陈毅忠　主编

出版发行：中国建材工业出版社
地　　址：北京市海淀区三里河路 1 号
邮　　编：100044
经　　销：全国各地新华书店
印　　刷：北京雁林吉兆印刷有限公司
开　　本：787mm×1092mm　1/16
印　　张：12
字　　数：298 千字
版　　次：2014 年 11 月第 1 版
印　　次：2014 年 11 月第 1 次
定　　价：**43.80 元**

本社网址：www.jccbs.com.cn　　微信公众号：zgjcgycbs
本书如出现印装质量问题，由我社发行部负责调换。联系电话：(010) 88386906

前　　言

　　进入 21 世纪，由于科学技术发展的突飞猛进以及城镇化进程的加快，社会生产力得到不断提高，极大地加速了社会经济的增长，也为人类创造了前所未有的物质财富，大大地推进了社会文明的进程，可以说，人类社会已进入空前发展的新时代。然而，在经济的快速发展和人类物质财富的不断积累过程中，环境污染问题对社会的可持续发展产生了严重的影响。当今，人类、资源、环境与可持续发展问题已经波及全球的每个角落，成为影响人类社会现今和未来生存发展的重大问题。因此，环境治理显得极其重要。

　　水环境是指自然界中水的形成、分布和转化所处空间的环境，是指围绕人群空间及可直接或间接影响人类生活和发展的水体，及其正常功能的各种自然因素和有关社会因素的总体。亦指相对稳定的、以陆地为边界的天然水域所处空间的环境。水在地球上处于不断循环的动态平衡状态。天然水的基本化学成分和含量，反映了它在不同自然环境循环过程中的原始物理化学性质，是研究水环境中元素存在、迁移和转化对环境质量（或污染程度）与水质评价的基本依据。水环境是构成环境的基本要素之一，是人类社会赖以生存和发展的重要条件，也是受人类干扰和破坏最严重的领域。水环境的污染和破坏已成为当今世界主要的环境问题之一。

　　水环境实验技术是给排水科学与工程、环境工程及相关学科的重要组成部分，是科研和工程技术人员解决水环境中水质质量检测评价、水处理工艺方案以及研发水环境污染治理创新技术等问题的一个重要手段。许多水环境污染现象解释，污染治理技术、处理方案、装备设计参数和操作运行方式的确定等，都需要通过实验测定和分析，才能较合理地进行工程设计，取得预期的处理效果。鉴于此，编者针对水环境领域的水质科学及工程问题，编写了《水环境实验技术》一书，以供高等院校相关专业师生和科研及工程技术人员选用、参考。

本书按照教育部和专业指导委员会关于高等学校本科专业教学规范的建议编写。内容主要包括：水环境科学研究方法、实验设计研究与数据分析处理、水样的采集与保存、水处理实验、研究型拓展实验、论文写作等方面。为加强学生科技创新实践能力的培养，在基本的检测性、验证性和演示性实验基础上，结合作者近年来承担完成的科研项目，增选了一些设计性、研究性和创新性拓展实验，以供有潜能和愿望的本科生、研究生及技术人员选用学习。

本书由王利平、陈毅忠担任主编，杜尔登、许霞、甄树聪担任副主编。编写过程中，研究生李祥梅、章滢、刘静静、沈肖龙、任娅娜等参与了录入、绘图、校对等工作。本书的编写还参考了一些专家、学者的相关文献资料和研究成果，在此表示诚挚的感谢。

由于编者水平有限和时间仓促，书中不妥之处在所难免，敬请读者批评指正。

编　者

2014 年 10 月

目　　录

第1章　水环境工程实验的教学目的与要求

1.1　实验的教学目的

　　水环境工程是建立在实验及科学研究基础上的学科。许多水体水量、水质变化规律，水环境污染现象的解释，水污染治理工艺及技术，水处理设施、设备的设计参数和操作运行方式的确定，都需要通过实验的方法和科学的研究来解决。例如，水处理中絮凝沉淀所用药剂种类的选择和生产运行条件的确定，以及催化氧化技术处理工业高浓度有机废水时工艺参数的确定等，需要通过实验测定和分析，才能较合理地进行工程设计，正确地指导运行管理。

　　水环境工程实验是环境科学与工程学科和给排水科学与工程学科的重要组成部分，是科研和工程技术人员解决水环境污染治理中各种问题的重要手段之一。通过实验研究，可以解决的主要问题有：

　　① 掌握水体中污染物的迁移转化规律，为水环境资源保护和利用提供依据。
　　② 掌握水处理过程中污染物去除的基本规律，以改进和提高现有的处理技术和设备。
　　③ 研发新的水处理工艺、技术和设备。
　　④ 实现水污染控制与治理设备的优化设计和优化控制。
　　⑤ 解决水环境污染治理技术开发中的放大问题。

1.2　实验的基本程序

　　为了更好地实现教学目标，使学生学好本课程，下面简要介绍关于实验工作的基本程序。

　　（1）实验选题

　　实验的选题应在符合本学科专业培养方案基础上，适当增加学科前沿探索性拓展实验，以提升学生的科技创新能力培养。选题通常来源于专业教学计划要求、实际需要、理论需要、个人经验和前人的研究与文献资料等。

　　（2）提出问题

　　根据已经学习掌握的相关知识，针对实验选题提出打算验证的基本概念、原理或探索研究的问题。

　　（3）设计实验方案

　　确定实验选题和目标后，要根据人力、设备、药品和技术能力等实验条件的具体情况进行实验方案的设计。实验方案应包括实验目的、实验装置、材料与药剂、实验步骤、测试项目和测试方法等内容。

（4）实验研究

① 根据设计好的实验方案组织实验，按时进行项目测试。

② 记录收集实验数据，观测实验现象。

③ 及时整理分析实验数据。

实验数据的可靠性和定期整理分析是实验工作的重要环节，实验者必须经常用已掌握的基本概念分析实验数据。通过数据分析和实验现象研究加深对基本概念的理解，并发现实验设备、操作运行、测试方法和实验方向等方面的问题，以便及时解决，使实验工作能较顺利地进行完成。

（5）实验总结

通过系统分析实验数据，对实验结果进行评价。实验总结的内容主要包括：

① 通过实验掌握了哪些新的知识。

② 是否解决了提出研究的问题。

③ 是否验证了理论上的基本概念和原理或证明了文献中的某些论点。

④ 实验结果是否可用于改进已有的工艺设备和操作运行条件或设计新的水处理设备。

⑤ 当实验数据不合理时，应分析原因，提出新的实验方案。

⑥ 编制实验报告书。

1.3 实验的教学要求

水环境工程实验的教学要求一般包括以下几个方面：

（1）课前预习

为完成好每个实验，学生在课前必须认真阅读实验指导书，清楚地了解实验项目的目的要求、实验原理、实验内容、测试项目和方法、实验步骤和注意事项等，熟悉实验记录表格，写出简明的预习提纲。

（2）实验设计

实验设计是实验研究的重要环节，是获得满足要求的实验结果的基本保障。在实验教学中，宜将此环节的训练放在部分实验项目完成后进行，以达到使学生掌握实验设计方法的目的。

（3）实验操作

学生实验前应仔细检查实验设备、仪器仪表是否正常齐全，实验材料和药剂是否满足实验要求。实验时要严格按照操作规程认真操作，仔细观察实验现象，精心测定实验数据，并详细填写实验记录表。实验结束后，要将实验设备和仪器仪表恢复原状，将周围环境整理干净。学生应注意培养自己严谨的科学态度和协作精神，养成良好的学习和工作习惯。

（4）实验数据处理

通过实验取得大量数据后，必须对实验数据进行科学的整理分析，去伪存真，去粗取精，优化工艺参数，以得到正确和可靠的结论。

（5）编写实验报告

实验报告的编写是实验教学中必不可少的环节。这一环节的训练可为学生今后写好科技论文或科研报告打下基础。实验报告应包括：实验项目、实验目的、实验原理、实验装置和方法、实验仪器和材料、分析项目和方法、实验数据处理、实验结果与讨论以及建议等。

1.4　研究性拓展实验思路

环境类学科是综合性很强的学科，然而长期以来，水环境工程实验的教程形成了一种传统的模式，那就是：提出实验的目的要求、阐明实验的基本原理、描述实验的仪器设备并介绍实验的方法和步骤。学生阅读了这样的教材后，只要按部就班的在实验室按照已安排好的仪器设备上进行运行操作、取样检测、记录数据，并进行适当的数据处理，就可以得出结果，完成实验工作。这样的实验教材，对于让学生初步学习如何进行实验、学会基本仪器的使用、加深对理论的了解都是有益的，也是必要的。但仅有这样的实验教材是不够的，它在一定程度上限制了学生的主动性与积极性，难以激发学生独立思考问题的兴趣和激情，更难以拓展学生对学科前沿知识的学习和技术探索，因而不利于创新人才的培养。

本教程针对环境类本科教育培养目标和培养方案的基本要求，在满足一般的演示性、检测性和验证性实验的基础上，增加了设计性和研究性拓展实验。对于设计性研究性实验，要求学生通过查阅有关书籍、文献资料，了解和掌握与课题有关的国内外技术状况、发展动态，并在此基础上，根据实验课题要求和实验室条件，提出具体的实验方案设计，包括实验方案技术路线、实验条件要求、实验内容和目标、关键技术问题、实验计划进度等。虽然这种实验一般要花费较多的时间，而且往往不是一般风顺的，但却是培养学生独立开展科学研究工作能力，特别是创新能力所必需的。通过这样的实验活动，学生能系统学习相关理论知识，深入理解水环境科学与工程原理，提高自学能力、动手能力、设计能力和实验技能，激发创新精神，拓展国际视野。

设计性研究性实验的研究报告内容应包括：课题的调研、实验方案的设计、实验过程的描述、实验平台的构建、实验结果的分析讨论、实验结论与建议、参考文献、致谢等。

设计性研究性实验，是学生经历"三个全面"的过程，即全面分析研究问题的过程、实验技能得到全面锻炼的过程、综合能力得到全面提升的过程。具体的培养方式和要求有以下几方面。

（1）实验题目和内容

实验题目的设计是设计性研究性实验的关键。实验题目要体现内容新、难度适中和可操作性强。内容要结合学科的发展，使学生能体会到学科发展的最新动态；难度适中体现在适合本科生的实际水平，通过努力使学生有信心、有能力完成，并得到相应的锻炼；可操作性是要求实验题目与实验室的条件、指导教师的研究方向相一致，避免出现实验过程失控的现象。

实验内容要以水环境科技的发展方向、教师承担的研究项目、学生申报的科技创新计划和现有基础为依托，并结合本科生创新人才的培养要求而确定。开设设计性研究性实验，每个实验课题宜在一个大题目下，设若干个子题，当参加实验的学生较多时，可以避免出现题目重复的现象，确保实验质量，使每名学生有均等牵头负责组织实验的机会，同时也有利于实验难度和可操作性的控制。

（2）实验方案的讨论与确定

组织学生进行实验方案的讨论是设计性研究性实验的另一关键点。本科生不同于研究生，提出的实验方案会出现诸多方面不合理的问题，需要指导老师予以具体分析，积极引导，协助学生确定一个切实可行的实验方案。同时，实验方案的讨论也是对学生发现问题、分析问题、创新能力和协作精神的重要培养锻炼过程。

（3）实验目标与要求

合理制定实验目标是顺利完成设计性研究性实验的保障。首先，独立查阅与检索文献。学生应在了解实验背景、目的及基本内容后，学习和掌握文献资料的查阅、检索和应用，独立进行文献查阅与检索工作，完成实验方案的设计；其次，自主进行实验研究。在巩固实验操作技能的基础上，学习实验研究技术。在指导教师辅助与引导下，自主完成实验平台的构建、分析测定试剂的配制与仪器准备。自主运行实验装置，掌握实验数据的记录方式、数据整理与分析方法。在指导教师的督导下，学习掌握相关大型仪器的分析操作技能；第三，科学分析与推导。要求学生学习和初步掌握对实验数据的科学分析与推演方式。掌握依据实验结果推演到结论的科学思维过程，巩固所学的基础知识和相关专业知识，培养和提高科学研究能力；第四，创新思维和能力的提高。通过整个实验研究过程，培养和锻炼发现问题、分析问题和解决问题的综合能力，使学生的主观能动性、创新思维和科研能力得到激发和提高。

（4）教学过程

组织好教学过程是设计性研究性实验的重要环节。首先，查阅资料提出实验方案。这一过程要求学生通过查阅有关书籍、文献资料，了解和掌握与课题有关的国内外技术状况、发展动态，并在此基础上，根据实验课题要求和实验室条件，提出具体书面实验方案设计，包括实验工艺技术路线与实验装置、实验条件要求、测试分析项目和方法、实验计划进度等；其次，对方案的讨论确定。指导教师在对实验方案审议的基础上，组织学生开展讨论。由学生介绍实验方案，指导教师根据可行性、实验室条件等因素对方案进行修正，使之具有可操作性，达到实验目的的要求，在尊重学生思路和实验要求的前提下，确定最终的实验方案；第三，组织开展实验。按确定的实验方案，由学生自己动手准备必要的实验材料、搭置实验平台，开展具体的实验和测试工作。指导教师负责现场指导，解答学生实验中遇到的难题，启发学生深入思考。创造必要的实验条件，如分析条件、必要的实验材料、药剂等；第四，实验总结。由学生自主对实验数据进行分析、总结，教师负责进行指导和答疑，使学生分析问题的能力得到锻炼和提高，最终按要求编写出实验研究报告。

（5）注意事项

① 实验时数和人数。与验证性、演示性等传统实验不同，设计性研究性实验要经过资料查阅、方案讨论、较长的实验过程和总结阶段等。因此，需要安排足够的时间保证开放性实验教学的质量。实验时数应根据实验选题确定，每个选题宜控制在12～36学时（包括课外学时数），建议课堂与课余相结合，以大学生课外科技实践、开放实验为主。为确保在实验过程中学生得到独立的锻炼，一个子课题的实验人数以3～5人为宜。

② 实验条件。设计性研究性实验课题方向较多、内容较新，实验过程所需要的实验装备种类较多，先进性要求也较高，创造较好的实验条件是综合、开放性实验开设成功的重要保障。同时，在学生设计实验方案之前，应将实验条件告知学生，避免出现实验方案与实验条件脱节，挫伤学生实验积极性的现象。

对于工艺性实验，为避免学生在分析测试上耗费过多的时间，在有限的时间内达到实验目的，在实验条件上需要创造较好的实验分析条件，包括提供部分已配置好的分析试剂等。

1.5　实验的安全管理及保障措施

（1）加强实验教学中的安全教育

要坚持"安全第一，预防为主"的方针，在水环境工程监测实验教学中，要教育学生牢固树立安全意识、环保理念，使学生能自觉地遵守实验室安全规章制度，保护环境。在实验过程中，要经常提醒学生规范操作，注意人身安全及设备安全，不乱丢乱倒废液，能回收的尽量回收，不能回收的要集中收集后统一进行无害化处理后排放。实验结束后，指导教师要求学生全面清理卫生，关闭水、电、气源，检查无安全隐患后方可离开实验室。实验室工作人员要注意实验室安全，加强安全管理，做到警钟长鸣，以期真正达到防患于未然的理想状态。

（2）加强化学试剂的安全管理

由于化学试剂大多具有一定的毒性和危险性，若管理或使用不慎，将会造成环境污染，而且有可能危及师生的生命健康和国家财产的安全。因此，应高度重视实验室中化学试剂的安全保障措施。水环境工程实验中涉及的危险化学试剂主要有汞的安全管理、腐蚀性酸碱试剂的管理、有毒有害试剂的管理和易燃易爆试剂的管理等。

（3）加强气瓶的安全保障措施

在水环境工程实验中涉及测定污水中的铜、锌、铅、镉等重金属元素时要用原子吸收分光光度计，测定水中苯系物时要用气相色谱仪。使用原子吸收分光光度计和气相色谱仪分别要用乙炔、笑气和氢气，这些气体都是压缩气体，如操作不慎，有可能造成爆炸事故。因而，气瓶的安全管理显得尤为重要。气瓶必须存放在阴凉、干燥、严禁明火、远离热源的房间，且各类不同的气瓶不能混杂存放；使用中的气瓶要直立固定放置，严禁横卧滚动；开启高压气瓶时应站在气瓶出口的侧面，动作要慢，以减少气流摩擦，防止产生静电；气体应在贮存期限内使用，气瓶应定期作技术检验，耐压试验，确保气瓶的质量安全。

（4）加强电气的安全保障措施

水环境工程实验中要用到易燃易爆的物质，如有机溶液、高压气体等，又要用到许多仪器，如原子吸收分光光度计、气相色谱仪、测汞仪、酸度计、溶氧仪、浊度仪、恒温箱等。因此，保障电气安全对人身及仪器设备的保护都是非常重要的。使用烘箱和高温炉前，必须确认自动控温装置可靠。同时还需要人工定时监测温度，以免温度过高。不得把含有大量易燃易爆溶剂的物品放入烘箱和高温炉加热。严禁乱接电源，要经常检修、维护线路以及通风、防火设备等。实验结束，要及时切断电源、气源、火源等，消除火种，关闭门窗。

（5）加强废弃物的清理处置工作

在实验教学过程中，根据实际情况要尽可能使实验微型化，加大实验室的"三废"处理力度。对于实验结束后的废弃试剂要经过化学处理才能排放掉，对于不能处理的废弃化学药品要统一收集，妥善保管。如实验结束后对剩余的废酸、废碱等，把它们收集起来，然后让它们发生中和反应后再排放掉，消除废弃化学试剂中过酸、过碱对管道、水质、土壤造成的腐蚀和污染；对剩余的有剧毒试剂如氯化汞、四氯汞钾溶液，要集中起来处理，避免对环境造成危害；对有机溶剂如乙醇、氯仿等，应分类收集、集中回收，这样既可使废物得到利用，同时又使环境免受污染；废渣要采用掩埋法，有毒的废渣必须先进行化学处理后深埋在远离居民点区的指定地点，以免毒物溶于地下水而混入饮水中，无毒废渣可以直接掩埋，掩埋地点应有记录。切实做好实验室废弃物的清理处置工作，防止实验性废弃物污染，实现实验教学的绿色化。

第 2 章 科学研究方法概论

2.1 概述

科学研究是对某一指定的对象（实物和现象）进行的研究过程，是对新知识的探求、探知。其目的是揭示研究对象的发生、发展、变化及改造的规律性，利用其规律性造福于人类社会。科学研究通常分为理论研究和实验研究，两者互相联系，互相影响，互相补充。实验研究是对新事物认识的积累，通过对实验结果（实验数据）的分析、综合和总结，最后找出可用于实践的规律。实验研究是建立并检验该理论真实性，以及进一步发展和完善的基础。理论研究是对实验研究进行知识的综合，进而形成普遍的规律性。理论研究是对实验结果的阐述和概括，进行事物之间的本质联系，并对以后的实验研究具有指导意义。

科学研究是一种高度复杂而又难以捉摸的活动，尤其对于初次进行科学研究的人员来说，对研究的目的、程序、方法并不十分明确。这时需要请教有经验的研究人员，在他们的指导下进行工作，但不能过分依赖他人，因为每个人的创造力不同，所采用的研究方法也不同，甲所遵循的方法对乙不一定适用，不同的学科，不同的问题需要不同的研究方法。当然，协同精神、发挥各自的特长也是很重要的，这一点类似设计院工作的性质。

掌握并运用良好的科学研究方法，可以发挥研究人员的创造性，使研究方向明确，工作顺利，事半功倍，以最短的时间达到预期的目的。而拙劣的研究方法会阻碍创造能力的发挥，使得研究工作缺乏总体设想，进展缓慢，误入歧途其至半途而废。

所以掌握并熟练运用正确的研究方法和思维技巧，对每个研究人员来说都很重要的，是必备的基本素质，特别是作为未来研究工作的研究生显得尤为重要。

2.2 研究方法

所谓的研究方法，很明显就是科学工作者在从事某项科学发现时所采用的方法。但是，这个过于简单的说明对我们没有多大帮助。能不能对这个问题作出更详细的说明呢？我们可以描述一下这个问题的一个理想答案。

① 在进行科学研究时，应当首先认识到问题的存在。

例如，在研究物体的运动时，首先应当注意到物体为什么会像它所发生的那样进行运动，即物体为什么在某种条件下会运动得越来越快（加速运动），而在另一种条件下则会运行得越来越慢（减速运动）。

② 要把问题的非本质方面找出来，加以剔除。例如，一个物体的味道对物体的运动是不起任何作用的。

③ 要把你能够找到的、同这个问题有关的全部数据都收集起来。在古代和中世纪，这一点仅仅意味着如实的对自然现象进行敏锐观察。但是进入近代以后，情况就有所不同了，

因为人们从那时起已经学会去模仿各种自然现象，也就是说，人们已经能够有意地设计出种种不同的条件来迫使物体按一定的方式运动，以便取得与该问题有关的各种数据。

例如，可以有意让一些球从一些斜面上滚下来。这样做时，既可以用各种大小不同的球，也可以改变球的表面性质或者改变斜面的倾斜度等。这种有意设计出来的情况就是实验，而实验对近代科学起的作用是如此之大，以至人们常常把它称为"实验科学"，以区别于古希腊的科学。

④ 有了这些收集起来的数据，就可以作出某种初步的概括，以便尽可能简明地对它们加以说明，即用某种简明扼要的语言或者某种数学关系式来加以概括。这也就是假设或假说。

⑤ 有了假说以后，你就可以对以前未打算进行的实验的结果作出推测。下一步，你便可以着手进行这些实验，看看你的假说是否成立。

⑥ 如果实验获得了预期的结果，那么，你的假说便得到了强有力的事实依据，并可能成为一种理论，甚至成为一条"自然定律"。

2.2.1 科学研究的普遍方法

唯物辩证法是科学研究的普遍方法。唯物辩证法是科学的世界观，也是科学研究的方法论，为我们搞科学研究提供了研究方法的总原则。

唯物辩证法是全面的深刻的毫无片面性弊病的发展学说，它告诉我们要分析事物内部各方面之间矛盾诸方面的联系，分析事物的质和量，现象和本质，形式和内容，原因和结果，偶然和必然，可能性和现实诸方面的联系。

唯物辩证法是科学研究的正确指南，是帮助我们揭示各种事物复杂联系的显微镜和望远镜。只有自觉应用唯物辩证法，才能客观地、全面地、深刻地观察事物，才能发现事物内部的规律性。

唯物辩证法不能代替具体科学，更不能代替具体科学的具体研究，而只能以唯物辩证法为指导，对所研究的现象进行调查研究，揭示具体事物本身固有的而不是臆想的内在联系和规律。只有进行大量的观察和实验，获得丰富的资料和数据，运用唯物辩证法进行分析和研究，才能揭示事物内部的固有联系，才能认识事物的特殊本质和规律。

2.2.2 科学研究的逻辑方法

1. 分析和综合

整体和部分是自然界普遍存在的一对基本的矛盾。作为思维操作的分析综合，是思维主体对认识对象按一定目标进行的这样或那样的分解和组合。

分析是把客观对象的整体在一定条件和目标下，分解为一定部分、单元、环节、要素并加以认识的思维方法。也就是通过思维将所研究的事物或对象分解成若干个组成单位。

综合是在分析的基础上，按一定条件和目标把对客观对象一定部分、单元、环节、要素的认识联结起来，形成对客观对象统一整体认识的思维方法。也就是通过思维把分析时分解的事物或现象的个别部分结合成为一个整体，建立它们之间的联系，并作为一个统一体加以认识的方法。

分析和综合是相互联系的，是一对对立统一的思维过程，纯粹的综合和纯粹的分析都是错误的。

传统分析综合方法的逻辑起点是分析，逻辑程序是先分析后综合，分析到综合是一个单向进行的思维过程。

系统分析的逻辑起点则是综合，其逻辑程序是综合⇔分析⇔综合双向并存和反馈。

在对某一事物或现象进行分析之前，我们对作为统一整体的研究对象已经有了一些认识、看法和想象，所以，从研究开始时，分析已经和综合统一进行了。在得到研究对象某些单元的最初分析结果后，我们就可以进行总结，即进行综合。

例如在混凝实验中，原水浊度、投药种类、投药量、水温、pH 值、反应时间、水力搅拌条件等都对混凝效果有影响。如果想同时考虑这些因素的影响，试图求出所要最佳工作条件，就会使实验变得复杂，增加实验次数，结果误差大，达不到预期的目的。为使问题简单化，通常，我们可以固定其中某些因素，求某一个或几个因素的影响程度、取值范围和最佳条件，这就是分析。在分析之前，我们已经认识到影响出水水质的并不是某个单独因素，而是众多因素共同作用的结果，所以在分析时已经在进行综合。

将各因素的影响程度，取值范围和最佳条件确定之后，我们就可以在较小的范围内，研究各因素共同起作用时对出水水质的影响，找出最佳工作条件，这就是综合，是在分析基础上的综合。通过对实验数据的处理，求出出水水质和各影响因素之间关系的函数表达式，即数学模型。这个数学模型可以指导下一步的研究工作，也可以作为水厂设计和运行管理的依据。

2. 归纳和演绎

归纳是一种推理，是从个别或特殊的事物概括出共同本质或一般原理的逻辑思维方法，逻辑学上又叫归纳推理。具有不确定性、偶然性。

归纳经历了四个历史阶段：

① 亚里士多德最早提出简单枚举法和直觉归纳。

② 穆勒关于研究因果联系的"穆勒五法"（求同法、求异法、求同求异法、剩余法、共变法）。

③ 科学归纳法，即分析方法或抽象方法和归纳方法的综合，它可以通过"解剖一只麻雀"或对理想模型分析，得到具有必然性的科学推论。

④ 概率推论（将概率引入归纳过程）有代表性的两种：一是赖欣巴赫采用的"频率概论"概念；另一种是卡尔纳普采用的"确证度"概念。

例如，生活污水排入河流后，河水中有机物浓度是否变化，怎样变化，是否有一般性规律。经测定发现，有机物排入水体后，有机物浓度逐渐降低，河水具有自净能力。这就是归纳，是从几条河流（个别的或特殊的前提）有机物浓度变化的趋势得出水体（普遍的）具有自净能力这样一个一般性的结论。

演绎是一种科学的认识形式，是根据已有的一般原则去推论个别事物的方法，即从一般到特殊的推理。

最早的演绎法是亚里士多德在其形式逻辑中阐明的三段论。三段论从前提到结论是从一般到特殊的演绎推理。只要前提为真，又遵从形式逻辑关于推理形式的规则要求，则真值是必然下传的，结论是恒真的。

近代科学宗师笛卡尔、伽利略、牛顿，在科学研究中创造了数学—演绎方法，是演绎方法的极大进步。

演绎是在对整体多数特征认识的基础上，推出个别事物的结论，是从普遍的概念到部分的概念。例如，由"水体具有自净能力"这个一般的原则，我们可以推出甲河具有自净能力，因而污水排入甲河后，有机物浓度会逐渐降低，可以利用水体的自净能力减小污水厂的规模。这就是演绎，从一般到某一特殊的结论。

注意：归纳法的结论不能导致理论的建立，因为由个别到一般的推理中，个别的数目总是有限的，不可能把全部的个别事物都经过试验，所以归纳后要进行演绎。

所以，演绎推理的实践可以检验并丰富充实归纳推理，归纳和演绎在正确思维中是一对不可分割的矛盾。

在从个别到一般的归纳推理中之所以会得到错误的结论，是由于概括的匆忙性，没有充分的根据就进行概括，或者按照次要的和偶然的特征进行概括，用一般的时间顺序代替联系的内因，或用不存在的条件作为条件，也就是毫无根据地把所得到的结论扩大到产生这个结论的具体条件范围之外。所以在应用归纳法时要特别小心。

例如，污水排入水体后，在排放口下游测了几个点的溶解氧含量，当 t 等于 t_0、t_1、t_2、t_3 时，溶解氧含量分别为 C_0、C_1、C_2、C_3。在坐标纸上点点连线，发现溶解氧含量 C_i 与时间 t_i 呈直线关系：$C_i = C_0 - at_i$，见图 2-1，就归纳出："污水排入水体后，水中溶解氧含量以等速减少"。

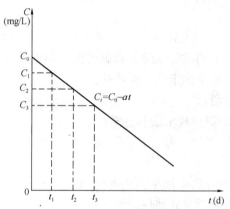

图 2-1　溶解氧变化曲线（Ⅰ）

这个结论是否正确可用演绎推理来校验。在 t_3 之后再测几个点就会发现：实测溶解氧含量大于用归纳公式算出的数值，而且时间越长，差值越大，最后水体溶解氧含量恢复到排放点的含量。通过演绎推理可以说明第一次归纳是匆忙的，不正确的。正确的归纳是：污水排入水体后，水中溶解氧含量先是逐渐减少，过了临界点以后，水中溶解氧含量又逐渐增加，最后恢复到排放前的水平。其变化曲线是一条氧垂曲线，见图 2-2。

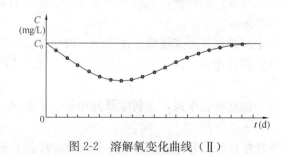

图 2-2　溶解氧变化曲线（Ⅱ）

3. 类比与模型

类比是一种由特殊到特殊的推理，是从两个对象某些属性的类似（或相同），推出它们的其他属性也类似（或相同）的一种形式。

自然辩证法中可用于类比推理，可表示为：

A 有 a，b，c，d；

B 有 a，b，c；

则 B 可能有 d。

类比推理可以是"特殊—特殊"，也可以是"一般——一般"。类比推理的思维过程，其基本环节是联想和比较。

例如，黄土可以造成水的浑浊，高岭土也能造成水的浑浊。地表水处理中所需处理的浊度是由黄土造成的，而不是由高岭土造成的。但由于两种物质都能使水浑说的现象类似，而且用高岭土配置某一浓度的水比较方便，所以实验室中常用高岭土配置浊水进行研究。找出水力条件、投药量、水温等于出水浊度的关系，进而推广到实际地表水的处理中。又如，在研究微生物降解生活污水中有机物的动力学关系时，可以用人工配制的培养基来研究降解关系，进而推广到真实生活污水中有机物降解的动力学关系。

模型是研究对象（系统或过程）的一种简化、抽象和类比的表示方式，是一种行为过程的定量或定型的代表。模型不再包括原研究对象的全部特征，但应包括原型的基本特征。模型能描述原研究对象的带有本质的特征，并且提供了相似于原研究对象的环境条件，能显示出研究对象具有的决定性意义的结果。

模型是对研究对象的抽象。抽象的程度不同，模型离研究对象原型的差距也不同。抽象程度越高，模型离原型越远，所考虑的因素越少，研究越容易；反之，抽象程度越低，模型离原型越接近，所考虑的因素越多，研究也越困难。

常用的模型法有实体模型和数学模型。实体模型就是缩小了几何尺寸，去掉一些次要设备，但保留了主要特征的实体。例如，为了设计一种新的沉淀池，可按 1：10 或 1：5 建立一个与原形相似的模型。在实验室内进行试验，测定有关数据，经过数据处理来分析这种新型沉淀池的性能和特点。

数学模型是通过假说、理论推导和实验数据处理来建立影响实体工作状况的各影响因素之间的数学关系式，如微分方程、积分方程或代数方程。

大多数数学模型在不同程度上包含简化或近似。这样做或许是为了使数学模型求解比较容易些；或许是因为对研究对象的某些参数还缺乏了解。但简化或近似的结果不能与模型的目标相矛盾，以保证数学模型的精确度和实用性。例如，在污泥浓缩和脱水过程中，上清夜或滤液中固体物质浓度 C_e 与污水中固体物质浓度相比是很高的，但与浓缩后污泥或滤饼中固体物质的浓度 C_v 相比是很小的。所以在公式推导过程中近似认为 $C_e = 0$，使问题简单化，方程推导和求解容易。这种近似对于确定浓缩池面积或真空过滤面积大小的影响很小。但计算过程简单多了。

4. 观察与实验

观察是研究客观事物和现象的一种形式，是感觉知觉和思维过程同时进行的一种研究方法，是人们有计划、有目的地感知和描述客观事物、获取感性材料的基本手段。

科学的观察只是记录参数数值，对研究对象没有影响，或仅有不明显的影响。

科学的观察不仅是看见事物，还包括思维过程。一切科学的观察都包含两个因素：①感觉知觉因素（通常是视觉）；②思维因素。进行科学的观察必须在看到某个现象的同时，要将看到的现象或事物与过去的经验联系起来，经过思考提出某种假说，只有这样，观察才有意义。

科学的观察就是进行专注的详审细查，要作详尽的笔记和绘图，必要时借助摄影、拍照、显微镜等高新手段，这是促使观察准确的宝贵方法。

在进行观察时，思维不应受约束，以免先入为主，不是客观的观察，而是带着某种框框去寻找预期的特征，忽视其他发生的现象。某些预期之外的现象尽管开始时令人不解，但有可能用来解释常见的现象，有可能导致重要的结论。所以观察不是消极的注视，而是一种积极的思维过程。

在一次观察中企图观察到所有的一切是不可能的，因此观察时应把大部分注意力集中在选定的范围内（即希望得到的结果），但同时也要留心其他发生的现象（即未预料到的现象），特别是异常现象。

观察可导致新的技术的发明，如仿生学的研究和应用。观察是一项枯燥、机械而繁琐的工作，故需要有耐心、细心的精神。

实验方法是人们根据一定科学研究的目的，运用一定的物质手段（科学仪器和设备），在人为控制或变革客观事物的条件下获得科学事实的方法。

实验是科学拟定的试验，是在给定的条件下对研究对象进行指定的研究。在试验过程中，可以利用仪器和工具人为的对试验加以控制和影响，必要时还可以在同样条件下重复进行试验。试验时，既可以排除次要因素使实验简单化，也可以引入新的因素使实验更加完善。

研究对象往往受许多因素的影响，其中有主要的，也有次要的。为使实验简单化，除了要研究的那个主要因素外，其他一切方面都应尽量相似，即一次改变一个因素。当几个影响因素都比较重要时，可用正交试验法来设计实验。

实验是否成功的鉴别标准是该实验能否再现。如果在已知因素未变的条件下，两次实验的结果不同，则说明某个或某些未被认识的因素影响了实验的结果，这有可能导致新的发现。

实验过程中应对全部细节作详尽的纪录。有些细节在当时可能没有用处，但是过后，进行实验数据分析时，这些细节对于实验结果可能有重大意义。所以，作详尽的笔记是促进自己进行细致观察的一种有用的方法。

当然，实验人员必须正确认识自己所使用的方法、设备、仪器和手段，认识这些方法的局限性和所能达到的精确度。任何方法和手段都难免出差错，难免得出使人误解的结果。遇到这种情况，应能迅速发掘并用另一种方法校核。

分析实验结果作结论时要谨慎小心。某些实验的结论，仅仅是对于进行该项试验特定条件而言的。实验研究结果究竟有多大的实用范围，必然要受到某些条件的限制。因此，对实验结果的应用范围要给予高度重视。

2.2.3　科学研究的主要阶段

1. 创立理论的思维过程

准备阶段——问题的提出，酝酿阶段——问题的求解，豁朗阶段——问题的突破，验证阶段——问题成果的证明和检验。

2. 发现和提出问题

课题选择和决策（需要性原则、创造性原则、科学性原则、可行性原则）科研选题的程序和方法：①首先选择研究方向。②然后调查研究和提出问题，主要从以下几个方面搜集和整理有关问题。从新的和意外的现象中发现问题；经验归纳和外推；怀疑；注意科学研究的空白区。③最后选择和确定研究课题。

3. 获取科学事实

可以通过以下几个方法获取科学事实：文献方法，观察方法，实验方法，观察和实验中的机遇。

4. 概括科学事实

主要有逻辑思维方法和非逻辑思维方法。逻辑思维方法包括：归纳和演绎，分析与综合，抽象和具体，逻辑与历史。非逻辑思维方法包括：形象思维，直觉思维，创造性思维（求异性、联想性、发散性、逆向性、独创性、变通性、形象性、合性、超前性）。

5. 形成发展科学理论

主要通过数学方法（建立数学模型、推导和求解、解释和预见）和假说方法形成发展科学理论。科学假说是通向科学理论的桥梁，假说——理论——新假说——新理论。假说是激发思维创造性的媒介，不同假说的"争鸣"有利于学术繁荣。

6. 科学理论的评价和检验

科学理论的评价：经验论与整体论的评价。

科学理论的逻辑评价：相容性评价、自洽性评价、简单性评价。

科学理论的检验：科学实验。

2.3　研究方向的选择与确定

在进行研究之前，首先要选择研究方向，确定研究题目，提出选题报告，经有关部门批准后方能进行。

科研题目的来源通常有三个方面：①国家、省部级课题（自然科学基金、科技攻关项目、星火计划等）；②与其他单位协作；③自选。科研题目从接触到最后确定研究方案，大致需要经过的过程如图 2-3 所示。

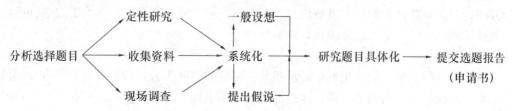

图 2-3　科研题目从接触到最后确定研究方案的过程

（1）可行性分析

接触科研题目后，首先要进行可行性研究，也就是要分析考虑以下几方面内容：在规定的期限内完成这个科研项目是否有把握；资金是否有保障；仪器设备是否齐全，仪器设备的

13

精度是否能满足要求；实验场地是否够用；实验员是否得力；手头资料是否齐全；科研班子搭配是否合理；自己的能力、水平和时间如何等。经过全面地分析认为有能力、有条件、能按时完成，才能进行下一步的工作。

对于第一次搞科研的人来说，应当选择一个合适的、有可能成功的题目。因为第一次的成功对以后的科研工作有很大的推动作用。

（2）资料收集与现场调查

经过可行性研究以后，下一步需要进行资料收集和现场调查。要详细了解国内外关于这方面研究的进展情况，已经做了哪些研究，取得可哪些成果，还存在哪些问题。这些情况对于确定研究方案和实验步骤是必不可少的。

收集的资料包括技术文献——书籍、杂志和论文的摘要，科学技术文集，专利情报等。作为研究的起点，教材往往是很有用处的，而一篇新近出版的评论文章则更好。这是因为两者都对现有的知识做了全面的总结，并提供了主要的参考资料。但是，也应当看到，教科书的编者为了使全书连贯一致，只是汇编了最主要的事实和编者认为正确的假说，去掉了不衔接或有矛盾的内容；同时教科书中难免掺进了编者自己的观点和倾向。所以，我们还要根据书后的参考书目去查阅原著，并继续追踪阅读，就可以找到所研究题目的全部文献。

对于应用研究和工程问题，除了批判地阅读有关文献资料外，还应到现场进行调查研究，收集这个问题的现状、缺陷和危害，了解现场工作人员的意见、要求和看法，这对于确定研究方案是很重要的。

（3）系统分析和提出假说

掌握了大量文献资料之后，需要对现有资料进行系统的分析、整理和消化，弄清楚各种资料之间的关系，把收集的资料与自己的知识和经验加以比较。寻找出有意义的相似之处和共同点，找出不同作者之间观点的差别，自己掌握的知识和经验与文献资料之间的矛盾，再联系在现场调查中所收集资料和发现的线索，找出现有知识的空当，在这个基础上提出假说和设想。

假说和设想是进行科学研究的一种重要手段和思想方法，是进行新的实验和新的观察的基础。

（4）研究题目具体化

系统分析之后，就需要对研究课题的细节进行具体的研究和分析，即研究题目具体化。其中包括以下几方面内容：确定实验的工艺流程；选择实验设备仪器；组织研究小组；设计实验程序；时间安排；实验研究经费估算及来源等。经过分析和研究，认为客观条件已经具备，能够按期完成，可提出选题报告。

（5）选题报告

选题报告是向上级部门提出的申请承担某一科研题目的报告，目的是请上级有关部门审查、同意，获得财力、物力的支持。选题报告应包括下列内容：

① 研究课题名称。

② 研究人员简况。课题负责人，主要参加单位和人员，协作单位和人员。

③ 研究目的、意义及国内外发展现状、参考文献。

④ 研究内容、实验方法，技术线路及预期达到的目标。

⑤ 实验条件。

⑥ 计划进度。

⑦ 经费预算。

⑧ 其他（专家审核意见、各级主管部门审批意见）。

递交选题报告后，可进行一些准备工作。如果上级部门统一，实验研究工作就正式开始进行。

第3章　实验设计

实验设计是数理统计的一个重要内容。水处理中影响因素多且复杂。水处理实验就是通过对水温、pH 值、有机物含量、悬浮物含量、微生物量、各种重金属离子、加药量、曝气量、水力条件等因素的测定，来确定这些因素对水处理过程和出水水质的影响程度，找出实验结果与各影响因素之间的相互关系，进而找出其数学模型，发现水处理过程的机理，确定最佳运行参数，以此作为设计和运行管理的依据，使设计处理构筑物更合理、更安全、更先进。

我们知道，实验结果受许多因素的影响，要找出各个因素对实验结果的影响程度和取值范围，就需要进行正确、合理的实验设计，即设计实验方案，确定实验次数，确定实验组合，安排实验组合的先后顺序，每个因素的取值个数及范围大小（只能取若干个离散的点进行实验）。实验设计在整个实验研究阶段是十分重要的。

运用数学原理，科学地安排实验，合理选定各因素的取值个数及大小，用尽可能多的实验次数找出最佳结果——优化实验设计。

3.1　实验规模的确定

3.1.1　实验设计中几个常用参数

1. 指标 Y

在一个实验中，用来衡量实验结果好坏的标准叫指标。例如，混凝实验中，剩余浊度即为实验指标，过滤也是如此，而生物处理确定最佳污泥符合率时，出水的有机物浓度即可作为实验指标。

2. 因素 X

对实验指标有影响的条件叫因素，因素包括以下内容。①研究对象本身性质的因素：悬浮固体（SS）、含砂量、有机物浓度等。②外界环境影响的因素：絮凝时间（T）、速度梯度（G）、加药量、曝气量等。因素分为可控制因素和不可控制因素。

3. 水平 p

在实验优化设计中，因素所取的不同数值叫水平。也就是在实验中某因素在几种状态下对指标 Y 的影响的结果，则这个因素的几种状态称为这个因素的几种水平。同一实验，水平越多，实验结果精度越高，但次数增多。

有的水平可以用数量表示，这种水平叫定量水平，如 pH 值、温度、加药量等；有的水平不可用数量表示，这种水平叫定性水平，如药品种类、搅拌形式、加药顺序、水的气味等。

3.1.2　实验规模的确定

实验规模就是指研究某个问题的实验组合数。实验规模的大小取决于因素 X_i 的个数 $q(i = 1, 2, 3, \cdots, q)$ 和每个因素的水平数 P。实验规模的大小直接影响结果的精度。

实验研究的目的：建立指标 Y 和各因素 X_i 之间的数学表达式 $Y = f(X_i)$ ，（$i=1$，2，3，…，n）。

确定实验规模时应注意：

① 正确选择实验因素。根据经验和理论推理公式，抓住主要因素，去掉次要因素，减少实验次数。

② 正确确定水平数和水平间距。水平数多，实验精确度高，以求出最佳控制点。但增加了实验次数，工作量加大。各实验点之间的间距可根据函数 $Y = f(X_i)$ 的曲线形状区别对待。对直线关系，一般用平均点距（均分法）。对曲线关系，$\left|\dfrac{\mathrm{d}Y}{\mathrm{d}X}\right|$ 较大时，间距可适当小一些；当 $\left|\dfrac{\mathrm{d}Y}{\mathrm{d}X}\right|$ 较小时，间距可适当大一些。

③ 正确确定每个水平点的实验次数。每个实验点所作的实验次数可根据实验仪器的精度高低来确定，若其精度高可不进行重复实验或较少重复实验；若仪器精度较低时，可适当增加重复实验次数，取其平均值，以增加可靠程度。重复次数越多，精度越高，但工作量增加。

3.2　优化实验设计原理

优化实验设计包括以下三个方面：

（1）首先应确定包括最优点在内的因素 X 的取值范围，即 $a \leqslant X_i \leqslant b$。

（2）确定指标 Y。可写成指标函数 $Y = f(X_i)$，对于不能写成指标函数，或者实验结果不能用定量表示的情况，就要确定评定实验结果好坏的标准。

（3）确定 $[a, b]$ 内实验点的个数和间距。这是实验设计的关键，它决定了实验的规模和实验结果的精确度。

优化实验设计中，为使实验设计得更合理，需要应用以下的数学原理：①单峰函数及其性质。②菲波那奇数列法。继 $f_1=1$，$f_2=2$，$f_n=f_{n-1}+f_{n-2}$（$n=2$，3，4，…），任一项都等于它前面两项之和。当 $n \geqslant 7$ 时，$\dfrac{f_n}{f_{n-1}}$ 趋向于 0.618（常数）。③黄金分割法。黄金分割法是寻找单峰函数最优值的一种方法。见图 3-1，设线段 ab 长为 1，点 c 将线段 ab 分割成大小两部分，若 c 点满足 $\dfrac{ac}{ab} = \dfrac{cb}{ac}$，称点 c 为线段 ab 的黄金分割点，这种方法称为黄金分割法。

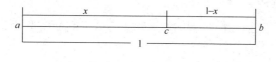

图 3-1　线段分割

3.3　单因素优化实验设计

单因素实验就是在影响指标 Y 的许多因素中考虑一个因素的影响，其他因素尽量保持不变。其表达式为 $Y = f(X)$。单因素优化实验设计就是在所考虑因素的取值范围内，合理安排一些实验点，在满足对实验精度要求的前提下，使实验次数尽量少的实验设计方法。常用的单因素优化实验设计方法有以下几种。

3.3.1 均分法

均分法是将实验范围 ab 分为 $n+1$ 等份，见图 3-2，共有 n 个实验点（不包括取值范围的最小值和最大值）。每个实验点的取值为 $X_i = a + \dfrac{b-a}{n+1}i$ $(i=1, 2, 3, \cdots, n)$，经过几次实验，比较几次实验结果，选出最优点。

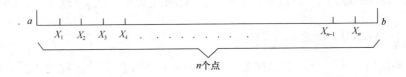

图 3-2　均分法

例 3-1　已知某因素取值范围为 $3000 \sim 10000 \mathrm{mg/L}$，若实验最优值 x^0 与真实最优值 x^* 差值 $|x^0 - x^*| \leqslant 20 \mathrm{mg/L}$，实验用均分法实验求最优值，问：

① 最少需进行多少次实验；

② 第一次实验 x 取值是多少 mg/L。

解： $x \in [3000, 10000]$

① 由 $\dfrac{b-a}{n+1} \leqslant |x^0 - x^*| \leqslant 20$

得　$n = \dfrac{b-a}{20} - 1 = \dfrac{10000 - 3000}{20} - 1 = 349$（次）

② 由 $X_i = a + \dfrac{b-a}{n+1}i$ $\quad (i=1, 2, 3, \cdots, n)$

得 $X_1 = 3000 + \dfrac{7000}{349+1} \times 1 = 3020 \mathrm{mg/L}$

特点：

① n 次实验最优设计点 x^* 与真实最优点 x^0 的距离不超过 $\dfrac{b-a}{n+1}$；

② 实验可同时进行，也可以按顺序进行；

③ 实验次数多，工作量大。

3.3.2 对分法——定性法

实验指标 Y 是定性指标，并且能从每次实验的结果判断实验因素的取值应向哪个方向移动时可用对分法。

例 3-3　已知 $q = 10 \sim 20 \mathrm{L/(s \cdot m^2)}$，通过实验求出滤料的最佳 $q_{冲}$。

解： 第一次实验，取 $q_1 = \dfrac{10+20}{2} = 15 \mathrm{L/(s \cdot m^2)}$，实验发现：在 $q_1 = 15 \mathrm{L/(s \cdot m^2)}$ 时，有较多滤料被冲洗，说明冲洗强度过大，故最优点应在第一次实验点的左侧，即 $10 \sim 15$ 之间。

第二次实验：$q_2 = \dfrac{10+15}{2} = 12.5 \mathrm{L/(s \cdot m^2)}$，实验发现滤料未膨胀，故 q_2 太小，所以

最优点在 12.5～15L/（s·m²）之间。

第三次实验：$q_3 = \dfrac{12.5+15}{2} = 13.75$L/（s·m²），实验发现 q_3 合适，故这种滤料的反冲洗强度的最佳值为 13.75L/（s·m²）。

特点：

① 据一次实验结果知道最优点是在实验点的左侧还是右侧；

② 每次实验后可去掉取值范围一半；

③ 实验必须顺序进行，下一次实验是由上一次结果定；

④ 实验的次数最少，工作量最小。

3.4　双因素优化实验设计

当指标 Z 是两个因素 x 和 y 的函数式 $Z = f(x, y)$ 时，而且两个因素对指标 Z 的影响都很大，不能随便忽略其中任意一个，必须考虑 x、y 两个因素，这种实验设计称为双因素实验设计。

双因素优化实验涉及仿照单因素优化设计的方法进行，常用的方法有下列两种。

3.4.1　二维均分法

指标 Z 是因素 x 和 y 的函数，x 的实验范围是 $[a, b]$，y 的实验范围是 $[c, d]$，则同时考虑因素 x 和 y 的取值范围是一个长方形。见图 3-3。

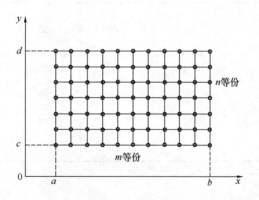

图 3-3　二维均分法

把区间 $[a, b]$ 分成 m 等份，区间 $[c, d]$ 分成 n 等份，总共有 $(m+1)(n+1)$ 个网点，按每一个网点的 x 和 y 值做实验，共做 $(m+1)(n+1)$ 次实验。从这些实验中选出最优点 $[x^0, y^0]$，这个最优点与真实最优点 $[x^*, y^*]$ 的差距对于因素 x 不大于 $\dfrac{b-a}{m}$，对于因素 y 不大于 $\dfrac{d-c}{n}$。

二维均分法的特点是：

① 方法简单；

② 在满足精度要求的情况下，实验次数多，工作量大；

③ 当实验次数一定时，结果的精度小。

例 3-3 中温污泥消化的温度通常在 $30\sim35\,^\circ\mathrm{C}$ 之间，pH 值在 $6.5\sim8$ 之间，以有机物去除率 η 为指标，找出最佳温度和最佳 pH 值，使得去除率 η 最大。

解： 将温度分成 5 等份，6 个实验点分别为 30、31、32、33、34、35℃，pH 值分为 3 等份，4 个实验点分别为 6.5，7，7.5，8。总共 $(m+1)\,(n+1)=6\times4=24$ 次实验，见图 3-4。

在图 3-4 的网点处进行实验，实验结果见表 3-1。由表可以看出，最佳工作状态为 pH＝7，温度为 33℃。

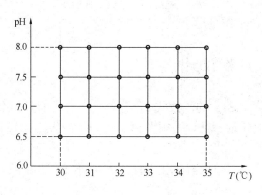

图 3-4　污泥中温消化实验设计

表 3-1　污泥中温消化实验设计

η / T pH	30	31	32	33	34	35
6.5	38	50	58	56	46	40
7	46	60	76	81	66	50
7.5	42	56	64	68	62	52
8	36	46	52	54	52	44

3.4.2　纵横对折法

纵横对折法仿照单因素优化设计的对分法，每次去掉取值范围的一半。在精度一定的条件下，纵横对折法实验次数最少。

设因素 x 的取值范围为 $[a, b]$，因素 y 的取值范围为 $[c, d]$，取值范围为一个长方形。在长方形区域（$a \leqslant x \leqslant b$，$c \leqslant y \leqslant d$）上，取每边的中点对折，得两条直线 $x = \dfrac{1}{2}(a+b)$，$y = \dfrac{1}{2}(c+d)$。首先固定 y 值，在直线 $y = \dfrac{1}{2}(c+d)$ 上，用单因素优化设计方法（根据情况选用均分法，对分法，分数法和 0.618 法），求出 $y = \dfrac{1}{2}(c+d)$ 时的最优 x 值 x_1，该点 A_1 的坐标为 $\left[x_1, \dfrac{1}{2}(c+d)\right]$。然后固定 x 值，在 $x = \dfrac{1}{2}(a+b)$ 上用单因素优化设计方

法求出最优值 y_1，该点 B_1 的坐标为 $\left[\dfrac{1}{2}(a+b)，y_1\right]$。比较的实验结果，如果 A_1 点的结果优于 B_1 点，就去掉 $x=\dfrac{1}{2}(a+b)$ 为界，不包括 A_1 点的半个区域，见图 3-5。如果 B_1 点的结果优于 A_1 点，就去掉 $y=\dfrac{1}{2}(c+d)$ 为界，不包括 B_1 点的半个区域，见图 3-6。

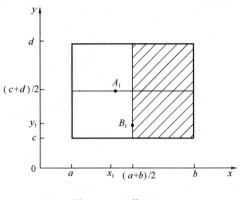

图 3-5　A_1 优于 B_1

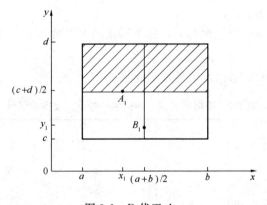

图 3-6　B_1 优于 A_1

假设 A_1 点优于 B_1 点，去掉不含 A_1 的半个区域，剩下的区域为 $a\leqslant x\leqslant\dfrac{1}{2}(a+b)$，$c\leqslant y\leqslant d$，参看图 3-5 $\left[\text{如果 } x>\dfrac{1}{2}(a+b)\text{，则剩下的区域为 } x\leqslant\dfrac{1}{2}(a+b)\leqslant b,c\leqslant y\leqslant d\right]$。按 a 和 $\dfrac{1}{2}(a+b)$ 的中点 $x=\dfrac{1}{2}\left[a+\dfrac{1}{2}(a+b)\right]$ 为界对折，在直线 $x=\dfrac{1}{2}\left[a+\dfrac{1}{2}(a+b)\right]$ 上按单因素优化设计方法求出最优点 y_2，该点 B_2 的坐标为 $\left[\dfrac{1}{2}a+\dfrac{1}{2}(a+n),y_2\right]$。比较 A_1 和 B_2 的实验结果，如果 A_1 的结果优于 B_2，则去掉以 $x=\dfrac{1}{2}\left[a+\dfrac{1}{2}(a+b)\right]$ 为界，不含 A_1 的半个区域，见图 3-7。对剩下的区域重复上述过程，就可以求出最优点。

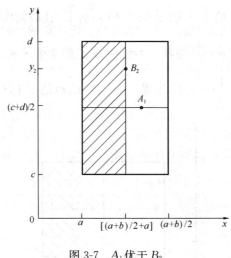

图 3-7　A_1优于B_2

3.5　正交实验设计

当实验所考虑的因素多于 2 个时，为了提高实验精度，需要用一种新的方法来安排实验，这种方法称为正交实验设计。

如果一个实验所考虑的因素数为q，每个因素的水平数为p，则实验的总次数n为：
$$n = p^q$$

不同因素数、不同水平数时的实验次数见表 3-2。

表 3-2　不同因素数、不同水平数下正交实验设计

次数 n / 因素 q / 水平 p	1	2	3	4	5	6
2	2	4	9	16	32	64
3	3	9	27	81	243	729
4	4	16	64	256	1024	4096
5	5	25	125	625	3125	15625
6	6	36	216	1296	7776	46656

从众多组合中正确选取若干具有代表性的组合进行实验，使所选取的组合能够反映出各因素影响程度和规律的方法称为正交实验法。

3.5.1　正交实验基本概念

1. 正交符号

常用$L_N(p^q)$

其中，L表示正交；N为实验号，表示实验次数，即正交表中的次数；p为水平数；q为因素数，正交表中的列数。

例如，$L_N(p_1^{q_1} \times p_2^{q_2})$表示混合水平正交。

2. 正交表

选取实验组合的依据是正交表。正交表是按一定规则选取的能够反映各因素影响程度和规律的组合。

例 3-4 某实验有 A、B、C、D 4 个因素，每个因素有 3 个水平值，则 L_9 （3^4）的正交表见表 3-3。

为使正交表具有普遍性，正交表中不用每个水平的具体数值（A_1，A_2，A_3……B_1，B_2，……D_4，D_5），而是用每个水平的号数代替，表 3-3 简化成通用正交表 3-4。

正交表中各因素水平数的排列顺序不是随便放置的，要遵循一定的规定。

表 3-3 4 因素、3 水平正交实验设计

列号 实验号 N	A	B	C	D
1	A_1	B_1	C_1	D_1
2	A_1	B_2	C_2	D_2
3	A_1	B_3	C_3	D_3
4	A_2	B_1	C_2	D_3
5	A_2	B_2	C_3	D_1
6	A_2	B_3	C_1	D_2
7	A_3	B_1	C_3	D_2
8	A_3	B_2	C_1	D_3
9	A_3	B_3	C_2	D_1

表 3-4 4 因素、3 水平正交实验简表

列号 实验号 N	1	2	3	4
1	1	1	1	1
2	1	2	2	2
3	1	3	3	3
4	2	1	2	3
5	2	2	3	1
6	2	3	1	2
7	3	1	3	2
8	3	2	1	3
9	3	3	2	1

3. 正交表的选用

常用正交表有以下几种：

① 2 水平的：L_4 （2^3），L_8 （2^7），L_{12} （2^{11}），L_{16} （2^{15}）；

② 3 水平的：L_9 （3^4），L_{27} （3^{13}）；

③ 4 水平的：L_{16} （4^5）；

④ 5 水平的：L_{25} （5^6）；

⑤ 2、3 两种水平的：$L_{12}(3\times2^4)$，$L_{18}(2\times3^7)$；

⑥ 2、4 两种水平的：$L_8(4\times2^4)$，$L_{16}(4^3\times2^6)$，$L_{16}(4^4\times2^3)$，$L_{16}(4^2\times2^9)$，$L_{16}(4\times12^{12})$；

⑦ 2、6 两种水平的：$L_{12}(6\times2^2)$；

⑧ 3、6 两种水平的：$L_{18}(6\times3^6)$；

⑨ 2、8 两种水平的：$L_{16}(8\times2^8)$。

选用正交表的方法是：

① 实验中每个因素的水平数应与正交表中的水平数 p 相等。

② 实验因素数应小于等于正交表中的因素数 q，正交表中多余的因素不用。

例 3-5 实验有 4 个因素，考虑 2 个水平，则可选用 $L_8(2^7)$。第 5 列，第 6 列，第 7 列不用，见表 3-5。

表 3-5　4 因素、2 水平正交实验设计

实验号 \ 列号	1	2	3	4
1	1	1	1	1
2	1	1	1	2
3	1	2	2	1
4	1	2	2	2
5	2	1	2	1
6	2	1	2	2
7	2	2	1	1
8	2	2	1	2

例 3-6 实验因素有 2 个，考虑水平数为 3，可选用 $L_9(3^4)$，第 3 列，第 4 列不用，见表 3-6。

表 3-6　2 因素、3 水平正交实验设计

实验号 \ 列号	1	2	3	4	5
1	1	1	1	1	1
2	1	2	1	1	1
3	1	3	2	2	2
4	1	4	2	2	2
5	2	1	1	2	2
6	2	2	1	2	2
7	2	3	2	1	1
8	2	4	2	1	1
9	3	1	2	1	2
10	3	2	2	1	2
11	3	3	1	2	1
12	3	4	1	2	1
13	4	1	2	2	1
14	4	2	2	1	1
15	4	3	1	1	2
16	4	4	1	1	2

3.5.2　正交实验方法

1. 确定因素和水平

根据理论假设或经验，确定与指标 y 有关的因素 A_1，A_2，$\cdots$，A_n，及各因素的水平值填入表 3-7。A_{ij} 表示 i 个因素的第 j 个水平值。

表 3-7　因素和水平确定表

实验号 ＼ 列号	A_1	A_2	A_3	$\cdots$	A_a
1	A_{11}	A_{21}	A_{31}	$\cdots$	A_{a1}
2	A_{12}	A_{22}	A_{32}	$\cdots$	A_{a2}
$\vdots$	$\vdots$				
b	A_{1b}	A_{2b}	A_{3b}	$\cdots$	A_{ab}

2. 确定实验方案

① 根据实验因素个数 a 和水平数 b 选择合适的正交表 $L_N(p^q)$；

② 设计表头，将正交表中列数 1，2，3，$\cdots$，q 用实验因素 A_1，A_2，$\cdots$，A_n 代替，得表 3-8。

表 3-8　实验方案确定表

实验号 ＼ 水平 因素	A_1	A_2	A_3	$\cdots$	A_a	指标 y
1	A_{11}	A_{21}	A_{31}	$\cdots$	A_{a1}	y_1
2	A_{12}	A_{22}	A_{32}		A_{a2}	y_2
$\vdots$			$\vdots$			
b	A_{1b}	A_{2b}	A_{3b}		A_{ab}	y_b
n	A_{1b}	A_{2b}	A_{3b}		A_{an}	y_n

表中大于 a 的列没有放因素，它在安排实验上不起作用，可去掉。

③ 将各水平值填入上表中，第一列中的 1 换成 A_{11}，2 换成 A_{12}，$\cdots$，b 换成 A_{1b}；第二列中的 1 换成 A_{21}，2 换成 A_{22}，$\cdots$，b 换成 A_{2b}；第 a 列中的 1 换成 A_{a1}，2 换成 A_{a2}，$\cdots$，b 换成 A_{ab}。（A_{ij} 表示第 i 个因素的第 j 个水平值）

3. 实验

按上表中各实验号（1，2，3，$\cdots$，n）所定各因素水平值的组合分别进行实验，将实验结果（指标 y）填入表右侧的指标栏内。根据实验要求，指标可以是 1 个或 n 个。

4. 分析

① 求出每个因素（即每一列中）各水平值时指标 y 的总和 $K_{ij}(i=1,2,3,\cdots,a; j=1,2,3,\cdots,b)$。

② 求 K_{ij} 的平均值 $\overline{K}_{ij}$。

$$\overline{K}_{ij} = \frac{K_{ij}}{i \text{ 种因素与水平出现的次数}}$$

$$= \frac{K_{ij}}{\left(\dfrac{n}{b}\right)}$$

③ 求出统一因素，各个水平的指标 y 的平均值 $\overline{K}_{ij}$ 的变化率，判断各因素的影响程度。

④ 选择各因素的最佳水平值，确定最佳水平组合。

例 3-7 活性污泥法中，污泥负荷率 N_s，曝气量 Q，停留时间 t 和水温 T 对于去除率 η 和污泥沉降指数 SVI 有影响，根据以往经验，每种因素取两个水平。

A1. 污泥负荷率 N_s（kgBOD$_5$/kgMLVSS）：0.2，0.3；

A2. 曝气量 Q（kgO$_2$/kgBOD$_5$）：1，1.2；

A3. 停留时间 t（h）：6，8；

A4. 水温 T（℃）：20，30。

用正交实验确定最佳实验方案（水平组合）。

解：

① 确定因素和水平，见表 3-9。

表 3-9　因素和水平确定表

水平 \ 因素	A	B	C	D
1	0.2	1	6	20
2	0.3	1.2	8	30

② 确定实验方案：

a. 因有 4 个因素，2 个水平，选用正交表 $L_8(2^7)$。

b. 设计表头并填入各水平值，见表 3-10。

③ 按表 3-10 的组合进行实验，测定并计算去除率 η 和污泥沉降指数 SVI，填入表 3-10 的指标栏内。

④ 计算 K_{ij} 和 $\overline{K}_{ij}$：

$$K_{11}(\eta) = 80 + 90 + 93 + 95 = 358 \quad \overline{K}_{11}(\eta) = \frac{358}{4} = 89.5$$

$$K_{12}(\eta) = 84 + 89 + 85 + 88 = 346 \quad \overline{K}_{12}(\eta) = \frac{346}{4} = 86.5$$

$$K_{21}(\eta) = 80 + 90 + 84 + 89 = 343 \quad \overline{K}_{21}(\eta) = \frac{343}{4} = 85.75$$

$$K_{22}(\eta) = 93 + 95 + 85 + 88 = 361 \quad \overline{K}_{22}(\eta) = \frac{361}{4} = 90.25$$

$$K_{31}(\eta) = 80 + 90 + 85 + 88 = 333 \quad \overline{K}_{31}(\eta) = \frac{333}{4} = 83.25$$

$$K_{32}(\eta) = 93 + 95 + 84 + 89 = 361 \quad \overline{K}_{32}(\eta) = \frac{361}{4} = 90.25$$

$$K_{41}(\eta) = 80 + 93 + 84 + 85 = 342 \quad \overline{K}_{41}(\eta) = \frac{342}{4} = 85.5$$

$$K_{42}(\eta) = 90 + 95 + 89 + 88 = 362 \quad \overline{K}_{42}(\eta) = \frac{362}{4} = 90.5$$

同理：

$$K_{11}(SVI) = 370 \quad \overline{K}_{11}(SVI) = 92.5$$

$$K_{12}(SVI) = 415 \quad \overline{K}_{12}(SVI) = 103.75$$

$$K_{21}(SVI) = 430 \quad \overline{K}_{21}(SVI) = 107.5$$

$$K_{22}(SVI) = 355 \quad \overline{K}_{22}(SVI) = 88.75$$

$$K_{31}(SVI) = 395 \quad \overline{K}_{31}(SVI) = 98.75$$

$$K_{32}(SVI) = 390 \quad \overline{K}_{32}(SVI) = 97.5$$

$$K_{41}(SVI) = 370 \quad \overline{K}_{41}(SVI) = 92.5$$

$$K_{42}(SVI) = 415 \quad \overline{K}_{42}(SVI) = 103.75$$

将计算结果填入表 3-10 的下半部。

⑤ 计算：

$$\overline{K}_{11}(\eta) - \overline{K}_{12}(\eta) = 89.5 - 86.5 = 3$$

$$\overline{K}_{21}(\eta) - \overline{K}_{22}(\eta) = 85.75 - 90.25 = -4.5$$

$$\overline{K}_{31}(\eta) - \overline{K}_{32}(\eta) = 83.25 - 90.25 = -7$$

$$\overline{K}_{41}(\eta) - \overline{K}_{42}(\eta) = 85.5 - 90.5 = -5$$

同理：

$$\overline{K}_{11}(SVI) - \overline{K}_{12}(SVI) = 92.5 - 103.75 = -11.25$$

$$\overline{K}_{21}(SVI) - \overline{K}_{22}(SVI) = 107.5 - 88.75 = 18.75$$

$$\overline{K}_{31}(SVI) - \overline{K}_{32}(SVI) = 98.75 - 97.5 = 1.25$$

$$\overline{K}_{41}(SVI) - \overline{K}_{42}(SVI) = 92.5 - 103.75 = -11.25$$

将计算结果填入表 3-10。

⑥ 分析：

由表 3-10 可知，$|\overline{K}_{i1}(\eta) - \overline{K}_{i2}(\eta)|$ 各值中，最大依次为 A_3（曝气时间），A_4（温度），A_2（曝气量），A_1（负荷率）。所以 4 个因素对去除率 η 的影响程度顺序为 A_3，A_4，A_2，A_1。

因 8 次实验中 SVI 值在 $80 \sim 120$ 之间，即 SVI 最佳范围内，所以不考虑 4 个因素对 SVI 的影响，只考虑对 η 的影响。因为：

$$\overline{K}_{11}(\eta) = 89.5 > \overline{K}_{12}(\eta) = 86.5$$

$$\overline{K}_{22}(\eta) = 90.25 > \overline{K}_{21}(\eta) = 85.75$$

$$\overline{K}_{32}(\eta) = 90.25 > \overline{K}_{31}(\eta) = 83.25$$

$$\overline{K}_{42}(\eta) = 90.5 > \overline{K}_{41}(\eta) = 85.5$$

所以，A_1取 0.2，A_2取 1.2，A_3取 8，A_4取 30。

最佳工作条件是 A_{11}，A_{22}，A_{32}，A_{42}。

表 3-10   实验方案确定表

实验号 \ 因素	A	B	C	D	指标 η（%）	指标 SVI
1	0.2	1	6	20	80	95
2	0.2	1	6	30	90	110
3	0.2	1.2	8	20	93	80
4	0.2	1.2	8	30	95	85
5	0.3	1	8	20	84	105
6	0.3	1	8	30	89	120
7	0.3	1.2	6	20	85	90
8	0.3	1.2	6	30	88	100
$K_{i1}(\eta)$	358	343	333	342		
$K_{i2}(\eta)$	346	361	361	362		
$K_{i1}(SVI)$	370	430	395	370		
$K_{i2}(SVI)$	415	355	390	415		
$\overline{K}_{i1}(\eta)$	89.5	85.75	83.25	85.5		
$\overline{K}_{i2}(\eta)$	86.5	90.25	90.25	90.5		
$\overline{K}_{i1}(SVI)$	92.5	107.5	98.75	92.5		
$\overline{K}_{i2}(SVI)$	103.75	88.75	97.5	103.75		
$\Delta\overline{K}(\eta)$	3	−4.5	−7	−5		
$\Delta\overline{K}(SVI)$	−11.25	18.75	1.25	−11.25		

第4章 实验数据分析处理

实验研究的最初成果是大量零乱的数据。这些数据不能直接用于理论研究，也不能直接指导生产实践，因其中含有较大误差。

实验的目的不是获取大量的数据，而是真正要把这些数据进行分析处理，去伪存真，由表及里，抓住事物的主要矛盾，寻找规律性的东西。只有确定了数据的可靠程度，用插值和扩延法充实数据，最后才能用统计原理找出指标和各因素之间的函数关系。

因此，一个实验完成之后，往往要经过下述几个过程：

①误差分析：在于确定实验直接测量值与间接测量值误差的大小，数据的可靠性的大小，从而判断数据准确度是否符合。

②数据整理：主要是对原始数据，根据误差分析理论进行筛选，删除极个别不合理的数据，保证原始数据的可靠性。

③数据处理：对上述整理的数据，利用数理统计知识和分析数据特点或分析各变量的主次，确立各变量间的关系，并用数据或用经验公式表达，这是本章的重点。

4.1 实验数据误差分析

4.1.1 测量及误差

1. 直接与间接测量

① 直接测量：直接从仪器、仪表及设备的刻度上读取熟知的测量称为直接测量。例如，温度计、量筒、仪表计时等。

② 间接测量：将直接测量值带入共识，经过计算得到测量值的方法称为间接测量。例如，污泥沉降的距离和时间，经计算的污泥沉速；用净出水浓度计算去除率；用 ξ 电位仪测胶粒移动距离和计算（v），计算 ξ 电位。

2. 误差来源及性质

根据对测量值影响的性质，误差通常可以分为系统误差、偶然误差和过失误差三类。

（1）系统误差（测量误差）

系统误差指在同一条件下多次测量同一量时，误差的数值保持不变或按某一规律变化的误差。造成系统误差的原因很多，可能是仪器不良、环境改变、装置、测试方法等。

系统误差消减的方法如下：

① 仪器校准。测量前预先对仪器进行校准，并对测量结果进行修正。

② 空白实验。用空白实验结果修正测量结果，以消除实验中各种原因所产生的误差。

③ 标准物质对比分析。具体方法如下：将实际样品与标准物质在完全相同的条件下进行测定，当标准物质测定值与其保证值一致时，即可认为测量的系统误差已基本消除；将同一样品用不同反应原理的分析方法进行分析，例如与经典分析方法进行比较，以校正方法误差。

④ 回收率实验法。在实际样品中加入已知量的标准物质，并与样品于相同条件下进行测定，用所得结果计算回收率，观察是否能定量回收，必要时可用回收率作为校正因子。

系统误差虽然可以采取措施使之降低，但是关键是如何找到产生误差的原因，这是实验讨论中的一个重要方面。

（2）偶然误差

偶然误差又称随机误差，其性质与前者不同，测量值总是有稍许变化且变化不定，误差时大、时小、时正、时负，其来源可能是人的感官分辨能力不同，环境干扰等，这种误差是无法控制的，它服从统计规律，但其规律必须要在大量观测数据中才能显现出来。

偶然误差有如下的特点：

① 有界性。在一定条件下对同一物理量进行有限次测量的结果，其误差的绝对值不会超过一定界限。

② 单峰性。绝对值小的误差出现次数比绝对值大的误差出现次数多。

③ 对成性。在测量次数足够多时，绝对值相等的正误差与负误差的出现次数大致相等。

④ 抵偿性。在一定条件下，对同一物理量进行测量，随机误差的代数和随着测量次数的无限增加而趋于零。

除必须严格控制实验条件，正确执行操作规程外，还可用增加测量次数的方法减小偶然误差。

（3）过失误差

这是由于实验时使用仪器不合理或粗心大意、精力不集中、记错数据而引起的。这种误差只要实验时严肃认真，一般是可以避免的。

3. 绝对误差与相对误差

绝对误差 ε 指测量值 X 与其真值 a 的差值，即 $\varepsilon = X - a$，单位同测量值。它反映测量值偏离真值的大小，故称为绝对误差，此值可正可负。它虽然可以表示一个测量结果的可靠程度，但在不同测量结果的对比中，不如相对误差。

相对误差指该值的绝对误差与测量值之比值，即

$$\delta = \frac{\varepsilon}{x} \times 100\%$$

通常用百分数表示，多用在不同测量结果的可靠性对比中。

4.1.2 直接测量值误差分析

1. 单次测量值误差分析

水和废水监测分析与水质工程实验中，不仅影响因素多而且测试量大，有时由于条件限制，有时由于测量准确度要求不高，但更多测量是由于在动态实验下进行，不容许对被测量值做重复测定，所以实验中往往对某些测量只进行一次测定。例如，曝气设备清水充氧实验，取样时间，水中溶解氧测定，压力计算等均为一次测定值。这些测定值的误差，应根据具体情况进行具体分析。例如，对于偶然误差较小的测定值，可按仪器上注明的误差范围分析计算，无注明时可按仪器最小刻度的 1/2 作为单次测量的误差。如用上海第二分析仪器厂的 SJ6-203 溶解氧测定仪记录，仪器精度为 0.5 级。当测得 DO=3.2mg/L 时，其误差值为 $3.2 \times 0.005 = 0.016$mg/L；若仪器未给出精度，由于仪器最小刻度为 0.2mg/L，故每次测量的误差可按 0.1mg/L 考虑。

2. 重复多次测量值误差分析——算术平均误差及均方根偏差

为了能得到比较准确可靠的测量值，在条件允许的情况下，尽可能进行多次测量，并以测量结果的算术平均值近似代替该物理量的真值。该值误差的大小，在工程中除用算术平均误差表示外，多用均方根偏差或称标准偏差来表示。

（1）算术平均误差

算术平均误差指测量值与算术平均值之差的绝对值的算术平均值。

设各测量值为 x_i，则算术平均值为：

$$\bar{x} = \frac{1}{n} \sum_{i=1}^{n} x_i \tag{4-1}$$

偏差为 $d_i = x_i - \bar{x}$，则算术平均误差 Δx 为：

$$\Delta x = \frac{\sum_{i=1}^{d} |d_i|}{n} = \frac{\sum_{i=1}^{d} |x_i - \bar{x}|}{n}$$

则真值可表示为：$a = \bar{x} \pm \Delta x$

算术平均误差可以反映一组实验数据的误差大小，但无法表达出个实验值间的彼此符合程度。

（2）均方根偏差（标准偏差）

均方根偏差指各测量值与算术平均值差值的平方和的平均值的平方根，故又称为均方偏差。其计算式为：

$$\sigma = \sqrt{\frac{1}{n} \sum_{i=1}^{n} (x_i - \bar{x})^2} = \sqrt{\frac{\sum_{i=1}^{n} d_i^2}{n}} \tag{4-2}$$

$$S = \sqrt{\frac{1}{n-1} \sum_{i=1}^{n} (x - \bar{x})^2} \tag{4-3}$$

由于上式中是用算术平均值代替了未知的真值，故用偏差这个词代替了误差，由此式求得的均方根误差也称为均方根偏差。测量次数越多，算术平均值越接近于真值，则各偏差也越接近于误差。因此工程中一般不去区分误差与偏差的细微区别，而将均方根偏差也称为均方根误差，简称均方差，则真值可用多次测量值的结果表示为：

$$a = \bar{x} \pm \sigma$$

标准偏差不但与一组实验值中每一个数据有关，而且对其中较大或较小的误差敏感性很强，能明显地反映出较大的个别误差。它常用来表示实验值的精密度，标准偏差越小，则实验数据精密度越好。

4.1.3　间接测量值误差分析

间接测量值是通过一定的公式由直接测量值计算而得。由于直接测量值均有误差，故间接测量值也必有一定的误差。该值大小不仅取决于各直接测量值误差大小，还取决于公式的形式。表达各直接值误差与间接测量值误差间的关系式称为误差传递公式。

1. 间接测量值算术平均误差计算

这种误差分析是在考虑各项误差同时出现，最不利情况时，其绝对值相加得出，计算时可分为以下几类。

（1）加、减法运算中间接测量值误差

设 $N = A + B$ 或 $N = A - B$，则有

$$\Delta N = \Delta A + \Delta B \tag{4-4}$$

即和、差运算的绝对误差等于各直接测得值的绝对误差之和。

（2）乘、除法运算中间接测量值误差分析

设 $N = AB$ 或 $N = \dfrac{A}{B}$，则有

$$\delta = \frac{\Delta N}{N} = \frac{\Delta A}{A} + \frac{\Delta B}{B} \tag{4-5}$$

即乘、除运算的相对误差等于各直接测得值相对误差之和。

由上述结论可见，当间接测量值计算式只含加、减运算时，以先计算绝对误差后计算相对误差为宜；当式中只含乘、除、乘方、开方时，以先计算相对误差后计算绝对误差为宜。

2. 间接测量值标准误差计算

由于间接测量值算术平均误差是在考虑各项误差同时出现最不利情况下的计算结果，这在实验工程中出现的可能性很小，因而按此法算得的误差夸大了间接测量值的误差，故工程实际多采用标准误差进行间接测量值的误差分析，其误差传递公式如下：

绝对误差

$$\sigma = \sqrt{\left(\frac{\partial f}{\partial x_1}\right)^2 \sigma_{x_1}^2 + \left(\frac{\partial f}{\partial x_2}\right)^2 \sigma_{x_2}^2 + \cdots + \left(\frac{\partial f}{\partial x_n}\right)^2 \sigma_{x_n}^2} \tag{4-6}$$

相对误差

$$\delta = \frac{\sigma}{N}$$

式中，σ 为间接测量值的标准误差；$\sigma_{x_1}, \cdots, \sigma_{x_n}$ 为直接测量值 $x_1, \cdots, x_n$ 的标准误差；$\dfrac{\partial f}{\partial x_1}, \dfrac{\partial f}{\partial x_2}, \dfrac{\partial f}{\partial x_3}, \cdots, \dfrac{\partial f}{\partial x_n}$ 为函数 $f(x_1 \cdot x_2 \cdots x_n)$ 对变量 $x_1, \cdots, x_n$ 的偏导数，并以 $\overline{x_1}, \overline{x_2}, \cdots, \overline{x_n}$ 代入求其值。

由于上式更真实地反映了各直接测量值误差与间接测量值误差间的关系，因此在正式误差分析计算中都用此式。但实际实验中，并非所有直接测量值都进行多次测量，此时所算得的间接测量值误差比用各直接测量值误差均为标准误差算得的误差要大一些。

4.1.4 测量仪器精度的选择

掌握了误差分析理论后，就可以在实验中正确选择所使用的仪器的精度，以保证实验成果有足够的精度。

工程中，当要求间接测量值 N 的相对误差为 $\dfrac{\sigma_N}{N} = \delta_N = A$ 时，通常采用等分配方案将其误差分配给各直接测量值 x_i，即

$$\frac{\sigma_{x_i}}{x_i} \leqslant \frac{1}{n} A$$

式中，x_i 为某待测量 x_i 的直接测量值；σ_{x_i} 为某直接测量值 x_i 的绝对误差值；n 为待测量值的数目。

则根据 $\frac{1}{n}A$ 的大小就可以选定测量 x_i 时所用仪器的精度。

在仪器精度能满足测试要求的情况下，尽量使用精度低的仪器，否则由于仪器对周围环境、操作等要求过高，使用不当，反而加速仪器的损坏。

4.2　实验数据整理

实验数据整理的目的在于：分析实验数据的一些基本特点，计算实验数据的基本统计特征，利用计算得到一些参数，分析实验数据中可能存在的异常点，为实验数据取舍提供一定的统计依据。

4.2.1　有效数字及其运算规则

每一个实验都要记录大量原始数据，并对它们进行分析运算。但是这些直接测量的数据都是近似数，存在一定的误差，因此这就存在一个实验时记录应取几位数，运算后又应保留几位数的问题。

1. 有效数字

准确测定的数字加上最后一位估读数字所得的数字称为有效数字。如用 20mL 刻度为 0.1mL 的滴定管测定水中溶解氧含量，其消耗硫代硫酸钠为 3.63mL 时，有效数字为三位，其中 3.6 为确切读数，而 0.03 为估读数字。因此实验中直接测量值的有效数字与仪表刻度有关，根据实际可能一般都应尽可能估计到最小分度的 1/10 或是 1/5、1/2。

2. 有效数字的运算规则

由于间接测量值是由直接测量值计算出来的，因而也存在有效数字的问题，通常的运算规则如下。

① 有效数字的加、减。运算后和、差小数点后有效数字的位数，与参与运算各数小数点后位数最少的相同。

② 有效数字的乘、除。运算后积、商的有效数字的位数与各参加运算有效数中位数最少的相同。

③ 乘方、开方的有效数字。乘方、开方运算后的有效数字的位数与其底的有效数字位数相同。

有效数字运算时，应注意到，公式中某系数不是由实验测得，计算中不考虑其位数。对数运算中，首数不算有效数字。乘除运算中，首位数是 8 或 9 的有效数字多计一位。

4.2.2　实验数据整理

1. 实验数据的基本特点

对实验数据进行简单分析后，可以看出，实验数据一般具有以下特点。

① 实验数据总是以有限次数给出并具有一定的波动性。

② 实验数据总存在实验误差，且是综合性的，即随机误差、系统误差和过失误差同时存在于实验数据中。今后我们所研究的实验数据认为是没有系统误差的数据。

③ 实验数据大都具有一定的统计规律性。

2. 几个重要的数字特征

用几个有代表性的数来描述随机变量 x 的基本统计特征，一般把这几个数称为随机变

量 x 的数字特征。

实验数据的数字特征计算，就是由实验数据计算一些有代表性的特征量，用以浓缩、简化实验数据中的信息，使问题变得更加清晰、简单、易于理解和处理，本处给出分别用来描述实验数据取值的大致位置、分散程度和相关特征等的几个数字特征参数。

（1）位置特征参数及其计算

实验数据的位置特征参数是用来描述实验数据取值的平均位置和特定位置的，常用的有均值、极大值、极小值、中值、众值等。

① 均值 $\overline{x}$。如由实验得到一批数据 x_1，x_2，$\cdots$，x_n，n 为测试次数，则算术平均值为 $\overline{x} = \frac{1}{n} \sum_{i=1}^{n} x_i$，算术平均值具有计算简便、符合正态分布的数据与真值接近的优点，它是指示实验数据取值平均位置的特征参数。

② 极大值和极小值。

极大值：$a = \max\{x_1 \cdot x_2 \cdots x_n\}$

极小值：$b = \min\{x_1 \cdot x_2 \cdots x_n\}$

这是一组测试数据中极大和极小值。

③ 中值 $\tilde{x}$。中值是一组实验数据的中项测量值，其中一半实验数据小于此值，另一半实验数据大于此值。若测得数为偶数时，则中值为正中两个值的平均值。该值可以反映全部实验数据的平均水平。

④ 众值 N。众值是实验数据中出现最频繁的量，故也是最可能值，其值即为所求频率的极大值出现时的量。因此，众值不像上述几个位置特征参数那样可以迅速直接求得，而是应先求得频率分布再从中确定。

（2）分散特征参数及其计算

分散特征参数用来描述实验数据的分散程度，常用的有极差、标准差、方差、变异系数等。

① 极差 R。

$$R = \max\{x_1 \cdot x_2 \cdots \cdot x_n\} - \min\{x_1 \cdot x_2 \cdots \cdot x_n\}$$

这是最简单的分散特征参数，为一组实验数据极大值与极小值之差，可以度量数据波动的大小，它具有计算简便的优点，但由于它没有充分利用全部数据提供的信息，而是过于依赖个别的实验数据，故代表性较差，反映实验情况的精度较差。实验应用中，多用以均值 $\overline{x}$ 为中心的分散特征参数，如方差、标准差、变异系数等。

② 方差和标准差。

$$方差：\sigma^2 = \frac{1}{n-1} \sum_{i=1}^{n} (x_i - \overline{x})^2$$

$$标准差：\sigma = \sqrt{\frac{1}{n-1} \sum_{i=1}^{n} (x_i - \overline{x})^2}$$

两者都是表明实验数据分散程度的特征数。标准差也叫均方差，与实验数据单位一致，可以反映实验数据与均值之间的平均差距，这个差距越大，表明实验所取数据越分散，反之表明实验数据越集中。方差这一特征数所取单位与实验数据单位不一致，但是标准差大，则方差大，标准差小则方差小，所以方差同样也可以表明实验数据取值的分散程度。

③ 变异系数 C_r。

$$C_r = \frac{\sigma}{x}$$

变异系数可以反映数据相对波动的大小，尤其是对标准差相等的两组数据，$\bar{x}$ 大的一组数据相对波动小，$\bar{x}$ 小的一组数据相对波动大。而极差 R、标准差 σ 只反映了数据的绝对波动大小，因此，此时变异系数的应用就显得尤为重要。

（3）相关特征参数

为表示变量间可能存在的关系，常常采用相关特征参数，如线性相关系数等，它反映变量间存在的线性关系的强弱。

4.2.3　实验数据中可疑数据的取舍

1. 可疑数据

整理实验数据进行计算分析时，常会发生有个别测量值与其他值偏差很大，这些值有可能是由于偶然误差造成，也可能是由于过失误差或条件改变而造成。所以在实验数据整理的整个过程中，控制实验数据的质量、消除不应有的实验误差是非常重要的，但是对于这样一些特殊值的取舍一定要慎重，不能轻易舍弃，因为任何一个测量值都是测试结果的一个信息。通常我们将个别差别大的、不是来自同一分布总体的、对实验结果有明显影响的测量数据称为离群数据；而将可能影响实验结果但尚未证明确定是离群数据的测量数据称为可疑数据。

2. 可疑数据的取舍

舍掉可疑数据虽然会使实验结果精密度提高，但是可疑数据并非全都是离群数据，因为正常测定的实验数据总有一定的分散性，因此不加分析，人为地全部删掉，虽然可能删去了离群数据但也删去了一些误差较大的并非错误的数据，则由此得到的实验结果并不一定就符合客观实际，因此可疑数据的取舍，必须遵循一定的原则，一般这项工作由一些具有丰富经验的专业人员根据下述原则进行：实验中由于条件改变、操作不当或其他人为的原因产生离群数据，并有当时记录可供参考。

没有肯定的理由证明它是离群数据，而从理论上分析，此点又明显反常时，可以根据偶然误差分布的规律，决定它的取舍。一般应根据不同的检验目的选择不同的检验方法。常用的方法有以下三种。

（1）用于一组测量值的离群数据的检验

常用的方法如下：

① 3σ 法则。实验数据的总体是正态分布时，先计算出数列标准误差，求其极限误差 $K_\sigma = 3\sigma$，此时测量数据落在 $\bar{x} \pm 3\sigma$ 范围内的可能性为 99.7%，也就是说，落于此区间外的数据只有 0.3% 的可能性，这在一般测量次数不多的实验中是不易出现的，若出现了这种情况则可认为是由于某种错误造成的。因此这些特殊点的误差超过极限误差后，可以舍弃。一般把依此进行可疑数据取舍的方法称为 3σ 法则。

② 肖维涅准则。实验工程中常根据肖维涅准则利用表 4-1 决定可疑数据的取舍。表中 n 为测量次数，K 为系数，$K_\sigma = K\sigma$ 为极限误差，当可疑数据的误差大于极限误差 K_σ 时，即可舍弃。

表 4-1 肖维涅准则系数

n	K	n	K	n	K	n	K	n	K	n	K
4	1.53	7	1.79	10	1.96	13	2.07	16	2.16	19	2.22
5	1.65	8	1.86	11	2.00	14	2.10	17	2.18	20	2.24
6	1.73	9	1.92	12	2.04	15	2.13	18	2.20		

（2）用于多组测量值的均值的离群数据的检验法——Grubbs 检验法

常用的 Grubbs 检验法的步骤如下：

① 计算统计量 T。将 m 个组的测量均值按大小顺序排列成 $\overline{x}_1, \overline{x}_2, \cdots, \overline{x}_{m-1}, \overline{x}_m$，其中最大、最小均值记为 $\overline{x}_{max}$、$\overline{x}_{min}$，求此数列的均值并记为总均值 $\overline{\overline{x}}$，求此数列的标准误差 $\sigma_{\overline{x}}$。

$$\overline{\overline{x}} = \frac{1}{m \sum\limits_{i=1}^{m} \overline{x}_i}$$

$$\sigma_{\overline{x}} = \sqrt{\frac{1}{m-1} \sum\limits_{i=1}^{m} (\overline{x}_i - \overline{\overline{x}})^2}$$

并按下式进行可疑数据为最大及最小均值时的统计量 T 的计算：

$$T = \frac{\overline{x}_{max} - \overline{\overline{x}}}{\sigma_{\overline{x}}} \tag{4-7}$$

$$T = \frac{\overline{\overline{x}} - \overline{x}_{min}}{\sigma_{\overline{x}}} \tag{4-8}$$

② 查临界值 T_a。根据给定的显著性水平 α 和测定的组数 m，由附表 2（1）查得 Grubbs 检验临界值 T_a。

③ 判断。若计算统计量 $T > T_{0.01}$，则可疑均值为离群数据，可舍掉，即舍去了与均值相应的一组数据。

若 $T_{0.05} < T \leqslant T_{0.01}$，则 T 为偏离数值。

若 $T \leqslant T_{0.05}$，则 T 为正常数值。

（3）用于多组测量值方差的离群数据的检验法——Cochran 最大方差检验法

此法既可用于剔除多组测定中精密度较差的一组数据，也可用于多组测量值的方差一致性检验（即等精度检验）。

① 计算统计量 C。将 m 个组测定的每组标准差按大小顺序排列 $\sigma_1, \sigma_2, \cdots, \sigma_m$，其中最大记为 σ_{max}，按式（4-9）计算统计量 C：

$$C = \frac{\sigma_{max}^2}{\sum\limits_{i=1}^{m} \sigma_i^2} \tag{4-9}$$

当每组仅测定两次时，统计量用极差计算：

$$C = \frac{R_{max}^2}{\sum\limits_{i=1}^{m} R} \tag{4-10}$$

式中，R 为每组的极差值；R_{max} 为 m 组极差中的最大值。

② 查临界值 C_a。根据给定的显著性水平 α 和测定的组数 m、每组测定次数 n，由附

表 2（2）查得 Cochran 最大方差检验临界值 C_a。

③ 判断。若 $C > C_{0.01}$，则可疑方差为离群方差，说明该组数据精密度过低，应予剔除。若 $C_{0.05} < C \leqslant C_{0.01}$，则可疑方差为偏离方差。若 $C \leqslant C_{0.05}$，则可疑方差为正常数值。

4.3　实验数据处理

在对实验数据进行整理剔除了错误数据之后，数据处理的目的就是要充分利用实验所提供的这些信息，利用数理统计知识，分析各个因素（即变量）对实验结果的影响及影响的主次；对数据进行归纳整理，并用图形、表格或经验式等加以表示，以寻找各个变量间的相互影响的规律，为得到正确的结论提供可靠的信息。

水环境实验中的大多数实验，不仅影响因素多，而且大多数因素相互间变化规律也不十分清晰，因而对实验进行分析整理，正确认识客观规律是一个关键。

4.3.1　单因素方差分析

1. 方差分析

方差分析是分析实验数据的一种方法。它所要解决的基本问题是通过数据分析，搞清与实验研究有关的各个因素（可定量或定性表示的因素）对实验结果的影响及影响的程度、性质。

方差分析的基本思想是通过数据的分析，将因素变化所引起的实验结果间差异与实验误差的波动所引起的实验结果的差异区分开来，从而弄清因素对实验结果的影响，如果因素变化所引起实验结果的变动落在误差范围内，或者与误差相差不大，就可以判断因素对实验结果无显著影响；相反，如果因素变化所引起实验结果的变动超过误差范围，就可以判断因素对实验结果有显著影响。从以上方差分析基本思想中可以了解，用方差分析法来分析实验结果，关键是寻找误差范围，利用数理统计中 F 检验法可以解决这个问题。

2. 单因素的方差分析

（1）问题的提出

为研究某因素不同水平对实验结果有无显著性影响，设有 $A_1, A_2, \cdots, A_b$ 个水平，在每一水平下进行 a 次实验，实验结果是 x_{ij}（x_{ij} 表示在 A_i 水平下进行的第 j 个实验）。现在要通过对实验数据的分析，研究水平的变化对验结果有无显著影响。

（2）几个常用统计名词

① 水平平均值。该因素下某个水平实验数据的算术平均值。

$$\bar{x}_i = \frac{1}{a} \sum_{j=1}^{a} x_{ij} \tag{4-11}$$

② 因素总平均值。该因素下各水平实验数据的算术平均值。

$$\bar{x} = \frac{1}{n} \sum_{i=1}^{b} \sum_{j=1}^{a} x_{ij} \tag{4-12}$$

其中，$n = ab$。

③ 总偏差平方和与组内、组间偏差平方和。总偏差平方和是各个实验数据与它们总平均值之差的平方和。

$$S_T = \sum_{i=1}^{b} \sum_{j=1}^{a} (x_{ij} - \overline{x})^2 \tag{4-13}$$

总偏差平方和反映了 n 个数据分散和集中程度，S_T 大说明这组数据分散，S_T 小说明这组数据集中。

造成总偏差的原因有两个，一个是由于测试中误差的影响造成的，表现为同一水平内实验数据的差异，以组内偏差平方和 S_E 表示；另一个是由于实验过程中同一因素所处的不同水平的影响，表现为不同实验数据均值之间的差异，以因素的组间偏差平方和 S_A 表示。

因此，有 $S_T = S_E + S_A$。

工程技术上，为了便于应用和计算，将总偏差平方和分解成组间偏差平方和与组内偏差平方和，通过比较，从而判断因素影响的显著性。

组内偏差平方和 $\qquad\qquad\qquad S_E = R - Q \tag{4-14}$

组间偏差平方和 $\qquad\qquad\qquad S_A = Q - P \tag{4-15}$

总偏差平方和 $\qquad\qquad\qquad S_T = S_E + S_A \tag{4-16}$

式中 $$P = \frac{1}{ab} \left(\sum_{i=1}^{b} \sum_{j=1}^{a} x_{ij} \right)^2 \tag{4-17}$$

$$Q = \frac{1}{a} \sum_{i=1}^{b} \left(\sum_{j=1}^{a} x_{ij} \right)^2 \tag{4-18}$$

$$R = \sum_{i=1}^{b} \sum_{j=1}^{a} x_{ij}^2 \tag{4-19}$$

④自由度。方差分析中，由于 S_E、S_A 的计算是若干项的平方和，其大小与参加求和项数有关，为了在分析中去掉项数的影响，引入了自由度的概念。自由度是数理统计中的一个概念，主要反映一组数据中真正独立数据的个数。

S_T 的自由度 f_T 为实验次数减 1，即

$$f_T = ab - 1 \tag{4-20}$$

S_A 的自由度 f_A 为水平数减 1，即

$$f_A = b - 1 \tag{4-21}$$

S_E 的自由度 f_E 为水平数与实验次数减 1 之积，即

$$f_E = b(a - 1) \tag{4-22}$$

（3）单因素方差分析步骤

对于具有 b 个水平的单因素，每个水平下进行 a 次重复实验得到一组数据，方差分析的步骤、计算如下。

① 列出单因素方差分析计算表 4-2。

② 计算有关的统计量 S_T、S_A、S_E 及相应的自由度。

③ 列成表 4-3 并计算 F 值。

表 4-2　单因素方差分析计算表

	A_1	A_2	…	A_i	…	A_b	
1	x_{11}	x_{21}	…	x_{i1}	…	x_{b1}	
2	x_{12}	x_{22}	…	x_{i2}	…	x_{b2}	
⋮	⋮	⋮		⋮		⋮	
j	x_{1j}	x_{2j}	…	x_{ij}	…	x_{bj}	
⋮	⋮	⋮		⋮		⋮	
a	x_{1a}	x_{2a}	…	x_{ia}	…	x_{ab}	
$\sum$	$\sum\limits_{j=1}^{a}x_{1j}$	$\sum\limits_{j=1}^{a}x_{2j}$	…	$\sum\limits_{j=1}^{a}x_{ij}$	…	$\sum\limits_{j=1}^{a}x_{bj}$	$\sum\limits_{i=1}^{b}\sum\limits_{j=1}^{a}x_{ij}$
$(\sum)^2$	$(\sum\limits_{j=1}^{a}x_{1j})^2$	$(\sum\limits_{j=1}^{a}x_{2j})^2$	…	$(\sum\limits_{j=1}^{a}x_{ij})^2$	…	$(\sum\limits_{j=1}^{a}x_{bj})^2$	$\sum\limits_{i=1}^{b}(\sum\limits_{j=1}^{a}x_{ij})^2$
$\sum{}^2$	$\sum\limits_{j=1}^{a}x_{1j}^2$	$\sum\limits_{j=1}^{a}x_{2j}^2$	…	$\sum\limits_{j=1}^{a}x_{ij}^2$	…	$\sum\limits_{j=1}^{a}x_{bj}^2$	$\sum\limits_{i=1}^{b}\sum\limits_{j=1}^{a}x_{ij}^2$

表 4-3　方差分析表

方差来源	偏差平方和	自由度	均方	F
组间误差（因素 A）	S_A	$b-1$	$\overline{S}_A=\dfrac{S_A}{b-1}$	$F=\dfrac{\overline{S}_A}{\overline{S}_E}$
组内误差	S_E	$b(a-1)$	$\overline{S}_E=\dfrac{S_E}{b(a-1)}$	
总和	$S_T=S_E+S_A$	$ab-1$		

F 值是因素不同水平对实验结果造成的影响和由于误差造成影响的比值。F 值越大，说明因素变化对结果影响越显著；F 值越小，说明因素影响越小，判断影响显著与否的界限由 F 表给出。

④ 由附表 3 的 F 分布表，根据组间和组内自由度 $n_1=f_A=b-1,n_2=f_E=b(a-1)$，与显著性水平 α，查出临界值 λ_α。

⑤ 分析判断。若 $F>\lambda_\alpha$，则反映因素对实验结果（在显著性水平下）有显著影响，是重要因素。反之，若 $F<\lambda_\alpha$，则因素对实验结果无显著影响，是次要因素。在各种显著性检验中常用 $\alpha=0.05$、$\alpha=0.01$ 两个显著水平，选取哪一个水平，取决于问题的要求。通常称在水平 $\alpha=0.05$ 下，当 $F<\lambda_{0.05}$ 时，认为因素对实验结果影响不显著；当 $\lambda_{0.05}<F<\lambda_{0.01}$ 时，认为因素对实验结果影响显著，记为"$*$"；当 $F>\lambda_{0.01}$ 时，认为因素对实验结果影响特别显著，记为"$**$"。

对于单因素各水平不等重复实验或虽然是等重复实验，但由于数据整理中剔除了离群数据或其他原因造成各水平的实验数据不等时，此时单因素方差分析，只要对公式做适当修改即可，其他步骤不变。如某因素水平为 $A_1,A_2,\cdots,A_b$ 相应的实验次数为 $a_1,a_2,\cdots,a_j,\cdots,a_a$，则

$$P=\frac{1}{\sum\limits_{i=1}^{b}a_j}(\sum_{i=1}^{b}\sum_{j=1}^{a_a}x_{ij})^2 \tag{4-23}$$

$$Q = \sum_{i=1}^{b} \frac{1}{a_j} \left(\sum_{j=1}^{a_a} x_{ij} \right)^2 \qquad (4\text{-}24)$$

$$R = \sum_{i=1}^{b} \sum_{j=1}^{a} x_{ij}^2 \qquad (4\text{-}25)$$

3. 单因素方差分析计算举例

同一曝气设备在清水与污水中充氧性能不同，为了能根据污水生化需氧量正确地算出曝气设备在清水中所应供出的氧量，引入了曝气设备充氧修正系数 α、β 值。

$$\alpha = \frac{K_{La(20)w}}{K_{La(20)}}$$

$$\beta = \frac{C_{Sw}}{C_S}$$

式中，$K_{La(20)w}$，$K_{La(20)}$ 为相同条件下，20℃同一曝气设备在污水与清水中的氧总转移系数 (1/min)；C_{Sw}，C_S 为污水、清水中相同温度、相同压力下的饱和溶解氧浓度 (mg/L)。

影响 α 值的因素很多，例如，水质、水中有机物含量、风量（搅拌强度）、曝气池内混合液污泥浓度等。基于对混合液污泥浓度这一因素对 α 值的影响进行单因素方差分析，从而判定这一因素的显著性。

实验在其他因素固定只改变混合液污泥浓度的条件下进行。实验数据见表 4-4，试进行方差分析，判断因素显著性。

表 4-4　不同污泥浓度对 α 值影响

污泥浓度 x（g/L）	$K_{La(20)w}$(20℃)(1/min)			$\overline{K}_{La(20)w}$(1/min)	α
1.45	0.2199	0.2377	0.2208	0.2261	0.958
2.52	0.2165	0.2325	0.2153	0.2214	0.938
3.80	0.2259	0.2097	0.2165	0.2174	0.921
4.50	0.2100	0.2134	0.2164	0.2133	0.904

解：

① 按照表 4-2 的形式，列表 4-5 计算清水中 $K_{La(20)} = 0.2360$ 1/min。

表 4-5　污泥影响显著性方差分析

x ＼ n	1.45	2.52	3.80	4.50	
1	0.932	0.917	0.957	0.890	
2	1.007	0.985	0.889	0.904	
3	0.936	0.912	0.917	0.917	
$\sum$	2.875	2.814	2.763	2.711	11.163
$(\sum)^2$	8.266	7.919	7.634	7.350	31.169
$\sum^2$	2.759	2.643	2.547	2.450	10.399

② 计算统计量和自由度。

$$P = \frac{1}{ab} \left(\sum_{i=1}^{b} \sum_{j=1}^{a} x_{ij} \right)^2 = \frac{1}{3 \times 4} (11.163)^2 = 10.384$$

$$Q = \frac{1}{a} \sum_{i=1}^{b} \left(\sum_{j=1}^{a} x_{ij} \right)^2 = \frac{1}{3} \times 31.169 = 10.390$$

$$R = \sum_{i=1}^{b} \sum_{j=1}^{a} x_{ij}^2 = 10.399$$

$$S_E = R - Q = 10.399 - 10.390 = 0.009$$

$$S_A = Q - P = 10.390 - 10.384 = 0.006$$

$$S_T = S_E + S_A = 0.006 + 0.009 = 0.015$$

$$f_T = ab - 1 = 3 \times 4 - 1 = 11$$

$$f_A = b - 1 = 4 - 1 = 3$$

$$f_E = b(a - 1) = 4(3 - 1) = 8$$

③ 列表计算 F 值，见表 4-6。

④ 查临界值 λ_α。

由附表 3F 分布表中，根据给出显著性水平 $\alpha = 0.05, n_1 = f_A = 3, n_2 = f_E = 8$，查得 $\lambda_\alpha = 4.1$。

由于 $1.8 < 4.1$，故污泥对 α 值有影响，但 95% 的置信度说明它不是一个显著影响因素。污泥显著性影响分析见表 4-6。

表 4-6　污泥影响显著性分析

方差来源	偏差平方和	自由度	均方	F
污泥 S_A	0.006	3	0.002	1.82
误差 S_E	0.009	8	0.0011	
总和 S_T	0.015	11		

4.3.2　正交实验方差分析

1. 概述

正交实验成果分析，除了前面介绍过的直观分析法外，还有方差分析法。直观分析法优点是简单、直观，分析计算量小，容易理解，但因缺乏误差分析，所以不能给出误差大小的估计，有时难以得出确切的结论，也不能提供一个标准用来考察、判断因素影响是否显著。而使用方差分析法，虽然计算量大，但却可以克服上述缺点，因而科研生产中广泛使用正交实验的方差分析法。

（1）正交实验方差分析基本思想

与单因素方差分析一样，关键问题也是把实验数据总的差异即总偏差平方和分解成两部分。一部分反映因素水平变化引起的差异，即组间（各因素的）偏差平方和；另一部分反映实验误差引起的差异，即组内偏差平方和。而后计算它们的平均偏差平方和即均方和，进行各因素组间均方与误差均方和的比较，应用 F 检验法，判断各因素影响的显著性。

由于正交实验是利用正交表进行的实验，所以方差分析与单因素方差分析也有所不同。

（2）正交实验方差分析类型

利用正交实验法进行多因素实验，由于实验因素、正交表的选择、实验条件、精度要求等不同，正交实验结果的方差分析也有所不同，一般常遇到以下几类。①正交表各列未饱和情况下的方差分析；②正交表各列饱和情况下的方差分析；③有重复实验的正交实验方差分析。

三种正交实验方差分析的基本思想、计算步骤等均一样，所不同之处在于误差平方和的 S_E 求解，下面分别通过实例论述多因素正交实验显著性判断。

2. 正交表各列未饱和情况下的方差分析

多因素正交实验设计中，当选择正交表的列数大于实验因素数目时，此时正交实验结果方差分析即属此类问题。

由于进行正交表的方差分析时，误差平方和 S_E 的处理十分重要，而且又有很大的灵活性，因而在安排实验进行显著性检验时，所进行正交实验的表头设计应尽可能不把正交表的列占满，即要留有空白列，此时各空白列的偏差平方和及自由度就分别代表了误差平方和 S_E 与误差项自由度 f_E。

3. 正交表各列饱和情况下的方差分析

当正交表各列全被实验因素及要考虑的交互作用占满，即没有空白列时，此时方差分析中 $S_E = S_T - \sum S_i, f_E = f_T - \sum f_i$。由于无空白列 $S_T = \sum S_i, f_T = \sum f_i$，而出现 $S_E = 0$，$f_E = 0$，此时，若一定要对实验数据进行方差分析，则只有用正变表中各因素偏差中几个最小的平方和来代替，同时，这几个因素不再做进一步的分析。或者是进行重复实验后，按有重复实验的方差分析法进行分析。

4. 有重复实验的正交方差分析

除了前面谈到的，在用正交表安排多因素实验时，各列均被各因素和要考察的交互作用所排满，要进行正交实验方差分析，最好进行重复实验。为了更多的提高实验的精度，减少实验误差的干扰，也要进行重复实验。所谓重复实验，是真正将每号实验内容重复做几次，而不是重复测量，也不是重复取样。

重复实验数据的方差分析，一种简单的方法，是把同一实验的重复实验数据取算术平均值，然后和没有重复实验的正交实验方差分析一样进行。这种方法虽简单，但由于没有充分利用重复实验所提供的信息，因此不常用。下面介绍工程中常用的分析方法。

重复实验方差分析的基本思想、计算步骤与前述方法基本一致，由于它与无重复实验的区别在于实验结果的数据多少不同，因此，二者在方差分析上也有不同。其区别如下：

（1）在列正交实验成果表与计算各因素不同水平的效应及指标 y 之和时

① 将重复实验的结果（指标值）均列入成果栏内。

② 计算各因素不同水平的效应 K 值时，是将相应的实验成果之和代入，个数为该水平重复数 a 与实验重复数 c 之积。

③ 成果 y 之和为全部实验结果之和，个数为实验次数 n 与重复次数 c 之积。

（2）求统计量与偏差平方和时

① 实验总次数 n' 为正交实验次数 n 与重复实验次数 c 之积。

② 某因素下同水平实验次数 a' 为正交表中该水平出现次数 a 与重复实验次数 c 之积。

统计量 P、Q、W 按下列公式求解：

$$P = \frac{1}{nc} \left(\sum_{z=1}^{n} y_z \right)^2 \tag{4-26}$$

$$Q_i = \frac{1}{ac} \sum_{j=1}^{b} K_{ij}^2 \tag{4-27}$$

$$W = \frac{1}{c} \sum_{z=1}^{n} y_{iz}^2 \tag{4-28}$$

（3）重复实验时

实验误差 S_E 包括两部分 S_{E_1} 和 S_{E_2}，$S_E = S_{E_1} + S_{E_2}$。S_{E_1} 为空列偏差平方和，本身包含实验误差和模型误差两部分。由于无重复实验中误差项是指此类误差，故又叫第一类误差变动平方和，记为 S_{E_1}。S_{E_2} 是反映重复实验造成的整个实验组内的变动平方和，是只反映实验误差大小的，故又称第二类误差变动平方和，记为 S_{E_2}，其计算式为：

$$S_{E_2} = \text{各成果数据平方和} - \frac{\text{同一实验条件下成果数据和的平方和}}{\text{重复实验次数}}$$

$$= \sum_{i=1}^{n} \sum_{j=1}^{c} y_{ij}^2 - \frac{\sum_{i=1}^{n} \left(\sum_{j=1}^{c} y_{ij} \right)^2}{c} \tag{4-29}$$

4.3.3　实验成果的表示法

实验的目的，不仅要通过实验及对实验数据的分析找出影响实验成果的因素、主次关系及给出最佳工况，而且还在于找出这些变量间的关系。

水质工程学同其他学科一样，反映客观规律的变量间的关系也分为两类，一类是确定性关系，一类是相关关系，但不论是哪一类关系，均可用表格、图形及公式表示。

实验数据表和图是显示实验数据的两种基本方法。数据表能将杂乱的数据有条理地组织在一张简明的表格内；数据图则能将实验数据形象地显示出来。正确地使用表、图是实验数据分析的最基本技能。

1. 表格表示法

在实验数据的获得、整理和分析过程中，表格是显示实验数据不可缺少的基本工具。许多杂乱无章的数据，既不便于阅读，也不便于理解和分析，整理在一张表格内，就会使这些实验数据变得一目了然，清晰易懂。充分利用和绘制表格是做好实验数据处理的基本要求。

表格表示法就是将实验数据列成表格，将自变量与因变量的各个数据通过分析处理后依一定的形式和顺序一一对应列出来，借以反映各变量间的关系。它通常是数据整理的第一步，能为描绘曲线图或整理成数学公式打下基础。

实验数据表可分为两大类——记录表和结果表示表。

实验数据记录表是实验记录和实验数据初步整理的表格，它是根据实验内容设计的一种专门表格。表中数据可分为三类：原始数据、中间和最终计算结果数据。实验数据记录表应在实验正式开始之前列出，这样可使实验数据的记录更有计划性，而且也不容易遗漏数据。例如，表 4-7 所列就是絮凝沉淀实验的数据记录。

表 4-7　絮凝沉淀实验数据记录表

柱号	沉淀时间 (min)	取样号	SS (mg/L)	SS平均值 (mg/L)	取样点有效水深 (m)	备注
1	5	1-1				
		1-2				
		1-3				
		1-4				
		1-5				
2	10	2-1				
		2-2				
		2-3				
		2-4				
		2-5				
3	20	3-1				
		3-2				
		3-3				
		3-4				
		3-5				
4	40	4-1				
		4-2				
		4-3				
		4-4				
		4-5				
5	60	5-1				
		5-2				
		5-3				
		5-4				
		5-5				
6	90	6-1				
		6-2				
		6-3				
		6-4				
		6-5				

　　实验结果表示表所表达的是实验过程中得出的结论，即变量之间的依从关系。表示表应该简明扼要，只需包括所研究变量关系的数据，并能从中反映出关于研究结果的完整概念。例如，表 4-8 所列就是絮凝沉淀实验的数据结果。

　　实验数据记录表和结果表示表之间的区别有时并不明显，如果实验数据不多，原始数据与实验结果之间的关系很明显，可将上述两类表合二为一。

表 4-8　絮凝沉淀实验的数据结果

柱号	1	2	3	4	5	6
沉淀时间（min）	5	10	20	40	60	90
取样深度（m）						

　　实验数据表一般由三部分组成，即表名、表头和数据资料。此外，必要时可在表格的下方加上表外备注。表名应放在表的上方，主要用于说明表的主要内容，为了引用方便，还应包含表号；表头通常放在第一行，也可以放在第一列，也可称为行标题或列标题，它主要是表示所研究问题的类别名称和指标名称；数据资料是表格的主要部分，应根据表头按一定的规律排列；表外备注通常放在表格的下方，主要是一些不便列在表内的内容，如指标注释、资料来源、不变的数据等。

　　由于使用者的目的和实验数据的特点不同，实验数据表在形式和结构上会有很大的差异，但基本原则应该是一致的。为了充分发挥实验数据表的作用，在拟定时应注意下列事项。

　　① 表格设计应该简明合理、层次清晰，以便于阅读和使用。

　　② 数据表的表头要列出变量的名称、符号和单位，如果表中所有数据的单位都相同，这时单位可以在表的右上角标明。

　　③ 要注意有效数字位数，即记录的数字应与实验的精度相匹配。

　　④ 实验数据较大或较小时，要用科学计数法来表示，将 $10^{\pm n}$ 记入表头，注意表头中 $10^{\pm n}$ 与表中的数据应服从下式：数据的实际值 $\times 10^{\pm n}$ ＝表中数据。

　　⑤ 数据表格记录要正规，原始数据要书写得清楚整齐，不得潦草，要记录各种实验条件，并妥为保管。

　　列表法虽然具有简单易做、使用方便的优点，但是也有对客观规律反映不如其他表示法明确、在理论分析中不方便的缺点。

2. 图示法

　　图示法就是在标纸上绘制图线反映所研究变量之间的相互关系的一种表示法，他能用更加直观和形象的形式，将复杂的实验数据表现出来。在数据分析中，一张好的数据胜过冗长的文字表述。通过数据图，可直观地看出实验数据变化的特征和规律。它的优点在于形象直观，形式简明、便于比较，容易看出数据中的极值点、转折点、周期性、变化率以及其他特性。实验结果的图示法还可为后一步数学模型的建立提供依据。

　　图示法类型一般可分为两类，一类是已知变量间的依赖关系图形，通过实验，利用有限次的实验数据作图，反映变量间的关系，并求出相应的一些参数；另一类是两个变量间的关系不清，在坐标纸上将实验点绘出，一来反映变量间数量的关系，二来反映变量间内在关系、规律。图示法要求图线必须清楚并能正确反映变量间的关系，且便于读数。

　　用于实验数据处理的图形种类很多，根据图形的形状可分为线图、柱形图、条形图、饼图、环形图、散点图、直方图、面积图、圆环图、雷达图、气泡图、曲面图等。图形的选择取决于实验数据的性质，一般情况下，计量性数据可采用直方图和折线图等，计数性和表示性状的数据可采用柱形图和饼图等，如果要表示动态变化情况，则使用线图比较合适。下面介绍一些在实验数据处理中常用的一些图形及其绘制方法。

　　(1) 线图

　　线图是实验数据处理中最常用的一类图形，它可以用来表示因变量随自变量的变化情况。线图可分为单式和复式两种。单式线图，表示某一种事物或现象的动态。复式线图在同一图中表示两种或两种以上事物或现象的动态，可用于不同事物或现象的比较。在绘制复式线图时，不同线上的数据点可用不同符号表示，以示区别，而且还应在图上明显注明。

（2）条形图

条形图是用等宽长条的长短或高低来表示数据的大小，以反映各数据点的差异。条形图可以横置或纵置，纵置时也称为柱形图。值得注意的是，这类图形的两个坐标轴的性质不同，其中一条轴为数值轴，用于表示数量性的因素或变量，另一条轴为分类轴，常表示的是属性（非数量性）因素或变量。此外，条形图也有单式和复式两种形式，如果只涉及一项指标，则采用单式，如果涉及两个或两个以上的指标，则可采用复式。

（3）XY散点图

XY散点图用于表示两个变量间的相互关系，从散点图可以看出变量关系的统计规律。

3. 图线的绘制

不同类型、不同使用要求的实验数据，可以选用合适的、不同类型的图形。

（1）选择合适的坐标系

大部分图形都是描述在一定的坐标系中，在不同的坐标系中，对同一组数据作图，可以得到不同的图形，所以在作图前，应对实验数据的变化规律有一个初步的判断，以选择合适的坐标系，使所作的图形规律性更明显。可以选用的坐标系有直角坐标系、对数坐标系、极坐标系等。

选用坐标系的基本原则如下：

① 根据数据间的函数关系。

线性函数：$y = a + bx$，选用直角坐标系。

幂函数：$y = ax^b$，因为 $\lg y = \lg a + b \lg x$，选用对数坐标系可使图形线性化。

指教函数：$y = ab^x$，因 $\lg y$ 与 x 呈线性关系，采用半对数坐标。

② 根据数据的变化情况。若实验数据的两个变量的变化幅度都不大，可选用直角坐标系。若所研究的两个变量中，有一个变量的最小值与最大值之间数量级相差太大时，可选用半对数坐标。若所研究的两个变量在数值上均变化了几个数量级，可选用对数坐标。

在自变量由零开始逐渐增大的初始阶段，当自变量的少许变化引起因变量极大变化时，采用半对数坐标系或对数坐标系，可使图形轮廓清楚。

（2）选轴

横轴为自变量，纵轴为因变量，一般是以被测定量为自变量。轴的末端注明所代表的变量及单位。

（3）坐标分度

即在每个坐标轴上划分刻度并注明其大小。

① 精度的选择应使图线显示其特点，划分得当，并和测量的有效数字位数对应。

② 坐标原点不一定和变量零点一致。

③ 两个变量的变化范围表现在坐标纸上的长度应相差不大，以尽可能使图线在图纸正中，不偏于一角或一边。

（4）描点

将自变量与因变量一一对应地点在坐标纸内，当有几条图线时，应用不同符号加以区别，并在空白处注明符号意义。

（5）连线

根据实验点的分布或连成一条直线或连成一条光滑曲线，但不论是哪一类图线，连线时，必须使图线紧靠近所有实验点，并使实验点均匀分布于图线的两侧。

（6）注图名

在图线上方或下方注上图名等。

4.3.4　回归分析

实验结果、变量间关系虽可列表或用图表表示，但是为了理论分析讨论、计算方便，多用数学表达式反映，而本节所研究的回归分析，正是用来分析、解决两个或多个变量间数量关系的一个有效工具。

1. 概述

（1）变量间的两种关系

实验中所遇到的变量关系分为两大类。

① 一类是确定性关系，即函数关系。它反映着事物间严格的变化规律、依存性。例如，沉淀池表面积 F 与处理水量 Q、水力负荷 q 之间的依存关系，可以用一个不变的公式确定，即 $F=Q/q$。在这些变量关系中，当一个变量值固定，只要知道一个变量，即可精确地计算出另一个变量值，这种变量都是非随机变量。

② 另一类是相关关系。其特点是：对应于一个变量的某个取值，另一个变量以一定的规律分散在它们平均数的周围。例如，曝气设备污水充氧修正系数 a 值与有机物 COD 值间的关系。当取某种污水后，水中有机物 COD 值为已定，曝气设备类型固定，此时可以有几个不同的 α 值出现，这是因为除了有机物这一主要影响因素外，还有水温、风量（搅拌）等在起作用。这些变量间虽然存在着密切的关系，但是又不能由一个（或几个）变量的数值精确地求出另一个变量的值，这些变量的关系就是相关关系。

函数关系与相关关系间并没有一条不可逾越的鸿沟，因为误差的存在，函数关系在实际中往往以相关关系表现出来。反之，当对事物的内部规律了解得更加深刻、更加准确时，相关关系也可转化为函数关系。

（2）回归分析的主要内容

对于相关关系而言，虽然找不出变量间的确定性关系，但经过多次实验与分析，从大量的观测数据中也可以找到内在规律性的东西。回归分析正是应用数学的方法，通过大量数据所提供的信息，经去伪存真、由表及里的加工后，找出事物间的内在联系，给出（近似）定量表达式，从而可以利用该式去推算未知量，因此，回归分析的主要内容有：①以观测数据为依据。建立反映变量间相关关系的定量关系式（回归方程），并确定关系式的可信度；②利用建立的回归方程式，对客观过程进行分析、预测和控制。

（3）回归方程建立概述

① 回归方程或经验公式。根据两个变量 x 和 y 的 n 对实验数据 (x_1, y_1)，(x_2, y_2)，$\cdots$，(x_n, y_n)，通过回归分析建立一个确定的函数 $y=f(x)$（近似的定量表达式）来大体描述这两个变量 y、x 间变化的相关规律。这个函数 $f(x)$ 就是 y 对 x 的回归方程，简称回归。因此，y 对 x 的回归方程 $f(x)$ 反映了当 x 固定在 x_0 值时 y 所取值的平均值。

② 回归方程的求解。求解回归的过程，也称为曲线拟合，实质上就是采用某一函数的图线去逼近所有的观测数据，但不是通过所有的点，而是要求拟合误差达到最小，从而建立一个确定的函数关系。因此回归过程一般分两个步骤。

a. 选择函数 $y=f(x)$ 的类型，即 $f(x)$ 属哪一类函数，是正比例函数 $y=kx$、线性函

数 $y = a + bx$、指数函数 $y = ae^{bx}$ 还是幂函数 $y = ax^b$ 或其他函数等，其中 k、a、b 等为公式中的系数。只有函数形式确定了，然后才能求出式中的系数，建立回归方程。

选择的函数类型，首先应使其曲线最大限度地与实验点接近，此外，还应力求准确、简单明了、系数少。通常是将经过整理的实验数据，在几种不同的坐标纸上作图（多用直角坐标纸），将形成的两变量变化关系的图形，称为散点图。然后根据散点图提供的变量间的有关信息来确定函数关系。其步骤为：作散点图；根据专业知识、经验并利用解析几何知识判断图线的类型；确定函数形式。

b. 确定函数 $y = f(x)$ 中的参数。当函数类型确定后，可由实验数据来确定公式中的系数，除作图法求系数外，还有许多其他的方法，但最常见的是最小二乘法。

（4）几种主要回归分析类型

由于变量数目不同，变量间内在规律的不同，因而由实验数据进行的回归方法也不同，工程中常用的有以下几类。

① 一元线性回归。当两变量间关系可用线性函数表达时，其回归即为一元线性回归。这是最简单的一类回归问题。

② 可化为一元线性回归的非线性回归。两变量间关系虽为非线性，但是经过变量替换，函数可化为一线性关系，则可用第一类线性回归加以解决，此为可转化为一元线性回归的非线性回归。

③ 多元线性回归。研究变量大于两个、相互间呈线性关系的一类回归问题。

2. 一元线性回归

（1）求一元线性回归方程

一元线性回归就是工程中经常遇到的配直线问题。也就是说如果变量 x 和 y 之间存在线性相关关系，那么就可以通过一组观测数据 $(x_i, y_i)(i = 1, 2, \cdots, n)$ 用最小二乘法求出参数 a、b，并建立其回归直线方程 $y = a + bx$。

所谓最小二乘法，就是要求上述 n 个数据的绝对误差的平方和达到最小，即选择适当的 a 与 b 值，使

$$Q = \sum_{i=1}^{n} (y_i - \hat{y}_i)^2 = \sum_{i=1}^{n} (y_i - a - bx_i)^2 = 最小值$$

以此求出 a、b 值，并建立方程，其中 b 称为回归系数，a 称为截距。

一元线性回归计算步骤如下：

① 将变量 x、y 的实验数据一一对应列表，并计算填写在表 4-9 中。

表 4-9　一元线性回归计算表

序号	x_i	y_i	x_i^2	y_i^2	$x_i y_i$
Σ					
平均值Σ/n	$\overline{x_i}$	$\overline{y_i}$	—	—	$\Sigma x_i y_i / n$

② 计算 L_{xy}、L_{xx}、L_{yy} 值：

$$L_{xy} = \sum_{i=1}^{n} x_i y_i - \frac{1}{n}\left(\sum_{i=1}^{n} x_i\right)\left(\sum_{i=1}^{n} y_i\right) \tag{4-30}$$

$$L_{xx} = \sum_{i=1}^{n} x_i^2 - \frac{1}{n}\left(\sum_{i=1}^{n} x_i\right)^2 \tag{4-31}$$

$$L_{yy} = \sum_{i=1}^{n} y_i^2 - \frac{1}{n} \left(\sum_{i=1}^{n} y_i \right)^2 \tag{4-32}$$

③ 根据公式计算 a、b 值并建立经验式：

$$b = \frac{L_{xy}}{L_{xx}} \tag{4-33}$$

$$a = \bar{y} - b\bar{x} \tag{4-34}$$

$$y = a + bx$$

（2）相关系数

用上述方法可以配出回归线，建立线性关系式，但它是否真正能反映两个变量间的客观规律？尤其是对变量间的变化关系根本不了解的情况更为担心，相关分析就是用来解决这类问题的一种数学方法，引进相关系数 r 值，用该值大小判断建立得经验式正确与否。步骤如下：

① 计算相关系数 r 值

$$r = \frac{L_{xy}}{\sqrt{L_{xx}L_{yy}}} \tag{4-35}$$

相关系数 r 绝对值越接近于 1，两变量 x、y 间的线性关系越好。若接近于零，则认为 x 与 y 间没有线性关系，或两者间具有非线性关系。

② 给定显著性水平 α，按 $n-2$ 的值，在附表 4 相关系数检验表中查出相应的临界 r_α 值。

③ 判断。若 $|r| \geqslant r_\alpha$，两变量间存在线性关系，方程式成立，并称 r 在水平 α 下显著。$|r| < r_\alpha$，则两变量不存在线性关系，并称 r 在水平 α 下不显著。

（3）回归线的精度

由于回归方程给出的是 x、y 两个变量间的相关关系，而不是确定性关系，因此，对于一个固定的 $x = x_0$ 值，并不能精确地得到相应的 y_0 值，而是由方程得到估计值 $y_0 = a + bx_0$，或者说 x 固定在 x_0 值时，y 所取值的平均值 y_0，那么用 y_0 作为 Y_0 的估计值时，偏差有多大，也就是用回归算得的结果精度如何呢？这就是回归线的精度问题。

虽然对于一固定的 x_0 值相应的 Y_0 值无法确切知道，但相应 x_0 值实测的 y_0 值是按一定规律分布在 Y_0 上下，波动规律一般认为是正态分布，也就是说是具有某正态分布的随机变量。因此能算出波动的标准离差，也就可以估计回归线的精度了。

回归线精度的判断方法如下：

① 计算标准离差 σ（又称剩余标准离差）。

$$\sigma = \sqrt{\frac{Q}{n-2}} = \sqrt{\frac{(1-r^2)L_{yy}}{n-2}} \tag{4-36}$$

② 由正态分布性质可知，y_0 落在 $y_0 \pm \sigma$ 范围内的概率为 68.3%；y_0 落在 $y_0 \pm 2\sigma$ 范围内的概率为 95.4%；y_0 落在 $y_0 \pm 3\sigma$ 范围内的概率为 99.7%。也就是说，对于任何一个固定的 $x = x_0$ 值，都有 95.4% 的把握断言其 y_0 值落在 $(Y_0 - 2\sigma, Y_0 + 2\sigma)$ 范围之中。

显然 σ 越小，则回归方程精度越高，故可用 σ 作为测量回归方程精度之值。

3. 可化为一元线性回归的非线性回归

实际问题中，有时两个变量 x 与 y 间的关系并不是线性相关的，而是某种曲线关系，这就需要用曲线作为回归线。对曲线类型的选择，理论上并无依据，只能根据散点图提供的信息，并根据专业知识与经验和解析几何知识选择既简单而计算结果与实测值又比较相近的曲线，用这些已知曲线的函数近似地作为变量间的回归方程式。而这些已知曲线的关系式，有些只要经过简单的变换，就可以变成线性形式，这样，这些非线性问题就可以作线性回归问题处理。

例如，当随机变量 y 随着 x 渐增而越来越急剧地增大时，变量间的曲线关系可近似用指数函数 $y = ab^x$ 拟合，其回归过程，只要把函数两侧取对数，则 $y = ab^x$ 将变为 $\lg y = \lg a + x\lg b$，化成了的线性关系 $y' = A + Bx$，只要用线性回归的方法，即可求得 A、B 值，进而可求出变量间关系 $y = ab^x$。

如果散点图所反映的变量之间的关系和两个函数类型都有些近似，即一下子确定不出来选择哪种曲线形式更好，更能客观地反映出本质规律，则可都作回归并按式（4-37）或式（4-38)计算剩余平方和 Q 或剩余标准离差 σ 并进行比较，选择 Q 或 σ 值最小的函数类型。

$$Q = \sum_{i=1}^{n} (y_i - \hat{y}_i)^2 \tag{4-37}$$

$$\sigma = \sqrt{\frac{1}{n-2}\sum_{i=1}^{n} (y_i - \hat{y}_i)^2} \tag{4-38}$$

式中，y_i 为实测值；$\hat{y}_i$ 计算值，$\hat{y}_i = a + bx$。

4. 二元线性回归

前面研究了两个变量间相关关系的回归问题，但客观事物的变化常受多种因素的影响，要考察的独立变量往往不止一个，因此把研究某一变量与多个独立变量之间的相关关系的统计方法称为多元回归。

在多元回归分析中，多元线性回归是比较简单也是应用较广泛的一种方法。但是在工程实践中，为简便起见，往往是变化两个因素，让其他因素处于稳态，也就是只研究变化着的两个因素与指标之间的相关关系，即二元回归问题。以下着重讨论二元线性回归问题。

（1）求二元线性回归方程

二元线性回归的数学表达式为：

$$y = a + b_1 x_1 + b_2 x_2 \tag{4-39}$$

式中，y 为因变量；x_1、x_2 为两个独立的自变量；b_1、b_2 为回归系数；a 为常数项。

二元线性回归的计算步骤如下。

① 将变量 x_1、x_2 与 y 的实验数据一一对应列表（表 4-10）并计算。

表 4-10　二元线性回归计算表

序号	x_{1i}	x_{2i}	y_i	x_{1i}^2	x_{2i}^2	y_i^2	$x_{1i}y_i$	$x_{2i}y_i$
1								
2								
⋮								
抽样								
抽样								
n								
Σ								
$\frac{\Sigma}{n}$								

② 利用上表的结果并根据公式计算 L_{00}、L_{11}、L_{22}、L_{12}、L_{10}、L_{20}。

$$L_{00} = \sum_{i=1}^{n} y^2 - \frac{1}{n} \left(\sum_{i=1}^{n} y \right)^2 \tag{4-40}$$

$$L_{11} = \sum_{i=1}^{n} (x_{1i})^2 - \frac{1}{n} \left(\sum_{i=1}^{n} x_{1i} \right)^2 \tag{4-41}$$

$$L_{22} = \sum_{i=1}^{n} (x_{2i})^2 - \frac{1}{n} \left(\sum_{i=1}^{n} x_{2i} \right)^2 \tag{4-42}$$

$$L_{12} = \sum_{i=1}^{n} x_{1i} x_{2i} - \frac{1}{n} \left(\sum_{i=1}^{n} x_{1i} \right) \left(\sum_{i=1}^{n} x_{2i} \right) \tag{4-43}$$

$$L_{10} = \sum_{i=1}^{n} x_{1i} y_i - \frac{1}{n} \left(\sum_{i=1}^{n} x_{1i} \right) \left(\sum_{i=1}^{n} y_i \right) \tag{4-44}$$

$$L_{20} = \sum_{i=1}^{n} x_{2i} y_i - \frac{1}{n} \left(\sum_{i=1}^{n} x_{2i} \right) \left(\sum_{i=1}^{n} y_i \right) \tag{4-45}$$

③ 建立方程组并求解回归常数 b_1、b_2 值。

$$\begin{cases} L_{11} b_1 + L_{12} b_2 = L_{10} \\ L_{21} b_1 + L_{22} b_2 = L_{20} \end{cases} \tag{4-46}$$

④ 求解常数项 a。

$$a = \bar{y} - b_1 \bar{x_1} - b_2 \bar{x_2} \tag{4-47}$$

式中，$\bar{y} = \dfrac{\sum_{i=1}^{n} y_i}{n}$，$\bar{x_1} = \dfrac{\sum_{i=1}^{n} x_{1i}}{n}$，$\bar{x_2} = \dfrac{\sum_{i=1}^{n} x_{2i}}{n}$

由 a、b_1、b_2 可以建立方程式：$y = a + b_1 x_1 + b_2 x_2$。

（2）二元线性回归的全相关系数 R 值

按上法建立的二元线性回归方程，是否反映客观规律，除了靠实验检验外，和一元线性回归一样，也可以从数学角度来衡量，即引入全相关系数 R：

$$R = \sqrt{\frac{S_0}{L_{00}}} \tag{4-48}$$

$0 \leqslant R \leqslant 1$，$R$ 越接近于 1，方程越理想。

$$S_0 = b_1 L_{10} + b_2 L_{20} \tag{4-49}$$

式中，S_0 为回归平方和，表示由于自变量 x_1 和 x_2 的变化而引起的因变量 y 的变化。

（3）二元线性回归方程式的精度

同一元线性回归方程一样，精度也由剩余标准差 σ 来衡量。

$$\sigma = \sqrt{\frac{L_{00} - S_0}{n - m - 1}} \tag{4-50}$$

式中，n 为实验次数；m 为自变量的个数；L_{00}、S_0 的含义同前。

（4）实验因素对实验结果影响的判断

二元线性回归时研究两个因素的变化对实验成果的影响，但在两个影响因素（变量）间总有主次之分，如何判断谁是主要因素，谁是次要因素，哪个因素对实验成果的影响可以忽略不计？除了利用双因素方差分析方法外，还可以用以下方法。

① 标准回归系数绝对值比较法。

标准回归系数:

$$b_1' = b_1 \sqrt{\frac{L_{11}}{L_{00}}} \tag{4-51}$$

$$b_2' = b_2 \sqrt{\frac{L_{22}}{L_{00}}} \tag{4-52}$$

比较 $|b_1'|$ 和 $|b_2'|$ 哪个值大,那个值即为主要影响因素。

② 偏回归平方和比较法。y 对于某个特定的自变量 x_1 的偏回归平方和 P 是指在回归方程中除去这个自变量而使回归平方和减小的数值,其计算式为:

$$P_1 = b_1^2 \left(L_{11} - \frac{L_{12}^2}{L_{22}} \right) \tag{4-53}$$

$$P_2 = b_2^2 \left(L_{22} - \frac{L_{12}^2}{L_{11}} \right) \tag{4-54}$$

比较 P_1、P_2 值的大小,大者为主要因素,小者为次要因素。次要因素对 y 值的影响有时可以忽略,则在回归计算中可以不再计入此变量,而使问题变得简单明了,便于进行回归。

③ T 值判断法。下式中的 T_i 称为自变量 x_i 的 T 值,$i=1$、2。

$$T_i = \frac{\sqrt{P_i}}{\sigma} \tag{4-55}$$

式中,P_i 为 $i=1$、2,由式(4-53)、式(4-54)求得;σ 为二元回归剩余偏差,由式(4-50)求得。

T 值越大,该因素越重要,一般由经验式得:$T<1$ 该因素对结果影响不大,可忽略;$T>1$ 该因素对结果有一定的影响;$T>2$ 该因素为重要因素。

第5章 水样的采集与保存

合理的水样采集和保存方法，是保证检测结果能正确反映被检测对象特性的重要环节。为了取得具有代表性的水样，在水样采集以前，应根据被检测对象的特性拟订水样采集计划，确定采样地点、采样时间、水样数量和采样方法，并根据检测项目决定水样保存方法。争取做到所采集水样的组成成分的比例或浓度与检测对象的所有成分一样，并在测试工作开展以前，各成分不发生显著的改变。

5.1 水样的采集

采样时要根据采样计划小心采集水样，使水样在进行分析以前不变质或没有受到污染。水样罐瓶使用前要用所需要采集的水把采样瓶冲洗两、三遍，或根据检测项目的具体要求清洗采样瓶。

对采集到的每一个水样要做好记录，记述样品编号、采样日期、地点、时间和采样人员姓名，并在每一个水样瓶上贴好标签，表明样品标号。在进行江河、湖泊、水库等天然水检测时，应同时记录与之有关的其他资料，如气候条件、水位、流量等，并用地图标明采样点位置。进行工业污染监测时，应同时记述有关的工业生产情况，污水排放规律等，并用工艺流程方框图标明采样点位置。

在采集配水管网中的水样前，要充分的冲洗管线，以保证水样能代表供水情况。从井中采集水样时，要充分抽汲后进行，以保证水样能代表地下水水源。从江河湖海中采样时，分析数据可能随采样深度、流量、与岸边距离的变化而变化。因此，要采集从表面到底部不同位置的水样构成的混合水样。如果水样距离供细菌检测时，采样瓶等必须事先灭菌。如采集自来水水样时，应先用酒精灯将水龙头烧灼消毒，然后把水龙头完全打开，放水数分钟后再取水样。若采集含有余氯的水样作细菌检测时，应在水样瓶未消毒前加入硫代硫酸钠，以消除水中的余氯。加药量按 1L 水样加 4mL1.5％的硫代硫酸钠计。

由于被检测对象的具体条件各不相同，变化不大，不可能制定出一个固定的采样步骤和方法，检测人员必须根据具体情况和考察目的而定。

供分析用的水样，应该能够充分代表该水的全面性，并必须不受任何意外的污染。首先必须做好现场调查和资料收集，包括气象条件、水文地质、水位水深、河道流量、用水量、污水废水排放量、废水类型、排污去向等等。水样的采集方法、次数、深度位置、时间等都是由采样分析目的来决定的。水样采集时，应注意以下几方面的内容。

5.1.1 采样器

采样器可用无色具塞硬质玻璃瓶或具塞聚乙烯瓶或水桶。采集深水水样时，需用专门采样器或深层采水器（如 HQM-2 型有机玻璃采水器）和自动采水器（如国产 772 型自动采水器和 783 型自动采水器）等，这些采水器的操作和使用方法见各产品说明书。对水中特殊成分的分析，要求使用专用容器，例如，溶解氧（DO）、正乙烷萃取物、亚硫酸盐、联胺

（NH_2H_2N）、细菌、生物等不宜用自动采样器，必须用专门特殊采样器。如测 DO 时，用溶解氧瓶采集水样（直立式采水器）。

5.1.2 水样的量

供一般物理性质、化学成分分析用的水样有 2L 即可。如需对水质进行全分析或某些特殊测定时，则要采集 5～10L 或更多水样。表 5-1 列出了正常浓度水样的实际用量（不包括平行样）。

表 5-1 水样采集量

监测项目	水样采集量（mL）	监测项目	水样采集量（mL）
悬浮物	100	硬度	100
色度	50	酸碱度	100
嗅	200	溶解氧	300
浊度	100	氨氮	400
pH 值	50	BOD_5	1000
电导率	100	油	1000
金属	1000	有机氯农药	2000
铬	100	酚	1000
凯氏氮	500	氰化物	500
硝酸盐氮	500	硫酸盐	50
亚硝酸盐氮	50	硫化物	250
磷酸盐	50	COD	100
氟化物	300	苯胺类	200
氯化物	50	硝基苯	100
溴化物	100	砷	100
碘化物	100	显影剂类	100

5.1.3 水样的类型

水样可以分为瞬时水样、混合水样和综合水样，与之相应的采样形式也可分为瞬时采样、混合采样和综合采样。

1. 瞬时水样

瞬时水样是指在某一时间和地点从水体中随机采集的分散水样。当水体水质稳定，或其组分在相当长的时间或相当大的空间范围内变化不大时，瞬时水样具有很好的代表性；当水体组分及含量随时间和空间变化时，就应隔时、多点采集瞬时样，分别进行分析，摸清水质的变化规律。应在各个具有代表性的地点采集水样。

2. 混合水样

混合水样是指在同一采样点于不同时间所采集的瞬时水样的混合水样，或者在同一时间于不同采样点采得的瞬时水样的混合水样，有时称"时间混合水样"，以便与其他混合水样相区别。这种水样在观察平均浓度时非常有用，但不适用于被测组分在贮存过程中发生明显变化的水样。如果水的流量随时间变化，必须采集流量比例混合样，即在不同时间依照流量大小按比例采集的混合样。可使用专用流量比例采样器采集这种水样。

3. 综合水样

把不同采样点同时采集的各个瞬时水样混合后所得到的样品称综合水样。在进行河流水质模型研究时，常采用这种采集方式。河水的成分沿着江河的宽度和深度是有变化的，而在进行研究时需要的是平均的组成成分或者总的负荷。因此，应采用一种能代表整个横断面上各点和与它们相对流量成比例的混合水样。

5.1.4　采集水样的注意事项

① 测定悬浮物、pH、**溶解氧**、生化需氧量、油类、硫化物、余氯、放射性、微生物等项目需要单独采样；其中，测定溶解氧、生化需氧量和有机污染物等项目的水样必须充满容器；pH、电导率、溶解氧等项目宜在现场测定。

② 采样时要认真填写采样记录表。内容包括：水体（河流、湖泊、水库）名称，断面名称，样点，采样编号，采样时间，天气，气温，水位，流速，流量，现场监测项目，采样人姓名。

③ 采集所需要的水样后，应该缩短从采样到分析的间隔时间。尽快进行分析，如不能现场分析，则应妥善保存水样，尽量缩短水样的运送时间。

5.2　水样的保存

各种水质的水样，从采集到分析的过程，由于物理的、化学的和生物的作用，会发生各种变化。微生物的新陈代谢活动和化学作用，能引起水样组分和浓度的变化。CO_2 含量的变化，会影响 pH 值和总碱度的测定值，悬浮物在采样器、水样容器表面上产生的胶体吸附现象或溶解性物质被溶出等，都会使水样的组分发生变化，为尽可能地降低水样的物理、化学和生物的变化，必须在采样时针对水样的不同情况和待测物的特性实施保护措施。防止碰撞、破损、丢失，并力求缩短运输时间，最大限度地降低水样水质变化，尽快将水样送至实验室进行分析。

5.2.1　水样保存的基本要求

正确的保护措施虽然能够降低水样变化的程度和减缓其变化速度，但并不能完全抑制其变化。有些项目必须在现场测定，有一部分项目必须在现场做简单的预处理。水样允许保存的时间，与水样的性质、分析的项目、溶液的酸度、贮存容器的材质、存放的温度等多因素有关。其基本要求是：抑制微生物作用；减缓化合物或络合物的水解及氧化还原作用；减少组分的挥发和吸附损失。

5.2.2　水样的保存方法

1. 冷藏法

水样在 2～5℃保存（一般冰箱的冷藏室可满足此要求），能抑制微生物的活动，减缓物理作用和化学作用的速度，这种方法不会妨碍后续的分析测定。

2. 化学法

① 加杀生物试剂法，在水样中加入杀生物剂可以阻止生物的作用。常用的试剂有氯化汞（$HgCl_2$），加入量为每升水样 2060mg。对测汞的水样可加苯或三氯甲烷（$CHCl_3$）每升水样加 0.1～1.0mg。② 加化学试剂法，为防止水样中某些金属元素或有机物质在保存期间发生变化，可加入某些化学试剂，如加硝酸（HNO_3）调节水样 pH，使其中的金属元素呈稳定状态，加硫酸可抑制细菌生长和有机碱（氨和胺类）形成盐，加入 NaOH 与挥发性化合物形成盐类，如氰化物和有机酸类。

表 5-2 按不同的检测项目列出了水样保存方法（HJ 493—2009），该表列出了保存水

的一般要求。由于天然水和废水的性质复杂，分析前需验证按下述方法处理的每种类型水样的稳定性。

表 5-2　常用样品保存技术

项目	待测项目	容器类别	保存方法	分析地点	可保存时间	建议
A. 物理、化学及生化分析	pH 值	P 或 G		现场		现场直接测试
	酸碱度	P 或 G	在 2~5℃暗处冷藏	实验室	24h	水样注满容器
	嗅	G		实验室	6h	最好在现场测试
	电导率	P 或 G	冷藏于 2~5℃	实验室	24h	最好在现场测试
	色度	P 或 G	在 2~5℃暗处冷藏	现场	24h	
	悬浮物及沉淀物	P 或 G		实验室	24h	单独定容采样
	浊度	P 或 G		实验室	尽快	最好在现场测试
	臭氧			现场		
	余氯	P 或 G		现场		最好在现场分析，否则应在现场用过量 NaOH 固定，保存时间不应超过 6h
	二氧化碳	P 或 G				水样注满容器
	溶解氧	G（溶解氧瓶）	现场固定氧并存放在暗处	现场、实验室	数小时	碘量法加 1mL 1mol/L 高锰酸钾和 2mL 1mol/L 的碱性碘化钾
	油脂、油类、碳氢化合物、石油及其衍生物	用分析时使用的溶剂冲洗容器	现场萃取冷冻至 -20℃	实验室	24h 数月	建议采样后立即加入在分析方法中所用的萃取剂，或进行现场萃取
	离子型表面活性剂	G	在 2~5℃下冷藏，硫酸酸化至 pH<2	实验室	尽快 48h	
	非离子型表面活性剂	G	加入 40％（体积分数）的甲醛，使样本成分为含 1％（体积分数）的甲醛溶液，并使水样注满容器	实验室	1 个月	
	砷		加硫酸，使 pH<2，加碱调节 pH=12	实验室	数月	不能用硝酸酸化，生活污水及工业废水应使用这种方法
	硫化物		每 100mL 加 2mL 2mol/L 的醋酸锌并加入 2mL 2mol/L 的 NaOH 并冷藏	实验室	24h	需现场固定
	总氰	P	用 NaOH 调节至 pH>12	实验室	24h	

续表

项目	待测项目	容器类别	保存方法	分析地点	可保存时间	建议
A. 物理、化学及生化分析	COD		在 2~5℃下暗处冷藏，硫酸酸化至 pH<2，−20℃冷冻（一般不适用）	实验室	尽快 1 周 1 个月	如果 COD 是因为存在有机物引起的，则必须加以酸化，COD 低时，最好用玻璃瓶保存
	BOD	G	2~5℃暗处冷藏	实验室	尽快 1 个月	BOD 低时，最好用玻璃容器
	基耶达氮氨氮	P 或 G	用硫酸酸化至 pH<2 并在 2~5℃暗处冷藏	实验室	尽快	为了阻止硝化细菌新陈代谢，需加入杀菌剂如丙烯基硫脲、氯化汞或三氯甲烷等
	硝酸盐氮	P 或 G	酸化至 pH<2 并在 2~5℃下冷藏	实验室	24h	有些废水样本不能保存，需要现场分析
	亚硝酸盐氮	P 或 G	在 2~5℃暗处冷藏	实验室	尽快	
	有机碳	G	用硫酸酸化至 pH<2 并在 2~5℃暗处冷藏	实验室	1 周	应尽快测试，有些情况下，可以用冷冻法（−20℃），建议采样后，立即加入在分析方法中所用的萃取剂，或在现场进行萃取
	有机氯农药	P 或 G	在 2~5℃暗处冷藏			
	有机磷农药	P 或 G	在 2~5℃暗处冷藏	实验室	24h	建议采样后立即加入在分析方法中所用的萃取剂，或在现场进行萃取
	游离氰化物	P	保存方法取决于分析方法	实验室	24h	
	酚	BG	用硫酸铜抑制生化作用并用磷酸酸化，或用 NaOH 调节至 pH > 12	实验室	24h	保存方法取决于分析方法
	叶绿素	P 或 G	在 2~5℃暗处冷藏过滤后冷冻滤渣	实验室	24h 1 个月	
	肼	G	用 HCl 调至 1mol/L（每升样本 100mL）并于暗处贮存	实验室	24h	
	洗涤剂	同"表面活性剂"				
	汞	P 或 BG		实验室	2 周	保存方法取决于分析方法

续表

项目	待测项目	容器类别	保存方法	分析地点	可保存时间	建议
铝	可过滤铝	P	现场过滤硝酸酸化滤液至 pH<2（如用原子吸收法测定，则不能用硫酸酸化）	实验室	1个月	滤渣用于测定不可过滤态铝，滤液用于该项测定
	附着在悬浮物上的铝		现场过滤	实验室	1个月	
	总铝		酸化至 pH<2	实验室	1个月	取均匀样本消解后测定，酸化时不能使用硫酸
A. 物理、化学及生化分析	钡	P 或 G	同"铝"			
	镉	P 或 BG	同"铝"			
	铜		同"铝"			
	总铁	P 或 BG	同"铝"			
	铅	P 或 BG	同"铝"		酸化时不能使用硫酸	
	锰	P 或 BG	同"铝"			
	镍	P 或 BG	同"铝"			
	银	P 或 BG	同"铝"			
	锡	P 或 BG	同"铝"			
	铀	P 或 BG	同"铝"			
	锌	P 或 BG	同"铝"			
	总铬	P 或 G	酸化至 pH<2	实验室	尽快	不得使用磨口及内壁有磨毛的容器，以避免对铬的吸附
	六价铬	G	用 NaOH 调节 pH 值为 7～9			
	钴	P 或 BG	同"铝"	实验室	24h	酸化时不要使用硫酸，酸化的样本可同时用于测定钙和其他金属
	钙	P 或 BG	过滤后将滤液酸化至 pH<2	实验室	数月	
	总硬度		同"钙"			
	镁	P 或 BG	同"钙"			
	锂	P	酸化至 pH<2	实验室		
	钾	P	同"锂"			
	钠	P	同"锂"			
	溴化物及含溴化合物	P 或 G	于 2～5℃冷藏	实验室	尽快	样本应避光保存
	氯化物	P 或 G	—	实验室	数月	
	氟化物	P		实验室	中性样本可保存数月	

项目	待测项目	容器类别	保存方法	分析地点	可保存时间	建议
A. 物理、化学及生化分析	碘化物	非光化玻璃	于 2～5℃冷藏，加碱调节 pH 值至 8	实验室	24h 1 个月	样本应避免日光直射
	正磷酸盐	BG	于 2～5℃冷藏	实验室	24h	样本应立即过滤并尽快分析溶解的磷酸盐
	总磷	BG	用硫酸酸化至 pH<2	实验室	24h 数月	
	硒	G 或 BG	用 NaOH 调节至 pH > 11			
	硅酸盐		过滤并用硫酸酸化至 pH<2，于 2～5℃冷藏	实验室	24h	
	总硅	P		实验室	数月	
	硫酸盐	P 或 G		实验室	1 周	
	亚硫酸盐	P 或 G		实验室	1 周	
	硼及硼酸盐	P		实验室	数月	
B. 微生物分析	细菌总数、大肠菌总数、类大肠菌、类链球菌、沙门氏菌、志贺氏菌等	灭菌容器（G）	2～5℃冷藏	实验室	尽快（地面水、污水及饮用水）	取氯化或溴化过的水样时，所用的样本瓶消毒之前，按每 125mL 加 0.1mL 10%（质量分数）的硫代硫酸钠，以消除氯或溴对细菌的抑制作用；对重金属量 >0.01mg/L 的水样，应在容器消毒前，加 EDTA
C. 生物学分析（本表所列的生物分析项目仅是研究工作常涉及的动植物种群）	鉴定和计数：①底栖类无脊椎动物—大样本	P 或 G	加入 70%（体积分数）乙醇和 40%（体积分数）中性甲醛（用硼酸钠调节）使水样成为含 2%～5%（体积分数）的溶液	实验室	1 年	样本中的水应先倒出，已达到最大的防腐剂的浓度
	—小样本（如参考样本）		转入防腐溶液，含 70%（体积分数）乙醇和 40%（体积分数）甲醛和甘油，三者比例为 100∶2∶1	实验室		当心甲醛蒸汽！工作范围内不应大量存放

项目	待测项目	容器类别	保存方法	分析地点	可保存时间	建议
C. 生物学分析（本表所列的生物分析项目仅是研究工作常涉及的动植物种群）	②水中周丛生物	G	一份体积样本加入100份卢戈耳溶液。卢戈氏液：每升用150g碘化钾，100g碘，18mL乙酸（密度为1.04 g/L），配成水样，应存放于冷暗处	实验室	1年	
	③浮游植物、浮游动物	G	见"水中周丛生物"。加40%（体积分数）的甲醛，使成4%（体积分数）的福尔马林或加卢戈氏液	实验室	1年	若发生脱色应加入更多的卢戈氏液
	湿重和干重：①底栖大型无脊椎动物②大型植物③浮游植物④浮游动物⑤鱼		2～5℃冷藏	现场或实验室	24h	不要冷冻到－20℃，尽快进行分析，不得超过24h
	灰分质量：①底栖大型无脊椎动物②大型植物③悬垂植物④浮游植物	P或G	过滤后冷藏于2～5℃，冷冻至－20℃保存	实验室	6个月	
	热值的测定：①底栖大型无脊椎动物②浮游植物③浮游动物	P或G	过滤后冷藏于2～5℃，保存于干燥器皿中	实验室	24h	尽快分析，不得超过24h
	毒性实验	P或G	2～5℃冷藏冷冻至－20℃	实验室	36h	保存期随分析方法而不同
D. 放射学分析		P或G	有关放射性分析用的保存方法必须依据分析的类型（测量总放射性（α、β、γ辐射）或是测量一个或多个放射性核素的放射性）。保存这类样本主要的问题在于容器壁对样本中的悬浮物质的吸附现象以及放射性核素的保存期。因为选择容器很重要，必要时应进行解吸附处理。通常采用的保存方法既可单独使用，亦可结合起来使用。如用硝酸酸化样本至 pH<2，或加入稳定剂	实验室	依赖于放射性核素的半衰期	

第6章　水处理实验

6.1　混凝实验

6.1.1　实验目的

分散在水中的胶体颗粒带有电荷，同时在布朗运动及其表面水化作用下，长期处于稳定分散状态，不能用自然沉淀方法去除。向这种水中投加混凝剂后，可以使分散颗粒相互结合、聚集增大，从水中分离出来。

由于各种原水有很大差别，混凝效果不尽相同。混凝剂的混凝效果不仅取决于混凝剂的投加量，同时还取决于水的 pH 值、水流速度梯度等因素。

通过本实验，希望达到如下目的：

① 学会求一般天然水体最佳混凝条件（包括投药量、pH 值、水流速度梯度）的基本方法。

② 加深对混凝机理的理解。

6.1.2　实验原理

胶体颗粒（胶粒）带有一定电荷，它们之间的电斥力是影响胶体稳定性的主要因素。胶粒表面的电荷值常用电动电位 ζ 来表示，又称 Zeta 电位。Zeta 电位的高低决定了胶体颗粒之间斥力的大小和影响范围。

Zeta 电位的测定，可通过在一定外加电压下带电颗粒的电泳迁移率计算，即

$$\zeta = \frac{K\pi\mu u}{H\varepsilon} \tag{6-1}$$

式中，ζ 为 Zeta 电位值，mV；K 为微粒形状系数，对于圆球体 $K=6$；π 为系数，取 3.1416；μ 为水的黏度 Pa·s，这里取 $\mu = 10^{-1}$（Pa·s）；u 颗粒电泳迁移率 μm·cm/（V·s）；H 为电场强度梯度，V/cm；ε 为介质水的介电常数。

Zeta 电位值尚不能直接测定，一般是利用外加电压下，追踪胶体颗粒经过一个测定距离的轨迹，以确定电泳迁移率值，再经过计算得出 Zeta 电位。电泳迁移率计算，即

$$u = \frac{GL}{Ut} \tag{6-2}$$

式中，G 为分格长度，μm；L 为电泳槽长度，cm；U 为电压，V；t 为时间，s。

一般天然水中胶体颗粒的 Zeta 电位约在 -30mV 以上，投加混凝剂后，只要该电位降到 -15mV 左右即可得到较好的混凝效果。相反，当 Zeta 电位降到零，往往不是最佳混凝状态。

投加混凝剂的多少，直接影响混凝效果，投加量不足不可能有很好的混凝效果。同样，如果投加的混凝剂过多也未必能得到好的混凝效果。水质是千变万化的，最佳的投药量各不

相同，必须通过实验方可确定。

在水中投加混凝剂如 $Al_2(SO_4)_3$、$FeCl_3$ 后，生成的 Al（Ⅲ）、Fe（Ⅲ）化合物对胶体的脱稳效果不仅受投加的剂量、水中胶体颗粒的浓度影响，还受水的 pH 值影响。如果 pH 值过低（小于 4），则混凝剂水解受到限制，其化合物中很少有高分子物质存在，絮凝作用较差。如果 pH 值过高（大于 9～10），它们就会出现溶解现象，生成带负电荷的络合离子，也不能很好发挥絮凝作用。在投加了混凝剂的水中，胶体颗粒脱稳后相互聚结，逐渐变成大的絮凝体，这时，水流速度梯度 G 值的大小起着主要的作用。在混凝搅拌实验中，水流速度梯度 G 值可按下式计算，即

$$G = \sqrt{\frac{P}{\mu V}} \tag{6-3}$$

式中，P 为搅拌功率，J/s；μ 为水的黏度，Pa·s；V 为被搅动的水流体积，m^3。常用的搅拌实验搅拌桨见图 6-1。

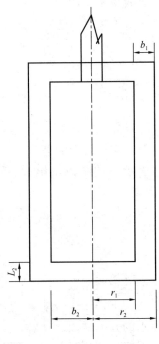

图 6-1　搅拌桨板尺寸图

搅拌功率的计算方法如下：

（1）竖直桨板搅拌功率 P_1

$$P_1 = \frac{mC_{D1}\gamma}{8g}L_1\omega^3(r_2^4 - r_1^4) \tag{6-4}$$

式中，m 为竖直桨板块数，这里 $m=2$；C_{D1} 为阻力系数，取决于桨板长宽比；γ 为水的重度，kN/m^3；ω 为桨板旋转角速度，rad/s（其中 $\omega = 2\pi n$ rad/min $= \frac{\pi n}{30}$ rad/s，n 为转速，r/min）；L_1 为桨板长度，m；r_1 为竖直桨板内边缘半径，m；r_2 为竖直桨板外边缘半径，m。于是得式（6-5）：

$$P_1 = 0.2871C_{D1}L_1n^3(r_2^4 - r_1^4) \tag{6-5}$$

不同 b/L 的阻力系数 C_D 见表 6-1。

表 6-1　阻力系数 C_D

b/L	<1	1~2	2.5~4	4.5~10	10.5~18	>18
C_D	1.1	1.15	1.19	1.29	1.40	2.00

（2）水平桨板搅拌功率 P_2，见公式（6-6）：

$$P_2 = \frac{mC_{D2}\gamma}{8g}L_2\omega^3r_1^4 \tag{6-6}$$

式中，m 为水平桨板块数，这里 $m=4$；L_2 为水平桨板宽度，m；其余符号意义同前。于是得公式（6-7）：

$$P_2 = 0.5742C_{D2}L_2n^3r_1^4 \tag{6-7}$$

搅拌桨功率为公式（6-8）：

$$P = P_1 + P_2 = 0.2871C_{D1}L_1n^3(r_2^4 - r_1^4) + 0.5742C_{D2}L_2n^3r_1^4 \tag{6-8}$$

只要改变搅拌转数 n，就可求出不同的功率 P，由 ΣP 便可求出平均速度梯度 $\overline{G}$，即

$$\overline{G} = \sqrt{\frac{\Sigma P}{\mu V}} \tag{6-9}$$

式中，ΣP 为不同旋转速度时的搅拌功率之和，J/s；其余符号意义同前。

6.1.3　实验装置设备

1. 实验装置

混凝实验装置主要是实验搅拌机，见图 6-2。搅拌机上装有电机的调速设备，电源采用稳压电源。

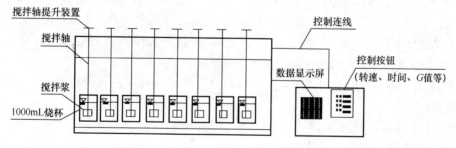

图 6-2　实验搅拌机示意图

2. 实验设备和仪器仪表

实验搅拌机，1 台；酸度计，1 台；浊度仪，1 台；烧杯，1000、2000mL，若干个；量筒，1000mL，1 个；移液管，1、5、10mL，各 2 支；注射针筒、温度计、秒表等。

混凝实验分为最佳投药量、最佳 pH 值、最佳水流速度梯度三部分。在进行最佳投药量实验时，先选定一种搅拌速度变化方式和 pH 值，求出最佳投药量。然后按照最佳投药量求出混凝最佳 pH 值；最后根据最佳投药量和最佳 pH 值求出最佳的水流速度梯度。

在混凝实验中所用的实验药剂可参考下列浓度进行配制：精制硫酸铝（$Al_2SO_4 \cdot 18H_2O$），10g/L；三氯化铁（$FeCl_3 \cdot 6H_2O$），10g/L；聚合氯化铝 $[Al_2(OH)_mCl_{6-m}]_n$，10g/L；化学纯盐酸（HCl），10%；化学纯氢氧化钠（NaOH），10%。

6.1.4 实验步骤

1. 最佳投药量实验步骤

① 取 8 个 1000mL 的烧杯，分别放入 1000mL 原水，置于实验搅拌机平台上。

② 确定原水特征，测定原水水样浑浊度、pH 值、温度。如有条件，测定胶体颗粒的 Zeta 电位。

③ 确定形成矾花所用的最小混凝剂量。方法是通过慢速搅拌烧杯中 200mL 原水，并每次增加 1mL 混凝剂投加量，直至出现矾花为止。这时的混凝剂量作为形成矾花的最小投加量。

④ 确定实验时的混凝剂投加量。根据步骤③得出的形成矾花的最小混凝剂投加量，取其 1/4 作为 1 号烧杯的混凝剂投加量，取其 2 倍作为 8 号烧杯的混凝剂投加量，用依次增加混凝剂投加量相等的方法求出 2~7 号烧杯混凝剂投加量，把混凝剂分别加入 1~8 号烧杯中。

⑤ 启动搅拌机，快速搅拌 0.5min，转速 500r/min；中速搅拌 10min，转速约 250r/min；慢速搅拌 10min，转速约 100r/min。

如果用污水进行混凝实验，污水胶体颗粒比较脆弱，搅拌速度可适当放慢。

⑥ 关闭搅拌机，静止沉淀 10min，用 50mL 注射针筒抽出烧杯中的上清液（共抽 3 次，约 100mL）放入 200mL 烧杯内，立即用浊度仪测定浊度（每杯水样测定 3 次）记入表 6-2 中。

2. 最佳 pH 值实验步骤

① 取 8 个 1000mL 烧杯分别放入 1000mL 原水，置于实验搅拌机平台上。

② 确定原水特征，测定原水浑浊度、pH 值、温度。本实验所用原水和步骤①测定最佳投药量实验中的相同。

③ 调整原水 pH 值，用移液管依次向 1、2、3、4 号装有水样的烧杯中分别加入 2.5、1.5、1.2、0.7mL 10% 浓度的氢氧化钠，经搅拌均匀后测定水样的 pH 值，记入表 6-3 中。

该步骤也可采用变化 pH 值的方法，即调整 1 号烧杯水样使 pH 值等于 3，其他水样的 pH 值（从 1 号烧杯开始）依次增加 1 个 pH 值单位。

④ 同时向各烧杯中加入相同剂量的混凝剂（投加剂量按照最佳投药量实验中得出的最佳投药量确定）。

⑤ 启动搅拌机，快速搅拌 0.5min，转速约 500 r/min；中速搅拌 10 min，转速约 250 r/min；慢速搅拌 10 min，转速约 100r/min。

⑥ 关闭搅拌机，静置 10 min，用 50mL 注射针筒抽出烧杯中的上清液（共抽 3 次，约 100mL）放入 200mL 的烧杯中，取其上清液，立即用浊度仪测定浊度（每杯水样测定 3 次）记入表 6-3 中。

3. 混凝阶段最佳水流速度梯度实验步骤

① 按照最佳 pH 值实验和最佳投药量实验所得出的最佳混凝 pH 值和投药量，分别向 8 个装有 1000mL 水样的烧杯中加入相同剂量的盐酸（或氢氧化钠）和混凝剂，置于实验搅拌机平台上。

② 启动搅拌机快速搅拌 1min，转速约 500 r/min。随即把其中 7 个烧杯移到别的搅拌机上，1 号烧杯继续以 50 r/min 转速搅拌 20min。其他各烧杯分别用 100、150、200、250、300、350、400r/min 搅拌 20min。

③ 关闭搅拌机，静置 10min，分别用 50mL 注射针筒抽出烧杯中的上清液（共抽 3 次，约 100mL）放入 200mL 的烧杯中，立即用浊度仪测定浊度（每杯水样测定 3 次）记入表 6-4 中。

4. 测量搅拌桨尺寸（图 6-1）

本实验有如下注意事项：

① 在最佳投药量、最佳 pH 值实验中，向各烧杯投加药剂时希望同时投加，避免因时间间隔较长各水样加药后反应时间长短相差太大，混凝效果悬殊。

② 在最佳 pH 值实验中，用来测定 pH 值的水样，仍倒入原烧杯中。

③ 在测定水的浊度、用注射针筒抽吸上清液时，不要扰动底部沉淀物。同时，各烧杯抽吸的时间间隔尽量减小。

6.1.5　实验结果整理

1. 最佳投药量实验结果整理

① 把原水特征、混凝剂投加情况、沉淀后的剩余浊度记入表 6-2。

表 6-2　最佳投药量实验记录表

第_____小组　　　姓名_____　实验日期_____
原水水温_____℃　浊度_____NTU　pH 值_____
原水的胶体颗粒 Zeta 电位_____mV　使用混凝剂种类、浓度_____

水样编号		1	2	3	4	5	6	7	8
混凝剂加注量（mg/L）									
矾花形成时间（min）									
沉淀水浊度（NTU）	1								
	2								
	3								
	平均								
备注	1	快速搅拌		（min）		转速		r/min	
	2	中速搅拌		（min）		转速		r/min	
	3	慢速搅拌		（min）		转速		r/min	
	4	沉淀时间		（min）					
	5	人工配水情况							

② 以沉淀水浊度为纵坐标、混凝剂加注量为横坐标，绘出浊度与药剂投加量关系曲线，并从图上求出最佳混凝剂投加量。

2. 最佳 pH 值实验结果整理

① 把原水特征、混凝剂加注量、酸碱加注情况、沉淀水浊度记入表 6-3。

表 6-3　pH 值实验记录表

第_____小组　姓名_____　实验日期_____

实验目的_____

原水水温_____℃　浊度_____NTU　pH 值_____

原水的胶体颗粒 Zeta 电位_____ mV　使用混凝剂种类、浓度_____

水样编号		1	2	3	4	5	6	7	8
HCl 投加量（mg/L）									
NaOH 投加量（mg/L）									
pH 值									
混凝剂加注量（mg/L）									
沉淀水浊度（NTU）	1								
	2								
	3								
	平均								
备注	1	快速搅拌		(min)		转速		r/min	
	2	中速搅拌		(min)		转速		r/min	
	3	慢速搅拌		(min)		转速		r/min	
	4	沉淀时间		(min)					

② 以沉淀水浊度为纵坐标，水样 pH 值为横坐标绘出浊度与 pH 值关系曲线，从图上求出所投加混凝剂的混凝最佳 pH 值及其适用范围。

3. 混凝阶段最佳速度梯度实验结果整理

① 把原水特征、混凝剂加注量、pH 值、搅拌速度记入表 6-4。

表 6-4　混凝阶段最佳水流速度梯度实验记录表

水样编号		1	2	3	4	5	6	7	8
水样 pH 值									
混凝剂加注量(mg/L)									
快速搅拌	速度（r/min)								
	时间(min)								
中速搅拌	速度（r/min)								
	时间(min)								
慢速搅拌	速度（r/min)								
	时间(min)								
速度梯度 $G/(s^{-1})$	快速								
	中速								
	慢速								
	平均								
沉淀水浊度（NTU）	1								
	2								
	3								
	平均								

② 以沉淀水浊度为纵坐标、速度梯度 G 为横坐标给出浊度与 G 的关系曲线，从曲线中求出所加混凝剂混凝阶段适宜的 G 值范围。

6.1.6 问题与讨论

① 根据最佳投药量实验曲线，分析沉淀水浊度与混凝剂加注量的关系。

② 本实验与水处理实际情况有哪些差别？如何改进？

6.2 自由沉淀实验

6.2.1 实验目的

沉淀是水污染控制中用以去除水中杂质的常用方法。沉淀可分为四种基本类型，即自由沉淀、凝聚沉淀、成层沉淀、压缩沉淀。自由沉淀用以去除低浓度的离散性颗粒如砂砾、铁屑等。这些杂质颗粒的沉淀性能一般都要通过实验测定。

本实验采用测定沉淀柱底部不同历时累计沉泥量方法，找出去除率与沉速的关系。

通过本实验希望达到如下目的：

① 初步了解用累计沉泥量方法计算杂质去除率的原理和基本实验方法。

② 比较该方法与累计曲线（或重深分析曲线）法的共同点。

③ 加深理解沉淀的基本概念和杂质的沉降规律。

6.2.2 实验原理

若在一水深为 H 的沉淀柱内进行自由沉淀实验，见图 6-3。实验开始时，沉淀时间为零，水样中悬浮物浓度为 C_0，此时沉淀去除率为零。当沉淀时间为 t_1 时，能够从水面达到和通过取样口断面的颗粒沉速为 $u_{01}=H/t_1$，而分布在 h_i 高度上的沉速小于 u_{01} 的颗粒也能通过取样口断面，但是 h_i 高度以上的沉速小于 u_{01} 的颗粒又平移到了 h_i 高度内，所以在 t_1 时取样所测得的悬浮物中不含有沉速大于等于 u_{01} 的颗粒。令 t_1 时取样浓度为 C_1，即得到小于沉速 $u_{01}=H/t_1$ 的悬浮物浓度为 C_1，C_1/C_2 是沉速小于 u_{01} 的悬浮物占所有悬浮物的比例。令 $C_1/C_2=p_{01}$，便可依次得到 u_{02}、p_{02}、u_{03}、p_{03} …，把 u_0、p_0 绘成曲线就得到了不同沉速的积累曲线。利用 u_0 与 p_0 的关系曲线可以求出不同临界沉速的总去除率。

按照这样的实验方法，取样时应该取到沉淀柱整个断面，否则若只取到靠近取样口周围的部分水样，误差较大。同时绘制的 u_0 与 p_0 关系曲线应有尽量多的点。这无疑是一种非常麻烦且精度不高的方法。

如果把取样口移到底部，见图 6-3（b），直接测定累计沉泥量 W_t，则是计算总去除率的较好方法。例如，取 $t_1=10\mathrm{min}$，测得底部累计沉泥量 W_1，而 W_1 与原水样中悬浮物含量 W_0 之比就是临界沉速 $u_0=H/t_1$ 时的总去除率。同样，这种方法也适用于凝聚沉淀，它避免了重深分析法中比较繁琐的测定、作图、计算过程。

累计沉泥量测定法的具体计算分析如下。

假定沉降颗粒具有同一形状和密度，由此得出两个关系式。

① 颗粒沉速 u_s 与颗粒质量 m 的函数关系式，即

$$m = \phi(u_s), \quad m = au_s^\alpha \tag{6-10}$$

② 颗粒沉速 u_s 与颗粒数目 n 的函数关系式，即

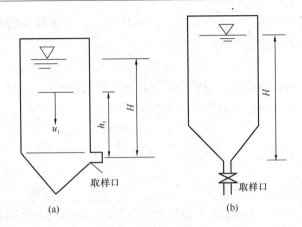

图 6-3　自由沉淀实验图

（a）自由沉淀示意图；（b）自由沉淀示意图

$$n = \varphi(u_s), \quad n = \frac{b}{1-\beta} u_s^{1-\beta} \qquad (6\text{-}11)$$

式中，α、β、a、b 是系数，与颗粒形状、密度、水的粘滞性等因素有关，其中 α、β 大于 1。

由以上两式可得出原始悬浮物浓度 C_0，即

$$C_0 = \int m\,dn = \int_0^{u_{max}} abu_s^{\alpha-\beta}\,du_s = \frac{ab}{\alpha-\beta+1} u_{max}^{\alpha-\beta+1} \qquad (6\text{-}12)$$

水中大于或等于沉速 u_s 的颗粒浓度 C_1，即

$$C_1 = \int_{u_s}^{u_{max}} abu_s^{\alpha-\beta}\,du_s = \frac{ab}{\alpha-\beta+1}(u_{max}^{\alpha-\beta+1} - u_s^{\alpha-\beta+1})$$

$$= C_0 - \frac{ab}{\alpha-\beta+1} u_s^{\alpha-\beta+1} \qquad (6\text{-}13)$$

令

$$\frac{ab}{\alpha-\beta+1} = A$$

$$\alpha-\beta+1 = B$$

则水样中所有沉速小于 u_s 的颗粒浓度 C_2，即

$$C_2 = C_0 - AC_0 u_s^B = C_0(1 - Au_s^B) \qquad (6\text{-}14)$$

$$C_2 = C_0 - C \geqslant u_s = AC_0 u_s^B \qquad (6\text{-}15)$$

$$C_s = \frac{C_2}{C_0} = Au_s^B \qquad (6\text{-}16)$$

经过沉淀时间 t，沉淀柱内残余的悬浮物含量有多少呢？应首先求出经沉淀时间、沉淀柱内全部沉淀的颗粒量（即沉泥量）W_t 值。

设沉淀柱半径为 r，高为 H，$u_0 = H/t$ 为临界沉速，则

$$W_t = \int_{u_0}^{u_{max}} \pi r^2 Hm\,dn + \int_0^{u_0} \pi r^2 h_s m\,dn$$

$$= \int_{u_s}^{u_{max}} \pi r^2 Habu_s^{\alpha-\beta}\,du_s + \int_0^{u_0} \pi r^2 h_s abu_s^{\alpha-\beta}\,du_s$$

$$= \pi r^2 H \frac{ab}{\alpha-\beta+1}(u_{max}^{\alpha-\beta+1} - u_0^{\alpha-\beta+1}) + \int_0^{u_0} \pi r^2 abu_s^{\alpha-\beta+1}\,du_s \qquad (6\text{-}17)$$

式中，$h_s = u_s t$，$t = \dfrac{H}{u_0}$。

$$W_t = \pi r^2 H \frac{ab}{\alpha-\beta+1}(u_{\max}^{\alpha-\beta+1} - u_0^{\alpha-\beta+1}) + \pi r^2 H \frac{ab}{\alpha-\beta+2} u_0^{\alpha-\beta+1}$$

$$= \pi r^2 H \left[\frac{ab}{\alpha-\beta+1} u_{\max}^{\alpha-\beta+1} - \frac{ab}{(\alpha-\beta+1)(\alpha-\beta+2)} u_0^{\alpha-\beta+1} \right] \tag{6-18}$$

因为

$$\frac{ab}{\alpha-\beta+1} u_{\max}^{\alpha-\beta+1} = C_0$$

$$\frac{ab}{(\alpha-\beta+1)C_0} = A$$

$$\alpha-\beta+1 = B$$

所以

$$W_t = \pi r^2 H \left(C_0 - A \frac{C_0}{1+B} u_0^B \right) \tag{6-19}$$

$$= \pi r^2 H C_0 \left(1 - \frac{A}{1+B} u_0^B \right)$$

式中，$\pi r^2 H C_0$ 为沉淀柱中原有（即起始时）悬浮物的质量，g；$\pi r^2 H C_0 \dfrac{A}{1+B} u_0^B$ 为沉淀时间 t 后沉淀柱中剩余悬浮物的质量，g。

剩余的悬浮物量与起始时悬浮物量之比为沉淀 t 时未去除的比例 P_t，于是得

$$P_t = \frac{A}{1+B} u_0^B \tag{6-20}$$

这样，由式（6-19）和式（6-20）均可求出 A 和 B 值。对于累计沉泥量测定沉淀去除率用式（6-20）较为合适。可利用不同的 P_t 值求出 A 和 B 值（见实验结果整理）。也可用式（6-20）变换变量，得公式（6-21）：

$$\lg P_t = \lg \frac{A}{1+B} + B \lg u_0 \tag{6-21}$$

令 $\lg P_t = y$，$\lg \dfrac{A}{1+B} = a$，$\lg u_0 = x$ 即得直线方程 $y = a + Bx$，用一元线性回归的直线后便可求得 a、B，并可求得 A。

沉淀柱总去除率，即

$$E = 1 - P_t = 1 - \frac{A}{1+B} u_0^B \tag{6-22}$$

如果已知沉淀池面积为 F（m²），产水量为 Q（m³/h），则 u_0（cm/min）$= 1.667Q/F$，总去除率即

$$E = 1 - \frac{A(1.667Q/F)^B}{1+B} \tag{6-23}$$

6.2.3　实验装置与设备

1. 实验装置

本实验由沉淀柱、高位水箱、水泵和溶液调配箱组成（图 6-4），沉淀柱下部锥形部分

与上部直筒段焊接处要光滑。实验沉淀柱自溢流孔开始向下标记刻度，水泵输水管和沉淀柱进水管均采用 DN25 的白铁管。

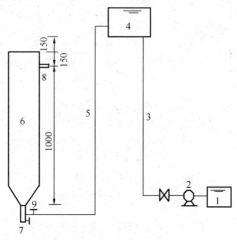

图 6-4　沉淀实验装置示意图
1—溶液调配箱；2—水泵 ； 3—水泵输水管；
4—高位水箱；5—沉淀柱进水管；6—沉淀柱；
7—取样管；8—液流管；9—沉淀柱进水阀门

2. 实验设备和仪器仪表

溶液调配水箱，塑料板焊制，长×宽×高＝0.8m×0.5m×0.8m，1个；高位水箱，塑料板焊制，长×宽×高＝0.6m×0.5m×0.4m，1个；水泵，11/2BA-6B，流量 4.5～13m³/h，扬程 8.8 ～ 12.8，1 台；PVC 塑料管，DN25，8m；沉淀柱，有机玻璃制，ϕ150mm × 1000mm，1 根；烘箱，1 台；分析天平，1 架；抽滤装置，1 套；烧杯，100mL，5 个；蒸馏水等。

6.2.4　实验步骤

本实验用测定沉淀柱底部（带有底阀）不同历时的沉淀量方法，沉泥量累计值也是累计沉淀时间的悬浮物去除率，它与沉淀柱内原水的悬浮物含量之比就是在累计沉淀时间内悬浮物总去除率。实验步骤如下：

① 在溶液调配水箱内放入原水或进行水样调配。

② 测定水样悬浮物含量，取 200mL 水样过滤、烘干测重。

③ 开启水泵，同时开启沉淀柱进水阀门，待沉淀柱充满水样后，即记录沉淀实验开始时间。

④ 经过 10、20、30、…、60min，分别在锥底取样口取样，每次取样 50～200mL，把水样过滤、烘干、测重。

本实验有如下注意事项：

① 原水如需投加混凝剂，应投加在高位水箱内，人工搅拌 5～10min。

② 开启底部取样口阀门时，不宜开启度过大，只要能在短时间里把沉泥排出即可；

③ 每次取样前观察水面高度 H，并记入表 6-5 中。

④ 如果原水样悬浮物含量较低时，可把取样间隔时间拉长。

表 6-5　自由沉淀实验记录表 (1)

实验日期_____年_____月_____日

沉淀柱内径 d ＝_____ mm

原水悬浮物含量 C_0 ＝_____ mg/L

取样序号	沉淀时间 t（min）	沉淀高度 H（cm）	取样体积 V（mL）	取样沉淀量（干重）W_s（g）

6.2.5　实验结果整理

① 把实验测得数据记入表 6-5 中。

② 根据表中的实验数据进行整理和计算，结果填入表 6-6 中。

③ 利用表 6-6 数据和式（6-20）求出沉淀去除率表达式：

$$E = 1 - \frac{A}{1+B} u_0^B$$

表 6-6　自由沉淀实验记录表 (2)

沉淀柱水样体积_____ L

沉淀柱水样悬浮物质量（干重）W_0 ＝_____ g

序号	累计沉淀时间 Σt（min）	沉淀高度 $\overline{H}$（cm）	平均临界沉速 $u_0 = \dfrac{\overline{H}}{\Sigma t}$（cm/min）	累计沉泥量（干重）ΣW_s（g）	悬浮物去除率 $E = \dfrac{\Sigma W_s}{W_0}$（％）

6.2.6　结果讨论

① 累计沉淀量实验方法测定悬浮物去除率存在什么问题？如何改进？

② 实验测得的去除率 E 与数学计算所得结果相比，误差为多少？误差原因何在？

6.3　过滤实验

6.3.1　实验目的

过滤是具有孔隙的物料层截留水中杂质从而使水得到澄清的工艺过程。根据作用力的不

71

同，可分为重力式、压差式和离心式过滤。常用的过滤方式有砂滤、硅藻土涂膜过滤、烧结管微孔过滤、金属丝编织物过滤等。本实验按照实际滤池的构造情况内装石英砂滤料或陶瓷滤料，利用自来水进行清洁砂层过滤。

通过本实验，希望达到如下目的。

① 熟悉过滤、反冲洗的工艺过程和实验方法。

② 掌握清洁砂层过滤时水头损失计算方法和水头损失变化规律。

③ 掌握测定床层膨胀率和反冲洗强度的关系。

6.3.2 实验原理

废水通过多孔性介质（即过滤介质，如滤布、金属丝网、堆积的砂粒或碎石）时，废水中的悬浮物质会被截留而分离出来。水处理中的过滤单元操作通常以深层过滤为主，过滤在介质内部进行，介质表面一般无滤饼形成。过滤操作过程包括过滤和反冲洗，当过滤一段时间后，床层的压降增大，此时需要对滤床进行反复冲洗。实验在一定结构的过滤床层中，测定废水过滤时的水头损失与时间、出水水质与时间、反冲洗强度与床层膨胀率的相互关系。反冲洗的方式有多种多样，其原理是一致的。反冲洗开始时承托层、滤料层未完全膨胀，相当于滤池处于反向过滤状态。当反冲洗强度增大后，滤料层完全膨胀，处于流态化状态。根据滤料层膨胀前后的厚度便可求出膨胀率，即

$$e = \frac{L - L_0}{L_0} \times 100\% \tag{6-24}$$

式中，L 为砂层膨胀后厚度，cm；L_0 为砂层膨胀前厚度，cm。

膨胀率 e 值的大小直接影响了反冲洗效果。而反冲洗的强度大小决定了滤料层的膨胀率。反冲洗强度 q，即

$$q = 100 \frac{d_e^{1.31}}{\mu^{0.54}} \frac{(e + m_0)^{2.31}}{(1 + e)^{1.77} (1 - m_0)^{0.54}} \tag{6-25}$$

式中，q 为冲洗强度，L/（$m^2 \cdot s$）；d_e 为滤料的当量粒径，cm；μ 为动力黏度，Pa·s；e 为膨胀率，用小数表示；m_0 为层原来的孔隙率。滤料的当量粒径 d_e，即

$$d_e = \frac{1}{\sum_{i=1}^{n} \frac{P_i}{d_i}} = \frac{1}{\sum_{i=1}^{n} \frac{P_i}{\frac{d_{i1} + d_{i2}}{2}}} \tag{6-26}$$

式中，d_{i1}、d_{i2} 为相邻两层滤料粒径，cm；P_i 为 d_i 粒径的滤料占全部滤料的比例。

$$H = \frac{K}{g} v \frac{(1 - m^2)}{m^3} L v \left(\frac{6}{\psi}\right)^2 \sum_{i=1}^{n} \left(\frac{P_i}{d_i^2}\right) + \frac{1.75}{g} \frac{1 - m}{m^3} \sum_{i=1}^{n} \left(\frac{P_i}{\psi d_i}\right)^2 L v^2 \tag{6-27}$$

式中，K 为无因次数，通常取 $K = 4 \sim 5$；m 为滤层孔隙率，%；d_i 为滤料粒径，cm；v 为过滤速率，cm/s；L 为滤层的厚度，cm；v 为水的运动粘滞系数，cm^2/s；ψ 为滤料颗粒球形度系数，可取 0.80 左右。其余符号意义同式（6-26）。

6.3.3 实验装置与设备

1. 实验装置

本实验的装置见图 6-5，由过滤柱、转子流量计、测压管、水泵等组成；过滤柱内装填石英砂滤料。

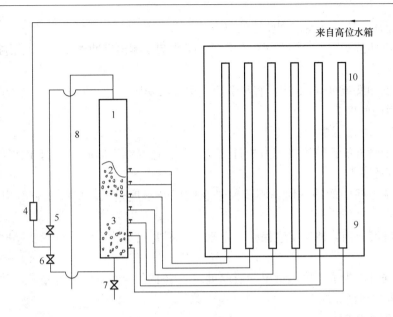

图 6-5　过滤实验装置示意图

1—过滤柱；2—滤料层；3—承托层；4—转子流量计；5—过滤进水阀门；

6—反冲洗进水阀门；7—过滤出水阀；8—反冲洗出水管；9—测压板；10—测压管

2. 实验设备

浊度仪，温度计，秒表，钢尺，比重瓶，容量瓶，干燥器等。

6.3.4　实验步骤

1. 滤料筛分和孔隙度测定步骤

① 称取滤料砂 500g，洗净后于 105℃ 恒温箱中烘干 1h，放在干燥器内，待冷却后称取 300g。

② 用孔径为 0.2～2.0mm 的一组筛子过筛，称出留在各筛号上的砂重。

③ 分别称取孔径为 0.5、0.8、1.2mm 筛号上的砂子各 20g，置于 105℃ 恒温箱中烘干 1h，放在干燥器内冷却。

④ 称取上述滤料各 10g，用 100mL 量筒测出堆体积 V。

⑤ 用带有刻度的容量瓶测出各滤料的体积。

2. 清洁砂层过滤水头损失实验步骤

① 开启阀门 6，冲洗滤层 1min；

② 关闭阀门 6，开启阀门 5、7，快滤 5min，使砂面保持稳定；

③ 调节阀门 5、7，使出水流量约 8～10mL/s（即相当于 $d=100mm$ 过滤柱中滤速约 4m/h），待测压管中水位稳定后，记下滤柱最高最低两根测压管中水位值。

④ 增大过滤水量，使过滤流量依次为 13、17、21、26mL/s 左右，最后一次流量控制在 60～70mL/s，分别测出滤柱最高最低两根测压管中水位值，记入表 6-9 中。

⑤ 量出滤层厚度 L。

3. 滤层反冲洗实验步骤

① 量出滤层厚度 L，慢慢开启反冲洗进水阀门 6，使滤料刚刚膨胀起来，待滤层表面稳

定后，记录反冲洗流量和滤层膨胀后的厚度 L。

②开大反冲洗阀门6，变化反冲洗流量。按步骤①测出反冲洗流量和滤层膨胀后的厚度 L。

③改变反冲洗流量6～8次，直至最后一次砂层膨胀率达100％为止。测出反冲洗流量和滤层膨胀后的厚度 L。

本实验有如下注意事项：

①用筛子筛分滤料时不要用力拍打筛子，只在过筛结束时轻轻拍打1次，筛孔中的滤料即会脱离筛孔。

②反冲洗滤柱中的滤料时，不要使进水阀门开启度过大，应缓慢打开以防滤料冲出柱外。

③在过滤实验前，滤层中应保持一定水位，不要把水放空以免过滤实验时测压管中积存空气。

④反冲洗时，为了准确地量出砂层厚度，一定要在砂面稳定后再测量，并在每一个反冲洗流量下连续测量3次。

6.3.5 实验结果整理

1. 滤料筛分和孔隙测定实验结果整理

①将滤料情况填入表6-7中。

表6-7 滤料筛分记录表

实验日期 ＿＿＿＿年 ＿＿＿＿月 ＿＿＿＿日

筛孔（mm）	留在筛上的砂量		通过该筛号的砂量	
	质量（g）	比例（％）	质量（g）	比例（％）

②根据表6-7所列数据，取 $d_{10}=0.4$，$d_{80}=1.2$，给出滤料筛分曲线，并求出原滤料砂筛除的比例。

③根据粒径0.5、0.8、1.2mm滤料质量、体积、容重分别求出它们的孔隙率值 m。

2. 清洁砂层过滤水头损失实验结果整理

①将滤柱内所装滤料情况填入表6-8中。

表6-8 滤料粒径计算表

平均粒径 d_i（cm）	d_i（％）	d_i^2（cm²）	$\dfrac{P_i}{d_i}$	$\dfrac{P_i}{d_i^2}$	备注

$\sum P_i = 100\%$ $\sum (P_i/d_i) =$ $\sum (P_i/d_i^2) =$

② 将过滤时所测流量、测压管水头填入表 6-9 中。

表 6-9　清洁砂层水头损失实验记录表

序号	测定次数	流量 Q (mL/s)	滤速		实测水头损失			水头损失理论计算值 H (cm)	误差 $\frac{h-H}{h}$ (%)	备注
			$\frac{Q}{W}$ (cm/s)	$36\frac{Q}{W}$ (cm/h)	测压管水头 (cm)		$h_b - h_a$ (cm)			
					h_b	h_a				
1	1									
	2									
	3									
	平均									
…	…									

注：h_b 为最高测压管水位值；h_a 为最低测压管水位值。

③ 根据表 6-9 中数据绘出水头损失 H 与流速 u 的关系曲线。

④ 根据表 6-8、表 6-9 及滤料筛分和孔隙率测定实验数据，代入式（6-27）求出水头损失理论计算值。

⑤ 比较过滤水头损失理论计算值和实测值的误差。记入表 6-9 中。

3. 滤层反冲洗实验结果整理

① 按照反冲洗流量变化情况，膨胀后砂层厚度填入表 6-10。

表 6-10　滤层反冲洗实验结果整理

序号	测定次数	反冲洗流量 (mL/s)	反冲洗强度 [L/(cm²·s)]	膨胀后砂层厚度 L (cm)	砂层膨胀度 $e=\frac{L-L_0}{L_0}\times100(\%)$	砂层膨胀度理论计算值 e'	误差 $\frac{e-e'}{e'}\times100(\%)$
1	1						
	2						
	3						
	平均						
…	…						

反冲洗前滤层厚度 $L_0 = $ _____ cm。

② 按照式（6-24）求出滤层膨胀率 e' 记入表 6-10 中。

③ 根据实测砂层膨胀度 e 和理论计算值 e'，计算出膨胀率误差。

6.3.6　问题与讨论

① 分析水头损失理论计算值与实测数据相接近或误差过大的原因。

② 分析表 6-10 中膨胀率误差过大的原因。

③ 本实验存在什么问题？如何改进？

6.4 活性炭吸附实验

6.4.1 实验目的

活性炭处理工艺是运用吸附的方法以去除气体中某些成分、废水中某些离子以及难以生物降解的有机污染物。在吸附过程中，活性炭比表面积起着主要作用。同时，被吸附物质在溶剂中的溶解度也直接影响吸附的速率，被吸附物质的浓度对吸附也有影响。此外，pH 值的高低、温度的变化和被吸附物质的分散程度也对吸附速率有一定影响。

本实验采用活性炭间歇和连续吸附的方法确定活性炭对水中某些杂质的吸附能力。

通过实验，希望达到下述目的：

① 加深理解吸附的基本原理；

② 掌握活性炭吸附公式中常数的确定方法。

6.4.2 实验原理

活性炭对水中所含杂质的吸附既有物理吸附作用，也有化学吸附作用。有一些被吸附物质先在活性炭表面上积聚浓缩，继而进入固体晶格之间被吸附，也有一些特殊物质则与活性炭分子结合而被吸附。

当活性炭对水中所含杂质吸附时，水中的溶解性杂质在活性炭表面积聚而被吸附，同时也有一些被吸附物质由于分子的运动而离开活性炭表面，重新进入水中即同时发生解吸现象。当吸附和解吸处于动态平衡时，称为吸附平衡。这时活性炭和水（即固相和液相）之间的溶质浓度具有一定的分布比值。如果在一定压力和温度条件下，用 m（g）的活性炭吸附溶液中的溶质，被吸附的溶质为 x（mg），则单位质量的活性炭吸附溶质的数量 q_e，即吸附容量可按式（6-28）计算：

$$q_e = \frac{x}{m} \tag{6-28}$$

q_e 的大小除了决定于活性炭的品种之外，还与被吸附物质的性质、浓度、水的温度及 pH 值有关。一般来说，当被吸附的物质能够与活性炭发生结合反应、被吸附物质又不易溶解于水而受到水的排斥作用、活性炭对被吸附物质的亲和作用力强、被吸附物质的浓度又较大时，q_e 值就比较大。

描述吸附容量 q_e 与吸附平衡时溶液浓度 C 的关系有 Langmuir（朗格缪尔）吸附等温式和 Freundlich（费兰德利希）吸附等温式。在水和污水处理中通常用 Freundlich 吸附等温式来比较不同温度和不同溶液浓度时的活性炭的吸附容量，即

$$q_e = KC^{1/n} \tag{6-29}$$

式中，q_e 为吸附容量，mg/g；K 为与吸附比表面积、温度有关的系数；n 为与温度有关的常数，$n > 1$；C 为吸附平衡时的溶液浓度，mg/L。

这是一个经验公式，通常用图解方法求出 K、n 的值。为了方便易解，将式（6-29）变换成线性对数关系式，即

$$\lg q_e = \lg \frac{C_0 - C}{m} = \lg K + \frac{1}{n} \lg C \tag{6-30}$$

式中，C_0 为水中被吸附物质原始浓度，mg/L；C 为被吸附物质的平衡浓度，mg/L；m 为活

性炭投加量，g/L。

连续式活性炭的吸附过程与间歇性吸附有所不同，这主要是因为前者被吸附的杂质来不及达到平衡浓度 C，因此不能直接应用上述公式，这时应对吸附柱进行被吸附杂质泄漏和活性炭耗竭过程实验，也可简单地采用 Bhart－Adams 关系式，即

$$t = \frac{N_0}{C_0 \upsilon}\left[D - \frac{\upsilon}{KN_0}\ln\left(\frac{C_0}{C_B} - 1\right) \right] \tag{6-31}$$

式中，t 为工作时间，h；υ 为吸附柱中流速，m/h；D 为活性炭层厚度，m；K 为流速常数，$m^3/$ （g·h）；N_0 为吸附容量，g/m^3；C_0 为入流溶质的浓度，mg/L；C_B 为允许出流溶质浓度，mg/L。

根据入流、出流溶质浓度，可用式（6-32）估算活性炭柱吸附层的临界厚度，即保持出流溶质浓度不超过 C_B 的炭层理论厚度。

$$D_0 = \frac{\upsilon}{KN_0}\ln\left(\frac{C_0}{C_B} - 1\right) \tag{6-32}$$

式中，D_0 为临界浓度；其余符号意义同前。

实验时，如果原水样溶质浓度为 C_{01}，将三个活性炭柱串联，则第一个活性炭柱的出流浓度 C_{B1} 即为第二个活性炭柱的入流浓度 C_{02}，第二个活性炭柱的出流浓度 C_{B2} 即为第三个活性炭柱的入流浓度 C_{03}。由各炭柱不同的入流、出流浓度 C_0、C_B 便可求出流速常数 K。

6.4.3 实验装置与设备

1. 实验装置

本实验间歇式吸附采用三角烧瓶内装入活性炭和水样进行振荡的方法，连续流式吸附采用有机玻璃柱内装活性炭、水流自上而下连续进出的方法。图 6-6 和图 6-7 分别是间歇式活性炭吸附实验装置和连续流吸附实验装置示意图。

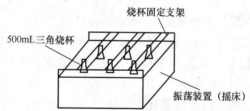

图 6-6　间歇式活性炭吸附实验装置

2. 实验设备和仪器仪表

振荡器或摇瓶柜，1 台；pH 值计、分光度计、烘箱各 1 台；活性炭，2kg；活性炭柱，有机玻璃管 $\phi25mm \times 1000mm$，3 根；水样调配箱，硬塑料焊制，长×宽×高为 $0.5m \times 0.5m \times 0.6m$，1 个；恒温箱，硬塑料焊制，长×宽×高为 $0.3m \times 0.3m \times 0.3m$，1 个；水泵，$CHB_3$，1 台；COD 测定装置，1 套；温度计，刻度 $0 \sim 100°C$，1 支；三角烧瓶，500mL，若干个；量筒，250mL，2 个；三角漏斗，5 个。

6.4.4 实验步骤

1. 间歇式吸附实验步骤

① 将活性炭放在蒸馏水中浸 24h，然后放在 105°C烘箱内烘至恒重，再将烘干后的活性炭研碎，使其成为 200 目以下筛孔的粉状炭。

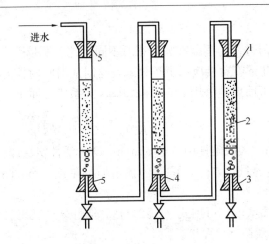

图 6-7　活性炭连续流吸附实验装置示意图
1—有机玻璃管；2—活性炭层；3—承托层；4—隔板隔网；5—单孔橡胶塞

② 配制 COD_{Mn} 浓度为 20～50mg/L 的水样。

③ 用高锰酸盐指数法测原水 COD_{Mn} 的含量（可采用重铬酸钾快速法或其他方法，视实验条件而定），同时测水温和 pH 值。

④ 在 5 个三角烧瓶中分别放入 100、200、300、400、500mg 粉状活性炭，加入 150mL 水样，放入振荡器振荡，达到吸附平衡时，即可停止振荡（加粉状炭的振荡时间一般为 30min）。

⑤ 过滤各三角烧瓶中水样，并测定 COD_{Mn}，记入表 6-11。

为使实验能在较短时间内结束，根据实验室仪器设备条件，还可以测定有机染料色度来做间歇式吸附实验，步骤如下：

① 配制有色水样，使其含亚甲基蓝 100～200mg/L。

② 绘制亚甲基蓝标准曲线，配制亚甲基蓝标准溶液：称取 0.05g 亚甲基蓝，用蒸馏水溶解后移入 500mL 容量瓶中，并稀释至标线，此溶液浓度为 0.1mg/mL；绘制标准曲线：用移液管分别吸取亚甲基蓝标准溶液 5、10、20、30、40mL 于 100mL 容量瓶中，用蒸馏水稀释至 100mL 刻度处，摇匀，以水位参比，在波长 470nm 处，用 1cm 比色皿测定吸光度，给出标准曲线。

③ 用分光光度法测定原水的亚甲基蓝含量，同时测水温和 pH 值。

④ 在 5 个三角烧瓶中分别放入 100、200、300、400、500mg 粉状活性炭，加入 200mL 水样，放入摇瓶柜，以 100r/min 摇动 30min。

⑤ 分别吸取已静置 5min 的各三角瓶内的上清液，在分光光度计上测得相应的吸光度，并在标准曲线上查出相应的浓度。

2. 连续流吸附实验步骤

① 配制水样，使其含 COD_{Mn} 浓度为 50～100mg/L。

② 用高锰酸盐指数法测原水 COD_{Mn} 的含量，同时测水温和 pH 值。

③ 在活性炭吸附柱中各装入炭层厚 500mm 活性炭。

④ 启动水泵，将配制好的水样连续不断地送入高位恒温水箱。

⑤ 打开活性炭吸附柱进水阀门，使原水进入活性炭柱，并控制流量为 100mL/min 左右。

⑥ 运行稳定 5min，后测定并记录各活性炭柱的出水 COD_{Mn}。

⑦ 连续运行 2～3h，并每隔 60min 取样测定和记录各活性炭柱出水 COD_{Mn} 一次。

⑧ 停泵，关闭活性炭柱进、出水阀门。

本实验有如下注意事项：

① 间歇式吸附实验所求得的 q_e 如果出现负值，则说明活性炭明显地吸附了溶剂，此时应调换活性炭或调换水样。

② 连续流吸附实验时，如果第一个活性炭柱出水中 COD_{Mn} 很低（低于 20mg/L），则可增大进水流量或停止第二、第三个活性炭柱进水，只用一个炭柱。反之，如果第一个炭柱进、出水 COD_{Mn} 相差无几，则可减小进水量。

③ 进入吸附柱的水浑浊度较高时，应进行过滤去除杂质。

6.4.5　实验结果整理

1. 间歇式吸附实验结果整理

① 各三角烧瓶中水样过滤后测定结果，建议按表 6-11 填写。

表 6-11　间歇式吸附实验记录表

实验日期＿＿＿＿＿年＿＿＿＿＿月＿＿＿＿＿日

水样 COD_{Mn}＿＿＿＿＿ mg/L　pH＝＿＿＿＿＿　温度＿＿＿＿＿℃

振荡时间＿＿＿＿＿ min　水样体积＿＿＿＿＿ mL

杯号	水样体积（mL）	原水样 COD_{Mn} 浓度 C_0（mg/L）	吸附平衡后 COD_{Mn} 浓度 C（mg/L）	$\lg C$	活性炭投加量 m（g/L）	$\dfrac{C_0-C}{m}$	$\lg\dfrac{C_0-C}{m}$

② 以 $\lg(C_0-C)/m$ 为纵坐标、$\lg C$ 为横坐标，给出 Freundlich 吸附等温线。

2. 连续流吸附实验结果整理

① 实验测定结果建议按表 6-12 填写。

表 6-12　连续流吸附实验记录表

实验日期＿＿＿＿＿年＿＿＿＿＿月＿＿＿＿＿日

原水 COD_{Mn}＿＿＿＿＿ mg/L　pH＝＿＿＿＿＿　水温＿＿＿＿＿℃

活性炭吸附容量＿＿＿＿＿＿＿＿＿＿ mg/g

工作时间 T（h）	1 号柱			2 号柱			3 号柱			出水浓度 C_B（mg/L）
	C_{01}（mg/L）	D_1（m）	v_1（m/h）	C_{02}（mg/L）	D_2（m）	v_2（m/h）	C_{03}（mg/L）	D_3（m）	v_3（m/h）	

② 将实验所得数据代入式（6-31），求出流速常数 K（其中 N_0 采用 q_e 进行换算活性炭容量 q_e 为 $0.7g/cm^3$ 左右）。

③ 如果流出 COD_{Mn} 浓度为 10 mg/L，求出活性炭柱层的临界厚度 D_0。

6.4.6 问题与讨论

① 间歇吸附与连续流吸附相比，吸附容量 q_e 和 N_0 是否相等？怎样通过实验求出 N_0？

② 通过本实验，你对活性炭吸附有什么结论性意见？本实验应如何改进？

6.5 加氯消毒实验

6.5.1 实验目的

经过混凝、沉淀或澄清、过滤等水质净化过程，水中大部分悬浮物已被去除，但还有一定数量的微生物（包括对人体有害的病原菌）仍留在水中，常采用消毒的方法来杀死这些致病微生物。

水的消毒方法有很多，目前采用较多的是氯消毒法。本实验针对有细菌、氨氮存在的水源，采用氯消毒的方法。

通过本实验，希望达到以下目的：

① 了解氯消毒的基本原理。

② 掌握折点加氯消毒的实验技术。

③ 掌握氯氨消毒的基本方法。

6.5.2 实验原理

氯气和漂白粉加入水中后发生如下反应

$$Cl_2 + H_2O \rightleftharpoons HClO + HCl \tag{6-33}$$

$$2CaOCl_2 + 2H_2O \rightleftharpoons 2HClO + Ca(OH)_2 + CaCl_2 \tag{6-34}$$

起消毒作用的主要是 HClO。如果水中没有细菌、氨、有机物和还原性物质，则投加在水中的氯全部以自由氯形式存在，且余氯量等于加氯量。

由于水中存在有机物及相当数量的含氮化合物，它们的性质很不稳定，常发生化学反应而逐渐转变为氨，氨在水中呈游离状态或以铵盐的形式存在。

加氯后，氯和氨生成"结合性"氯，同样也起消毒作用。根据水中氨的含量、pH 值的高低及加氯量的多少，加氯量与剩余氯量的关系曲线将出现 4 个阶段，即 4 个区间，如图 6-8 所示。

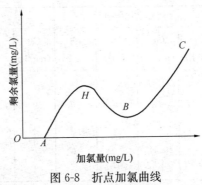

图 6-8　折点加氯曲线

第一区间（*OA* 段），余氯为 0，投加的氯均消耗在氧化有机物上了。加氯量等于需氯量，消毒效果是不可靠的。当加氯量增加后，水中有机物逐渐被氧化殆尽，出现了结合性余氯，即第二区间（*AH* 段）。其反应式，即

$$NH_3 + HClO \rightleftharpoons NH_2Cl + H_2O \tag{6-35}$$

以式（6-36）为例，氨与氯全部生成 NH_2Cl，则投加氯启用量是氨的 4.2 倍水中的 pH 值小于 6.5 时，主要生成 $NHCl_2$，所以需要的氯气将成倍增加。

$$NH_2Cl + HClO \rightleftharpoons NHCl_2 + H_2O \tag{6-36}$$

继续加氯，便进入了第三区间（*HB* 段）。投加的氯不仅能生成 $NHCl_2$、NCl_3，还会发生下列反应，即

$$2NH_2Cl + HClO \rightleftharpoons N_2 \uparrow + 3HCl + H_2O \tag{6-37}$$

结果是氯胺被氧化为一些不起消毒作用的化合物，余氯逐渐减少，最后到达最低的折点 B。当结合性氯全部消耗完后，如果水中有余氯存在，则是游离性余氯。针对含有氨氮的水源，加氯量超过折点时的加氯称为折点加氯或过量加氯。

6.5.3　实验装置与设备

1. 实验装置

本实验所用实验装置为搅拌机，见图 6-2（见实验 6.2.3）。

2. 实验设备和仪器仪表

水样调配箱，硬塑料板焊制，长×宽×高＝0.5m×0.5m×0.6m，1 个；目视比色仪，1 台；氨氮标准色盘，1 块；余氯标准色盘，1 块；50mL 比色管，10 根；1mL、5mL 和 10mL 移液管，各 1 支；10mL 量筒，1 只；800mL 蒸馏瓶，1 只；冷凝管，1 支；1000mL 容量瓶，1 只；1000mL 烧杯，8 只。

6.5.4　实验步骤

① 取天然河水或自来水 10kg，配成氨氮浓度约 0.5mg/L 的溶液。取 50mL 水样于 50mL 比色管中，加酒石酸钾钠 1mL，钠氏试剂 1mL，混合均匀，放置 10min 后进行比色，测出水中氨氮浓度。

② 称取漂白粉 3g，置于 100mL 蒸馏水中溶解，然后稀释至 1000mL。取此漂白粉溶液 1mL，稀释 100 倍后加联邻甲苯胺 5mL，摇匀，用余氯标准色盘进行比色，测出含氯量。

③ 用 8 个 1000mL 的烧杯各装入含氨氮水样 1000mL，置于搅拌机上。

④ 从 1 号烧杯开始，各烧杯依次加入漂白粉溶液 1、2、3、4、5、6、7、8mL。

⑤ 启动搅拌机快速搅拌 1min，转速为 300r/min；慢速搅拌 10min，转速为 100r/min。

⑥ 取 3 支 50mL 的比色管，标明 A、B、C。

⑦ 用移液管向 A 管中加入 2.5mL 联邻甲苯胺溶液，再加水样至刻度。在 5s 内，迅速加入 2.5mL 亚砷酸钠溶液，混匀后立刻与余氯标准色盘比色，记录结果（A）。A 代表游离性余氯与干扰物迅速混合后所产生的颜色。

⑧ 用移液管向 B 管中加入 2.5mL 亚砷酸钠溶液，再加水样至刻度，立刻混匀。再用移液管加入 2.5mL 联邻甲苯胺溶液，混匀后立刻与余氯标准色盘比色，记录结果（B_1）。相隔 5min 后再与余氯标准色盘比色，记录结果（B_2）。B_1 代表干扰物迅速混合后所产生的颜色，B_2 代表干扰物经混合 5min 后所产生的颜色。

⑨ 用移液管向 C 管中加入 2.5mL 联邻甲苯胺溶液，再加水样至刻度。混合后静置 5min，

与余氯标准色盘比色，记录结果（C）。C代表总余氯及干扰物混合 5min 后所产生的颜色。

上述步骤⑦、⑧、⑨所测定的水样为 1 号烧杯中水样。

⑩ 按上述步骤⑥～⑨依次测定 2～8 号烧杯中水样的余氯量。

本实验有如下注意事项：

① 各水样加氯的接触时间应尽可能相同或接近，以有利于互相比较。

② 比色测定应在光线均匀的地方或灯光下，不宜在阳光直射下进行。

③ 所用漂白粉的存放时间，最好不要超过几个月。漂白粉应密闭存放，避免受热受潮。

④ 由于水样氨氮、余氯的测定比较复杂，学生实验前，原水样氨氮含量可由实验室人员测定好，加氯量也由指导老师事先计算好。学生可仅测定投加漂白后水中的余氯，并且每组可仅测定一两只烧杯中的余氯。

6.5.5　实验结果整理

① 实验测得的各项数据可参考表 6-13 进行记录。

② 根据加氯量和余氯量绘制二者的关系曲线。

表 6-13　加氯消毒实验记录表

实验日期_____年_____月_____日

原水水温_____℃　含氨氮量_____mg/L　漂白粉溶液含氯量_____mg/L

水样编号		1	2	3	4	5	6	7	8
漂白粉溶液投加量（mL）									
水样含氯量（mg/L）									
比色测定结果	A								
	B_1								
	B_2								
	C								
余氯计算	总余氯（$D = C - B_2$）（mg/L）								
	游离余氯（$E = A - B_1$）（mg/L）								
	化合态余氯（$D - E$）（mg/L）								

6.5.6　问题与讨论

① 根据加氯曲线和余氯计算结果，说明各区余氯存在的形式和原因。

② 绘制的加氯曲线有无折点？如果无折点，请说明原因。如果有折点，则折点处余氯是何种形式？

6.6　臭氧消毒实验

6.6.1　实验目的

臭氧处理饮用水作用快、安全可靠，作为水处理消毒剂的应用在世界上已有多年的历史。

通过本实验，希望达到如下目的：

① 了解臭氧制备装置，熟悉臭氧消毒的工艺流程。

② 掌握臭氧消毒的实验方法。

③ 验证臭氧杀菌效果。

6.6.2　实验原理

臭氧呈淡蓝色，由 3 个氧原子（O_3）组成，具有强烈的杀菌能力和消毒效果，作为给水消毒剂的应用在世界上已有数十年的历史。

臭氧处理饮用水作用快、安全可靠。随着臭氧处理过程的进行，空气中的氧也充入水中，因此水中溶解氧的浓度也随之增加。臭氧只能在现场制取，不能贮存，这是臭氧的性质决定的，但可在现场随用随产。臭氧消毒所用的臭氧剂量与水污染的程度有关，通常在 0.5～4mg/L 之间。臭氧消毒不需很长的接触时间，不受水中氨氮和 pH 的影响，消毒后的水不会产生二次污染。

对臭氧性质产生影响的因素有：露点（-50℃）、电压、气量、气压、湿度、电频率等。

臭氧的工业制造方法采用无声放电原理。空气在进入臭氧发生器之前要经过压缩、冷却、脱水等过程，然后进入臭氧发生器进行干燥净化处理，并在发生器内经高压放电，产生浓度为 10～12mg/L 的臭氧化空气，其压力为 0.4～0.7MPa。将此空气引至消毒设备应用就可以了。臭氧化空气由消毒用的反应塔（或称接触塔）底部进入，经微孔扩散板（布气板）喷出，与塔内待消毒的水广泛接触反应，达到消毒目的。反应塔是关键设备，直接影响出水水质。

臭氧消毒后的尾气还可引至混凝沉淀池加以利用。这样，不仅可降低臭氧耗量，还可降低运转费用。因为原水中的胶体物质或藻类可被臭氧氧化，并通过混凝沉淀除去，提高过滤水质。

6.6.3　实验装置与设备

实验装置包括气源处理装置、臭氧发生器、接触投配装置、检测仪表等部分。见图 6-9。

6.6.4　实验步骤

① 将自来水（或自配水样）装满低位水箱，然后启动微型泵将水送至高位水箱（此时开阀门 1）。

② 开阀门 2 将高位水箱水徐徐不断地送入反应塔至预定高度（此时排水阀 8 应为关闭）。

③ 与此同时，打开阀门 3 及臭氧发生器出气阀 4，使臭氧由反应塔底部经布气板进入塔内，与水充分接触（气泡越细越好）。

④ 开反应塔排水阀门 8 放水（为已消毒的水），并通过调节阀门，将各转子流量计读数调至所需值。

⑤ 调阀门 3、4 改变 O_3 投加量，至少 3 次，以便画曲线，并读出各转子流量计的读数。

⑥ 每次读流量值的同时测进气 O_3 及尾气 O_3 浓度。

⑦ 取进水及出水水样备检，备检水样置于培养皿内培养基上，在 37℃ 恒温培养箱内培

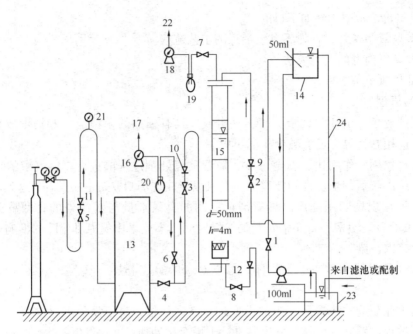

图 6-9　臭氧消毒装置流程图

1—高位水箱；2—反应塔进水阀；3—反应塔进气阀；4—发生器出气阀；5—氧气瓶出气阀；

6—测 O_3 浓度用阀；7—测 O_3 尾气用阀；8—排水阀；9~12—转子流量计；13—O_3 发生器；

14—高位水箱；15—反应塔；16、18—煤气表；17—测臭氧浓度；19、20—气体收瓶；

21—压力表；22—测尾气浓度；23—低位水箱；24—溢流管

养 24h，测细菌总数。

以上各项读数及测得数值均记入表 6-14。

表 6-14　臭氧消毒实验记录表

水样编号	停留时间(min)	进水流量(L/h)	进水细菌总数(个/mL)	进气流量(L/h)	进气压力(MPa)	标准状态进气流量(L/h)	臭氧浓度(mg/L)		臭氧投加量(mg/L)	出水细菌总数(个/mL)	出水臭氧浓度(mg/L)	反应塔内水深(m)	臭氧利用系数(%)	细菌去除率(%)	备注
							进气 C_1	尾气 C_2							
1															
2															
3															
4															

本实验有如下注意事项：

（1）实验时要摸索出最佳 t，H，G，C 值。其中 t 为停留时间，min；H 为塔内水深，m；G 为臭氧投量，mg；C 为臭氧浓度，mg/L。方法有：①固定 t，H 变 G；②固定 G，H 变 t；③固定 G，t 变 H。一般不变 C 值，而是固定 G，H 变 t 者较多，本实验按方法①进行。也可用正交实验法进行。

（2）氧利用系数又称吸收率，可用式（6-38）计算：

$$臭氧利用系数吸收率 = (C_1 - C_2)/C_1 \times 100\% \tag{6-38}$$

式中，C_1 为进气浓度，mg/L；C_2 为出气浓度，mg/L。

（3）臭氧浓度的测定方法见"附：臭氧浓度的测定方法"。

（4）实验前熟悉设备情况，了解各阀门及仪表用途，臭氧有毒性、高压电有危险，要切实注意安全。

（5）实验完毕先切断发生器电源，然后停水，最后停气源和空气压缩机，并关闭各有关阀门。

6.6.5　实验结果整理

① 按下式计算标准状态下的进气流量，即

$$Q_n = Q_m \sqrt{1 + p_m} \tag{6-39}$$

式中，Q_n 为标准状态下的进气流量，L/h；Q_m 为压力状态下的进气流量，即流量计所示流量，L/h；P_m 为压力表读数，MPa。

② 按下式计算臭氧投加量，即

$$G = CQ_n \tag{6-40}$$

式中，G 为臭氧投加量或者臭氧发生器的产量，mg/h；C 为臭氧浓度，mg/L。

③ 求臭氧利用系数及细菌去除率。

④ 作臭氧消耗量与细菌总数去除率曲线。

6.6.6　问题与讨论

① 如果用正交法求饮水消毒的最佳剂量，应选用哪些因素与水平？

② 臭氧消毒后管网内有无剩余臭氧？是否会产生二次污染？

③ 用氧气瓶中的氧气或用空气中的氧气作为臭氧发生器的气源，各有何利弊？

附：臭氧浓度的测定方法

1. 实验原理

臭氧与碘化钾发生氧化还原反应而析出与水样中所含等量的碘。臭氧含量越多析出的碘也越多，溶液颜色也就越深，化学反应式（6-41）：

$$O_3 + 2KI + H_2O = I_2 + 2KOH + O_2 \tag{6-41}$$

以淀粉作指示剂，用硫代硫酸钠标准溶液滴定，化学反应式（6-42）：

$$I_2 + 2Na_2S_2O_3 = 2NaI + Na_2S_4O_6 \tag{6-42}$$

待完全反应，生成物为无色碘化钠，可根据硫代硫酸钠的消耗量计算出臭氧浓度。

2. 实验装置与设备

气体吸收瓶，500mL，2 个，量筒，25mL，1 个；湿式煤气表，1 只；气体转子流量计，25～250L/h，2 只；碘化钾溶液，20%，1000mL；硫酸溶液，6mol/L，1000mL；0.1mol/L 硫代硫酸钠标准溶液，1000mL；淀粉溶液，1%，100mL。

3. 实验步骤

① 用量筒将碘化钾溶液（浓度 20%）20mL 加入气体吸收瓶中。

② 向气体吸收瓶中加 250mL 蒸馏水，摇匀。

③ 打开进气阀门。向瓶内通入臭氧化空气 2 L，用湿式煤气表计量（注意控制进气口转子流量计读数为 500mL/min，平行取 2 个水样，并加入 5mL 的 6mol/L，硫酸溶液摇匀后静止 5min。

④ 用 0.1mol/L 硫代硫酸钠溶液滴定，待溶液呈淡黄色时，滴入浓度为 1‰ 的淀粉溶液数滴，溶液呈蓝褐色。

⑤ 继续用用 0.1mol/L 硫代硫酸钠溶液滴定至无色，记录其用量。

4. 实验结果整理

计算臭氧浓度 C（mg/L），即

$$C = \frac{24C_{\mathrm{Na_2S_2O_3}}V_2}{V_1} \tag{6-43}$$

式中，$C_{\mathrm{Na_2S_2O_3}}$ 为硫代硫酸钠溶液的物质的量浓度，mol/L；V_2 为硫代硫酸钠溶液的滴定用量（体积），mL；V_1 为臭氧取样体积，L。

6.7 电渗析实验

6.7.1 实验目的

电渗析是一种膜分离技术，已广泛地应用于工业废液回收及水处理领域（如除盐或浓缩等）。通过本实验，希望达到以下目的：

① 了解电渗析设备的构造、组装及实验方法。

② 掌握在不同进水浓度或流速下，电渗析极限电流密度的测定方法。

③ 求定电流效率及除盐率。

6.7.2 实验原理

电渗析膜由高分子合成材料制成，在外加直流电场的作用下，对溶液中的阴阳离子具有选择过滤性，使溶液中的阴、阳离子在由阴膜及阳膜交错排列的隔室中产生迁移作用，从而使溶质与溶剂分离。

电渗析法用于处理含盐量不大的水时，膜的选择透过性较高。一般认为电渗析法适用于含盐量在 3500mg/L 以下的苦咸水淡化。

电渗析器的组装方法常用"级"和"段"来表示。一对电极之间的膜堆称为一级，一次隔板流程称为一段。一台电渗析器的组装方式为一级一段、多级一段、一级多段和多级多段。一级一段是电渗析器的基本组装方式（图 6-10）。

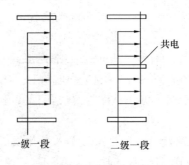

图 6-10 电渗析器的组装方式

电渗析器运行中，通过电流的大小与电渗析器的大小有关。因此为便于比较，采用电流密度这一指标，而不采用电流的绝对值。电流密度即单位除盐面积上所通过的电流，其单位

为 mA/cm^2。

若逐渐增大电流密度 i，淡水隔室阳膜表面的离子浓度 C' 必须降低。当 i 达到某一数值时 $C' \rightarrow 0$，此时的 i 值称为极限电流密度，i_{lim} 表示；如果再稍稍提高 i 值，则由于离子来不及扩散，而在膜界面处引起水分子的大量解离，成为 H^+ 和 OH^- 它们分别透过阳膜和阴膜传递电流，导致淡水室中分子的大量解离，这种膜界面现象称为极化现象。

极限电流密度与流速、浓度之间的关系见式（6-44），此式也称之为威尔逊公式。

$$i_{lim} = KCv^n \tag{6-44}$$

式中，v 为淡水隔板流水道中的水流速度，cm/s；C 为浓水室中水的平均浓度，实际应用中采用对数平均浓度，$mmol/L$；K 为水力特性系数；n 为流速系数（$n = 0.8 \sim 1.0$）。其中 n 值的大小受格网形式的影响。

极限电流密度及系数 n、K 值的确定，通常采用电压、电流法，该法是在原水水质、设备、流量等条件不变的情况下，给电渗析器加上不同的电压 U，得出相应的电流密度。作图求出这一流量下的极限电流密度，然后改变溶液浓度或流速，在不同的溶液浓度或流速下测定电渗析器的相应极限电流密度。将通过实验所得到的若干组 i_{lim}、C、v 值，代入威尔逊公式中。等号两边同时取对数，解此对数方程就可以得到水力特性系数 K 值及流速系数 n 值；K 值也可通过作图求出。

所谓电渗析器的电流效率，是指实际析出物质的量与应析出物质的量的比值。即单位时间实际脱盐量 $q(C_1 - C_2)/1000$ 与理论脱盐量 I/F 的比值，故电流效率也就是脱盐效率，即

$$\eta = \frac{q(C_1 - C_2)F}{1000I} \times 100\% \tag{6-45}$$

式中，q 为一个淡水室（相当于一对膜）的出水量，L/s；C_1，C_2 分别表示进、出水含盐量，$mmol/L$；I 为电流强度，A；F 为法拉第常数，$F = 96500C/mol$。其中 C 为电量的单位库仑。

6.7.3　实验装置与设备

1. 实验装置

实验装置见图 6-11，采用人工配水，水泵循环，浓水和淡水均用同一水箱，以减少设备容积及用水量，对实验结果无影响。

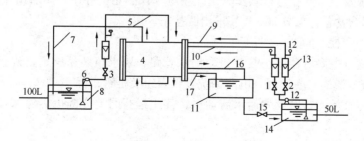

图 6-11　电渗析实验装置

1，2，3，15—进水阀门；4—电渗析器；5—极水；6—水泵；7—极水循环；8—极水池；
9—进淡水室；10—进浓水室；11—出水贮水池；12—压力表；13—流量计；
14—循环水箱；16—淡水室出水；17—浓水出水室

2. 实验设备及仪器

电渗析器，采用阳膜开始、阴膜结束的组装方式，用直流电源。离子交换膜（包括阴膜及阳膜）采用异相膜，隔板材料为滤聚氯乙烯，电极材料为经石蜡浸渍处理后的石墨（或其他）；变压器、整流器，各 1 台；转子流量计，$0.5m^3/h$，3 只；水压表，0.5MPa，3 只；滴定管，50mL，1 只；100mL，1 只；烧杯，1000mL，5 只；量筒，1000mL，1 只；电导仪，1 只，万用表 1 块；秒表，1 只。

进水水质要求：总含盐量与离子组成稳定；浊度 $1\sim3mg/L$；活性氯 $<0.2mg/L$；总铁 $<0.3mg/L$；锰 $<0.1mg/L$；水温 $5\sim40℃$，要稳定；水中无气泡。

6.7.4 实验步骤

① 启动水泵，同时缓慢开启进水阀门1、2，逐渐使其达到最大流量，排除管道和电渗析器中的空气。注意浓水系统和淡水系统的原水进水阀门1、2应同时开关。

② 在进水浓度稳定的条件下，调节进水阀门流量，使浓水、淡水流速均保持在 $50\sim100mm/s$ 的范围内（一般不应大于 100mm/s），并保持淡水进口压力高于浓水进口压力 $0.01\sim0.02MPa$ 范围内的某一稳定值。稳定 5min 后，记录淡水、浓水、极水的流量、压力。

③ 测定原水的电导率（或称电阻率）、水温、总含盐量，必要时测 pH 值。

④ 接通电源，调节作用于电渗析膜上的操作电压至一稳定值（例如 0.3V/对）读电流表指示数。然后逐次提高操作电压。

在图 6-11 中，曲线 OAD 段，每次电压以 $0.1\sim0.2$ V/对的数值递增（依隔板厚薄、流速大小决定，流速小、板又薄时取低值），每段取 $4\sim6$ 个点，以便连成曲线；在 DE 段，每次以电压 $0.2\sim0.3V$/对的数值逐次递增，同上取 $4\sim6$ 个点，连成一条直线，整个 $OADE$ 连成一条圆滑曲线。

之所以取 DE 段电压高于 OAD 段，是因为极化沉淀使电阻不断增加，电流不断下降，导致测试误差增大。

⑤ 边测试边绘制电压-电流关系曲线，见图 6-11，以便及时发现问题。改变流量（流速）重复上述实验步骤。

⑥ 每台装置应测 $4\sim6$ 个不同流速的数值，以便求 K 和 n_0 的值。在进水压力不大于 0.3MPa 的条件下，应包括 5、10、15、20cm/s 这几个流速。

⑦ 测定进水及出水含盐量，其步骤是先用电导仪测定电导率，然后由含盐量-电导率对应关系曲线求出含盐量。按式（6-45）求出脱盐率。

本实验有如下注意事项：

① 测试前检查电渗析器的组装及进、出水管路，要求组装平整、正确，支撑良好，仪表齐全，并检查整流器、变压器、电路系统、仪表组装是否正确。

② 电渗析器开始运行时要先通水后通电，停止运行时要先断电后停水，并应保证膜的湿润。

③ 测定极限电流密度时应注意：

a. 直接测定膜堆电压，以排除极室对极限电流测定的影响，便于计算膜对电压。

b. 以平均"膜对电压"绘制电压—电流曲线（图 6-12），以便比较和减小测绘过程中的误差。

c. 当存在极化过渡区时，电压—电流曲线由 OA 直线、$ABCD$ 曲线、DE 直线三部分组成，OA 直线通过坐标原点。

d. 作 4~6 个或更多流速的电压—电流关系曲线。

④ 实验中每次升高电压后的间隔时间应等于水流在电渗析器内停留时间的 3~5 倍，以利电流及出水水质的稳定。

⑤ 注意每测定一个流速得到一条曲线后，要倒换电极极性，使电流反向运行，以消除极化影响，反向运行时间为测试时间的 1.5 倍。测完每个流速后断电停水。

6.7.5 实验结果整理

1. 求极限电流密度

（1）求电流密度 i

$$i = \frac{I}{S} \times 10^3 \tag{6-46}$$

式中，i 为电流密度，mA/cm^2；I 为电流，A；S 为隔板有效面积，cm^2。

（2）求极限电流密度 i_{lim}

极限电流密度 i_{lim} 的数值，采用绘制电压—电流曲线方法求出。以测得的膜对电压为纵坐标，相应的电流密度为横坐标，在直线坐标纸上作图。

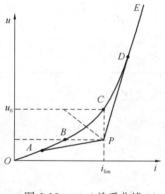

图 6-12 u—i 关系曲线

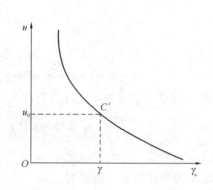

图 6-13 u—γ 关系曲线

① 点出膜对电压—电流对应点。

② 通过坐标原点及膜对电压较低的 4~6 个点作直线 OA。

③ 通过膜对电压较高的 4~6 个点作直线 DE，延长 DE 与 OA，使二者相交于 P 点，见图 6-12。

④ 将 AD 各点连成平滑曲线，得拐点 A 及 D。

⑤ 过 P 点作水平线与曲线相交得 B 点，过 P 点作垂线与曲线相交得 C 点，C 点即为标准极化点，C 点所对应的电流即为极限电流。

2. 求电流效率及除盐率

（1）电压—电导率曲线

① 以出口处淡水的电导率为横坐标，膜对电压为纵坐标，在直角坐标纸上作图。

② 描出电压—电导率对应点，并连成平滑曲线，见图 6-13。

根据 u—i 关系曲线图 6-12 上 C 点所对应的膜对电压 u_0，在图 6-13u—γ 关系曲线上确

定 u_0 对应点，由 u_0 作横坐标轴的平行线与曲线相交于 C' 点，然后由 C' 点作垂线与横坐标交于 γ_c 点，该点即为所求得的淡水电导率，并据此查电导率-含盐量关系曲线，求出 γ_c 点对应的出口处淡水总含盐量（mmol/L）。

（2）求定电流效率及除盐率

① 电流效率。根据表 6-15 极限电流测试记录上的有关数据，利用式（6-45）求定电流效率。

上述有关电流效率的计算都是针对一对膜（或一个淡水室）而言，这是因为膜的对数只与电压有关而与电流无关。即膜对增加，电流保持不变。

表 6-15　极限电流测试记录表

测定时间（s）	进口流量（L/s）			进口压力（MPa）			淡水室含盐量		电　流		电压（U）			pH		水温（℃）	备注
	淡	浓	极	淡	浓	极	进口电导率（$\mu\Omega$/cm）	出口电导率（$\mu\Omega$/cm）	电流（A）	电流密度（mA/cm²）	总	膜堆	膜对	淡水	浓水		

② 除盐率。除盐率是指去除的盐量与进水含盐量之比，即

$$除盐率 = \frac{C_1 - C_2}{C_1} \times 100\% \tag{6-47}$$

式中，C_1、C_2 分别为进、出水含盐量，mmol/L。

（3）常数 K 及流速指数 n 的确定

一般均采用图解法或解方程法，当要求有较高的精度时，可用数理统计中的线性回归分析，以求定 K，n 值。

① 图解法

a. 将实测整理后的数据填入表 6-16 中。

表 6-16　系数 K、n 计算表

序号	实验号	i_{lim}（mA/cm²）	V（cm/s）	C（mmol/L）	i_{lim}/C	lg（i_{lim}/C）	lg$V$
1							
2							
3							
4							
5							
6							

表中至少应有 4～6 次的实验数据，实验次数不能太少。

b. 在双对数坐标纸上，以 $i_{\lim}/C$ 为纵坐标，以 V 为横坐标；根据实测数据绘点，可以近似地连成直线，如图 6-14 所示。

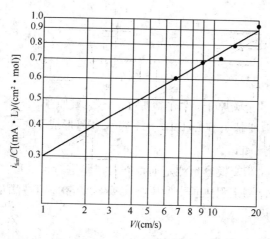

图 6-14　V 与 $i_{\lim}/C$ 的关系曲线（对数坐标）

K 值可由直线在纵坐标上的截距确定。K 值求出后代入极限电流密度公式，可求得 n 值，n 值即为其直线斜率。

② 解方程法

把已知的 $i_{\lim}$、C、V 分为两组，各求出平均值，分别代入式（6-48）：

$$\lg C \frac{i_{\lim}}{C} = \lg K + n \tag{6-48}$$

解方程组可求得 K 及 n 的值。

上述 C 为淡水室中的对数平均含盐量，单位为 mmol/L。

6.7.6　问题与讨论

① 试对作图法与解方程法所求的 K 值进行分析比较。

② 利用含盐量与水的电导率计算图，以水的电导率换算含盐量，其准确性如何？

③ 电渗析除盐与离子交换法除盐各有何优点？适用性如何？

6.8　强酸性阳离子交换树脂交换容量的测定

6.8.1　实验目的

强酸性阳离子交换树脂的性能参数很多，其中交换容量是交换树脂最重要的性能，它能定量地表示树脂交换能力的大小。

通过本实验，希望达到以下目的：

① 加深对强酸性阳离子交换树脂交换容量的理解。

② 掌握测定强酸性阳离子交换树脂交换容量的测定方法。

6.8.2　实验原理

树脂交换容量在理论上可以从树脂单元结构式粗略地计算出来。以强酸性苯乙烯系阳离子交换树脂为例，其单元结构式为：

$$\begin{array}{c} -CH-CH_2 \\ | \\ C \\ \end{array}$$

单元结构式中共有 8 个碳原子，8 个氢原子，3 个氧原子，1 个硫原子，其相对分子质量为 184.2。其中只有强酸基团 SO_3H 中的 H 遇水电离形成 H^+ 可以交换，即每 184.2g 干树脂中只有 1g 可交换离子 H^+。

强酸性阳离子交换树脂交换容量测定前，需对树脂进行预处理，即用酸碱轮流浸泡以去除树脂表面可溶性杂质。测定阳离子交换树脂交换容量常采用碱滴定法，用酚酞作指示剂，按公式计算交换容量，即

$$E = \frac{NV}{W \times \text{固体含量}\%}(\text{mmol/g 干氢树脂}) \qquad (6\text{-}49)$$

式中，N 为 NaOH 标准溶液的浓度，mmol/mL；V 为 NaOH 标准溶液的用量，mL；W 为样品湿树脂质量，g。

6.8.3　实验设备

电子天平（精度 0.1mg），1 台；烘箱，1 台；干燥器，1 个；250mL 三角烧瓶，2 个；10mL 移液管，2 支；强酸性阳离子交换树脂。

6.8.4　实验步骤

1. 强酸性阳离子交换树脂的预处理

取样品约 10g，以 1mol/L H_2SO_4 或 1mol/L HCl 与 1mol/L NaOH 轮流浸泡，即酸—碱—酸—碱—酸顺序浸泡 5 次，每次 2 小时，浸泡液体积约为树脂体积的 2～3 倍。在酸碱互换时应用 200mL 去离子水进行洗涤。5 次浸泡结束后用去离子水洗涤到溶液呈中性。

2. 测强酸性阳离子交换树脂固体含量（%）

称取双份 1.0000g 的样品，将其中一份放入 105～110℃烘箱中约 2 小时，烘干至恒重放入氯化钙干燥器中冷却至室温，称重。记录干燥后的树脂质量。

$$\text{固体含量} = \frac{\text{干燥后的树脂含量}}{\text{样品质量}} \times 100 \qquad (6\text{-}50)$$

3. 强酸性阳离子交换树脂交换容量的测定

将一份 1.0000g 的样品置于 250mL 三角烧瓶中，加入 0.5mol/L NaCl 溶液 100mL 摇动 5min，放置 2 小时后加入 1% 酚酞指示剂 3 滴，用标准 0.1000mL NaOH 溶液进行滴定，至呈红色且 15s 不褪色，即为终点。记录 NaOH 标准溶液的物质的量浓度及用量（表 6-17）。

本实验有如下注意事项：

① 在操作过程中，要认真仔细。

② 烘干时一定要按规定调好温度。

6.8.5　实验结果整理

① 实验数据记录。

表 6-17   强酸性阳离子交换树脂交换容量测定记录

湿树脂样品质量 W (g)	干燥后的树脂质量 W_1 (g)	树脂固体含量 (%)	NaOH 标准溶液的物质的量浓度 (mol/L)	NaOH 标准溶液的用量 V (mL)	交换浓量 (mmol/g 干氢树脂)

② 根据实验测定数据计算树脂固体含量。

③ 根据实验测定数据计算树脂交换容量。

6.8.6   问题与讨论

① 测定强酸性阳离子交换树脂交换容量为何用强碱液 NaOH 滴定?

② 写出本实验有关化学反应式。

6.9   软化实验

6.9.1   实验目的

离子交换软化法在水处理工程中有广泛的应用。作为水处理工程技术人员应当了解和掌握软化水装置的操作运行。

通过本实验,希望达到以下目的:

① 熟悉顺流再生固定床运行操作过程。

② 加深对钠离子交换基本理论的理解。

6.9.2   实验原理

当含有钙盐及镁盐的水通过装有阳离子交换树脂的交换器时,水中的 Ca^{2+} 及 Mg^{2+} 便与树脂中的可交换离子(Na^+ 或 H^+)交换,使水中 Ca^{2+}、Mg^{2+} 含量降低或基本上全部去除,这个过程叫做水的软化。树脂失效后要进行再生,即把树脂上吸附的钙、镁离子置换出来,代之以新的可交换离子。钠离子交换用 NaCl 再生、氢离子交换用 HCl 或 H_2SO_4 再生。基本反应式如下:

(1) 钠离子交换

① 钠离子软化,即

$$2RNa + \begin{cases} Ca(HCO_3)_2 \\ CaCl_2 \\ CaSO_4 \end{cases} \longrightarrow R_2Ca + \begin{cases} 2NaHCO_3 \\ 2NaCl \\ Na_2SO_4 \end{cases}$$

$$2RNa + \begin{cases} Mg(HCO_3)_2 \\ MgCl_2 \\ MgSO_4 \end{cases} \longrightarrow R_2Mg + \begin{cases} 2NaHCO_3 \\ 2NaCl \\ Na_2SO_4 \end{cases} \tag{6-51}$$

② 钠离子再生,即

$$R_2Ca + 2NaCl \longrightarrow 2RNa + CaCl_2$$

$$R_2Mg + 2NaCl \longrightarrow 2RNa + MgCl_2 \tag{6-52}$$

(2) 氢离子交换

① 氢离子软化,即

$$2RH + \begin{cases} Ca(HCO_3)_2 \\ CaCl_2 \\ MgSO_4 \end{cases} \longrightarrow R_2Ca + \begin{cases} 2H_2CO_3 \\ 2HCl \\ H_2SO_4 \end{cases}$$

$$2RH + \begin{cases} Mg(HCO_3)_2 \\ MgCl_2 \\ MgSO_4 \end{cases} \longrightarrow R_2Mg + \begin{cases} 2H_2CO_3 \\ 2HCl \\ H_2SO_4 \end{cases}$$

(6-53)

② 氢离子再生，即

$$R_2Ca + \begin{cases} 2HCl \\ H_2SO_4 \end{cases} \longrightarrow 2RH + \begin{cases} CaCl_2 \\ CaSO_4 \end{cases}$$

$$R_2Mg + \begin{cases} 2HCl \\ H_2SO_4 \end{cases} \longrightarrow 2RH + \begin{cases} MgCl_2 \\ MgSO_4 \end{cases}$$

(6-54)

钠离子交换最大优点是不出酸性水，但不能脱碱；氢离子交换能去除碱度，但出酸性水。本实验采用钠离子交换。

6.9.3 实验装置与设备

软化装置 1 套，见图 6-15。

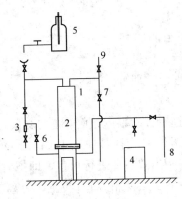

图 6-15　软化装置

1—软化柱；2—阳离子交换树脂；3—转子流量计；4—软化水箱；5—定量投再生液瓶；
6—反洗进水管；7—反洗排水管；8—清洗排水管；9—排气管

100mL 量筒，1 个；秒表，1 块（控制再生液流量用）；2m 钢卷尺，1 个；测硬度所需用品及测定方法详见水质分析书籍。

6.9.4 实验步骤

① 熟悉实验装置，搞清楚每条管路、每个阀门的作用。

② 测原水硬度，测量交换柱内径及树脂层高度（表 6-18）。

③ 将交换柱内树脂反洗数分钟，反洗流速采用 15m/h，以去除树脂层的气泡。

④ 软化。运行流速采用 15m/h，每隔 10min 测一次水硬度，测两次并进行比较。

⑤ 改变运行流速。流速分别取 20、25、30m/h，每个流速下运行 5min，测出水硬度（表 6-19）。

⑥ 反洗。冲洗水用自来水，反洗流速采用 15m/h，反洗时间 15min。反洗结束将水放到水面高于树脂表面 10cm 左右（表 6-20）。

⑦ 根据软化装置再生钠离子工作交换容量（mol/L），树脂体积（L），顺流再生钠离子交换 NaCl 耗量（100~120g/mol）以及食盐中 NaCl 含量（海盐 NaCl 含量为 80%~93%），计算再生一次所需食盐量。配制浓度 10% 的食盐再生液。

⑧ 再生。再生流速采用 3~5m/h。调节定量投再生液瓶出水阀门，开启度大小以控制再生流速。再生液用毕时，将树脂在盐液中浸泡数分钟（表 6-21）。

⑨ 清洗。清洗流速采用 15m/h，每 5min 测一次出水硬度，有条件时还可测氯根，直至出水水质合乎要求为止。清洗时间约需 50min（表 6-22）。

⑩ 清洗完毕结束实验，交换柱内树脂应浸泡在水中。

本实验有如下注意事项：

① 反冲洗时注意流量大小，不要将树脂冲走。

② 再生溶液没有经过过滤器，宜用精制食盐配制。

表 6-18　原水硬度及实验装置有关数据

原水硬度（以 CaCO₃ 计）（mg/L）	交换柱内径（cm）	树脂层高度（cm）	树脂名称及型号

表 6-19　交换实验记录

运行流速（m/h）	运行流量（L/h）	运行时间（min）	出水硬度（以 CaCO₃ 计）（mg/L）
15		10	
15		10	
20		5	
25		5	
30		5	

表 6-20　反洗记录

反洗速度（m/h）	反洗流量（L/h）	反洗时间（min）

表 6-21　再生记录

再生一次所需食盐量（kg）	再生一次所需浓度 10% 的食盐再生液（L）	再生流速（m/h）	再生流量（mL/s）

表 6-22　清洗记录

清洗流速（m/h）	清洗流量（L/h）	清洗历时（min）	出水硬度（以 CaCO₃ 计）（mg/L）
15		5	
15		10	
15		…	
15		50	

6.9.5 实验结果整理

① 实验数据记录。

② 绘制不同运行流速与出水硬度关系的变化曲线。

③ 绘制不同清洗历时与出水硬度关系的变化曲线。

6.9.6 问题与讨论

① 影响出水硬度的因素有哪些

② 影响再生剂用量的因素有哪些？

③ 再生液浓度过高或过低有何不利？存在问题是什么？

6.10 气浮实验

6.10.1 实验目的

气浮净水方法是目前环境工程和给排水工程中日益广泛应用的一种处理方法。该法主要用于处理水中相对密度小于或接近于 1 的悬浮杂质，如乳化油、羊毛脂、纤维以及其他各种有机或无机的悬浮絮体等，尤其是对低温、低浊、富藻水体的净化处理，以及城市污水和工业废水的处理。

按水中气泡产生的方法，气浮法可分为溶气法（DAF）、布气法（DiAF）和电解法三大类。

通过本实验，希望达到以下目的：

① 了解和掌握气浮净水方法的原理及其工艺流程。

② 掌握气浮法设计参数"气固比"及"释气量"的测定方法。

③ 了解悬浮颗粒浓度、操作压力、气固比、澄清分离效率之间的关系。

6.10.2 实验原理

气浮法的净水机理：使空气以微气泡的形式出现于水中，并自下而上慢慢地上浮，在上浮过程中，使气泡与水中污染物质充分接触，污染物质与气泡相互黏附，形成相对密度小于水的气水结合物浮升到水面，使污染物质以浮渣的形式从水中分离去除。

产生相对密度小于水的气—水结合物的主要条件如下：

① 水中污染物质具有足够的憎水性。

② 水中污染物质相对密度应小于或接近于 1。

③ 加入水中的空气所形成气泡的平均直径不宜大于 $70\mu m$。

④ 气泡与水中污染物质应有足够的接触时间。

由于散气气浮一般气泡直径较大，气浮效果较差，而电解气浮气泡直径虽远小于散气气浮和溶气气浮，但耗电较多。在目前国内外的实际工程中，加压溶气气浮法的应用最为广泛。

加压溶气气浮法就是使空气在一定压力的作用下溶解于水中，至饱和状态，然后突然把水的表面压力降低到常压，此时溶解于水中的空气便以微气泡的形式从水中逸出。加压气浮工艺由空气饱和设备、空气释放设备和气浮池等组成。其基本工艺流程有全流程溶气、部分废水加压和溶气及部分回流溶气流程。

目前工程中广泛采用有回流系统的加压溶气气浮法。该流程将部分废水进行回流加压其余废水直接进入气浮池。

加压溶气气浮的影响因素很多，有水中空气的溶解量、气泡直径、气浮时间、气浮池有效水深、原水水质、药剂种类及其加药量等。因此，采用气浮净水法进行水处理时，常要通过实验测定一些有关的设计运行参数。

本实验的主要内容是用加压溶气气浮法求解设计参数"气固比"，并测定表示加压水中空气溶解效率的参数"释气量"。

6.10.3　气固比实验

气固比 A/S 是设计气浮系统时经常使用的一个基本参数，是空气量与固体物数量的比值，无量纲，其定义为：

$$\frac{减压释放的气体量(kg/d)}{进水的固体物量(kg/d)} \tag{6-55}$$

对于有回流系统的加压溶气气浮法，其气固比可表示如下：

① 当分离相对密度大于水的固态悬浮物时，气体以质量浓度 C（mg/L）表示为：

$$A/S = R\left(\frac{C_1 - C_2}{S_0}\right) \tag{6-56}$$

② 当分离相对密度小于水的液态悬浮物时，气体以体积浓度 S_a（cm³/L）表示为：

$$A/S = R\left[\frac{\gamma_a S_a (f \cdot p - 1)}{S_0}\right] \tag{6-57}$$

式中，C_1，C_2 为系统中溶气罐及回流水中气体在水中的浓度，mg/L；S_0 为进水悬浮物浓度，mg/L；S_a 为水中空气溶解量，以 mL/L 计，$C = S_a \rho_a$；γ_a 为空气浓度，当 20℃，1 个大气压时，$\gamma_a = 1.2$ g/L；p 为溶气罐内压力，MPa；f 为比值因素，在溶气罐内压力为 $p = (0.2 \sim 0.4)$ MPa，温度为 20℃时，$f \approx 0.5$；R 为压力水回流量或加压溶气水量，m³/d。

不同的气固比，水中空气量也不同，不仅会影响出水水质（SS 值），也影响运行费用。本实验通过改变气固比 A/S，测定出水的 SS 值，并绘制出 A/S—出水 SS 关系曲线。根据出水 SS 值确定气浮系统的 A/S 值。见图 6-16 和 6-17 所示。

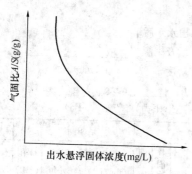

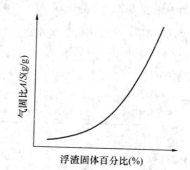

图 6-16　A/S—SS 关系曲线　　　　图 6-17　A/S 与浮渣固体百分比关系曲线

1. 实验装置与设备

实验装置主要有吸水池、水泵、溶气罐、单相旋涡自吸泵、减压阀。气固比实验装置图见图 6-18。

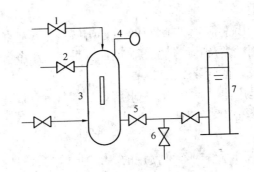

图 6-18 气固比实验装置

1—加压进水阀；2—调压阀；3—溶气罐；4—压力表；5—减压阀；6—排放阀；7—1L 量筒

2. 实验步骤

① 向污水中加入 1‰左右的硫酸铝（或其他同类药品），进行混凝沉淀。然后取溶气罐体积 2/3 体积的上清液加入压力溶气罐。

② 打开进气阀，使压缩空气进入溶气罐，达到预定压力（一般为 0.3～0.4mPa），关闭进气阀，静置 10min，使罐内水中溶解空气达到饱和。

③ 测定加压溶气水的释气量以确定溶气水是否合格。一般情况下，释气量与理论饱和值之比大于 0.9 即可。

④ 将 500mL 已加药并混匀的污水倒入反应量筒（加药量按混凝实验定），测定污水中悬浮物 SS 的浓度。

⑤ 当量筒内出现微小絮体时，打开减压阀（或释放器），按预定流量（根据所需回流比确定）向反应量筒内加溶气水，同时用搅拌棒搅动 0.5min，使气泡分布均匀。

⑥ 观察并记录反应量筒中随时间上升的浮渣界面高度，并计算其分离速度。

⑦ 静置分离约 10～30min 后，分别记录浮渣和清液的体积。

⑧ 打开排放阀分别排出清液和浮渣，并测定清液和浮渣的 SS 值。

⑨ 按照不同的回流比重复上述实验，即可得出不同的气固比和清水 SS 值。

数据记录表见表 6-23 和表 6-24。

表 6-23 气固比和出水水质

实验日期 ＿＿＿＿＿＿＿＿＿ 污泥性质及来源＿＿＿＿＿＿＿＿＿

活性污泥混合液浓度 ＿＿＿＿（mg/L） 空气溶解度＿＿＿＿（mL/L）

气温＿＿＿＿（℃） 空气密度＿＿＿＿（mg/L）

水温＿＿＿＿（℃） 溶气罐工作压力＿＿＿＿（Pa）

实验序号	原水						溶气水					出水		浮渣	
	水温	pH	体积(mL)	药剂名	投药量(mg/L)	SS(mg/L)	体积(mL)	压力(MPa)	释气量(mL)	气固比	回流比	SS(mg/L)	去除率(%)	体积(mL)	体积(mL) SS(mg/L)

表 6-23 中气固比为每除去 1g 固体所需的气量，为了简化计算可用 L(气体)/g(悬浮

物），计算公式如下：

$$A/S = \frac{W \times a}{SS \times Q} \tag{6-58}$$

式中：A 为释气量，L；S 为总悬浮物量，g；a 为单位溶气水的释气量，mg/L；W 为溶气水的体积，L；SS 为原水中的悬浮物浓度，mg/L；Q 为原水体积，L。

表 6-24 浮渣高度和分离时间

分离时间 （min）	浮渣界面高 （mm）	浮渣厚度 （mm）	浮渣体积 （mL）	浮渣与清液体积比 （%）

3. 实验结果整理

① 绘制气固比与出水 SS 去除率关系曲线，并进行回归分析。

② 绘制气固比与浮渣中固体浓度关系曲线。

6.10.4 释气量

加压溶气气浮的主要影响因素有溶解空气量、释放的气泡直径等。由于溶气罐形式、溶解时间、污水性质的不同，空气的加压溶解过程也有所不同。由于减压装置的不同，溶解气体释放的数量及气泡直径也不同。因此，在溶气系统、释气系统的设计、运行前，有必要进行释气量实验，为系统的设计运行提供依据。

1. 实验装置与设备

释气量实验装置见图 6-19。

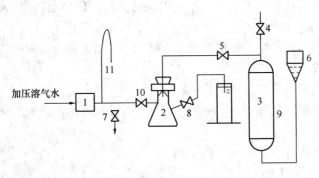

图 6-19 释气量实验装置示意图

2. 实验步骤

① 将分流阀 7 打开，关闭入流阀 10。

② 调节溢流管臂的管顶标高，使分流阀 7 的流量为 0.75～1.0L/min。

③ 关闭分流阀 7，打开入流阀 10，用自来水充满整个实验装置。

④ 关闭排气阀 4，打开入流阀 5 降低水准瓶，以排除释放瓶中的空气泡，待空气泡排完后关闭入流阀 5，倒掉量筒中的水。

⑤ 关闭分流阀 7，打开入流阀 10，使溶气水流入释气瓶，瓶中原有的水被挤出，流入空量筒内，当量筒中水到预定刻度时，立即将分流阀 7 打开，关闭入流阀 10。

⑥ 打开入流阀5，等释气瓶中没有气泡后，降低水准瓶，使释气瓶中水位上升，直到瓶中的气体全部被挤到气体计量瓶后关闭入流阀5。

⑦ 使水准瓶和气体计量瓶的液位相同（用调节水准瓶高度的方法，从气体计量瓶刻度读取气体体积）。此体积为每升溶气水减压至1大气压时所释出的气体体积（mL/L）。

溶气效率计算，即

$$\eta = V/V_1 \tag{6-59}$$

$$V = K_{\mathrm{T}}P \tag{6-60}$$

$$V_1 = K_{\mathrm{T}}PW \tag{6-61}$$

式中，η 为溶气效率，%；V 为理论释气量，mL/L；V_1 为释气量，L；P 为空气绝对压力，MPa；W 为加压溶气水体积，L；K_{T} 为温度溶解常数，20℃时为0.024。

实验记录见表6-25。

表 6-25 实验记录

实验号	加压溶气水			释 气		
	压力（MPa）	体积（L）	水温（℃）	理论释气量（mL/L）	释气量（L）	溶气效率（%）

实验有如下注意事项：

① 进行气固比测定时，回流比的取值与活性污泥混合液浓度有关。当活性污泥浓度为2g/L左右时，按回流比0.2、0.4、0.6、0.8、1.0进行试验；当活性污泥浓度为4g/L左右时回流比可按0.4、0.6、0.8、1.0进行试验。

② 实验选用的回流比数至少要有5个，以保证能较精确地绘制出气固比与出水悬浮固体浓度关系曲线。

③ 实验装置中所列的水泵、吸水池和空压机可供8组实验人员同时进行实验。

3. 实验结果整理

① 完成释气量实验，并计算溶气效率。

② 正交试验法组织安排释气量实验，并进行方差分析，指出影响溶气效率的主要因素。

6.10.5 问题与讨论

① 气浮法与沉淀法有什么异同点？

② 图6-16和图6-17中的两条曲线各有什么意义？

③ 已知气固比和工作压力以及溶气效率时，试推出求回流比 R 的公式。

6.11 活性污泥性质的测定

6.11.1 实验目的

活性污泥法在废水生物处理中是很重要的一种处理方法，也是城市污水处理厂最广泛使用的方法。活性污泥法是指在人工充氧的条件下，通过悬浮在曝气池中的活性污泥与废水的接触，以去除废水中有机物或某种特定的物质的处理方法。在这里，活性污泥是废水净化的主体。所谓活性污泥，是指充满了大量微生物及有机物和无机物的絮状泥粒。它具有很大的表面积和强烈的吸附和氧化能力，沉降性能良好。活性污泥生长的好坏与其所处的环境因素有关，而活性污泥性能的好坏又直接关系到废水中污染物的去除效果。为此，水质净化厂的工作人员经常要通过观察和测定活性污泥的组成和絮凝、沉降性能，以便及时了解曝气池中活性污泥的工作状况，从而预测处理出水的好坏。

通过本实验，希望达到以下目的：

① 了解评价活性污泥性能的四项指标及其相互关系。

② 掌握 SV、SVI、MLSS、MLVSS 的测定和计算方法。

6.11.2　实验原理

活性污泥的评价指标一般有生物相、混合液悬浮固体浓度（MLSS）、混合液挥发性悬浮固体浓度（MLVSS）、污泥沉降比（SV）、污泥体积指数（SVI）和污泥泥龄（θ_c）等。本实验选做其中的四项。

混合液悬浮固体浓度（MLVSS），又称混合液污泥浓度。它表示的是曝气池单位容积混合液内所含有的活性污泥固体物的总质量，由活性细胞（M_a）、内源呼吸残留的不可生物降解的有机物（M_e）、入流水中生物不可降解的有机物（M_i）和入流水中无机物（M_{ii}）四部分组成。混合液挥发性悬浮固体浓度（MLVSS）表示混合液活性污泥中有机性固体物质部分的浓度，即由 MLSS 中的前三项组成。活性污泥净化废水靠的是活性细胞（M_a），当 MLSS 一定时，M_a 越多，表明污泥的活性越好，反之越差。MLVSS 不包括无机部分（M_{ii}），所以用其来表示活性污泥的活性，数量上比 MLSS 为好，但它还不真正代表活性污泥微生物（M_a）的量。这两项指标虽然在代表混合液生物量方面不够精确，但测定方法简单、易行，也能够在一定程度上表示相对的生物量，因此广泛用于活性污泥处理系统的设计、运行。对于生活污水和以生活污水为主体的城市污水，MLVSS 与 MLSS 的比值在 0.75 左右。

性能良好的活性污泥，除了具有去除有机物的能力以外，还应有好的絮凝沉降性能。这是发育正常的活性污泥所应具有的特性之一，也是二次沉淀池正常工作的前提和出水达标的保证。活性污泥的絮凝沉降性能，可用污泥沉降比（SV）和污泥体积指数（SVI）这两项指标来加以评价。污泥沉降比是指曝气池混合液在 100mL 量筒中静置沉淀 30 min，沉淀污泥与混合液的体积之比，用百分数（％）表示。活性污泥混合液经 30 min 沉淀后，沉淀污泥可接近最大密度，因此可用 30 min 作为测定污泥沉降性能的依据。一般生活污水和城市污水的 SV 为 15％～30％。污泥体积指数是指曝气池中的混合液静置 30 min 后，每克干污泥形成的沉淀污泥所占的容积，以 mL 计，即 mL/g，但习惯上把单位略去。SVI 的计算式为：

$$SVI = \frac{SV(mL/L)}{MLSS(g/L)} \tag{6-62}$$

在一定的污泥量下，SVI 反映了活性污泥的凝聚沉淀性能。若 SVI 较高，表示 SV 较大，污泥沉降性能较差；若 SVI 较小，污泥颗粒密实，污泥老化，沉降性能好。但若 SVI 过低，则污泥矿化程度高，活性及吸附性都较差。一般来说，当 SVI＜100 时，污泥沉降性能良好；当 SVI＝100～200 时，沉降性能一般；而当 SVI＞200 时，沉降性能较差，污泥易膨胀。一般城市污水的 SVI 在 100 左右。

6.11.3　实验装置与设备

1. 实验装置

曝气池，1 套。

2. 实验设备和仪器仪表

电子分析天平，1 台；烘箱，1 台；马弗炉，1 台；量筒，100mL，1 个；三角烧瓶，250mL，1 个；短柄漏斗，1 个；称量瓶，$\phi 40mm \times 70mm$，1 个；瓷坩埚，30mL，1 个；干燥器，1 个。

6.11.4 实验步骤

① 将 $\phi 12.5cm$ 的定量中速滤纸折好并放入已编号的称量瓶中，在 $103 \sim 105℃$ 的烘箱中烘 2h，取出称量瓶，放入干燥器中冷却 30min，在电子天平上称重，记下称量瓶编号和质量 m_1（g）。

② 将已编号的瓷坩埚放入马弗炉中，在 600℃ 温度下灼烧 30min，取出瓷坩埚，放入干燥器中冷却 30min，在电子天平上称重，记下坩埚编号和质量 m_2（g）。

③ 用 100mL 量筒量取曝气池混合液 100 mL（V_1），静止沉淀 30min，观察活性污泥在量筒中的沉降现象，到时记录下沉淀污泥的体积 V_2 mL。

④ 从已编号和称重的称量瓶中取出滤纸，放到已插在 250mL 三角烧瓶上的玻璃漏斗中，取 100mL 曝气池混合液慢慢倒入漏斗过滤。

⑤ 将过滤后的污泥连同滤纸放入原称量瓶中，在 $103 \sim 105℃$ 的烘箱中烘 2h，取出称量瓶，放入干燥器中冷却 30min，在电子天平上称重，记下称量瓶编号和质量 m_3（g）。

⑥ 取出称量瓶中已烘干的污泥和滤纸，放入已编号和称重的瓷坩埚中，在 600℃ 温度下灼烧 30min，取出瓷坩埚，放入干燥器中冷却 30min，在电子天平上称重，记下坩埚编号和质量 m_4（g）。

本实验有如下注意事项：

① 称量瓶和瓷坩埚在恒重和灼烧时，应将盖子打开，称重时应将盖子盖好。

② 干燥器盖子打开时，应用手推或拉，不能用手往上拎。

③ 污泥过滤时不可将污泥溢出纸边。

④ 用电子天平称重时要随时关门，称重时要轻拿轻放。

6.11.5 实验结果整理

① 实验数据记录：参考表 6-26 记录实验数据。

表 6-26　活性污泥评价指标实验记录表

称量瓶				瓷坩埚				挥发分量（g）
编号	m_1（g）	m_3（g）	$(m_3 - m_1)$（g）	编号	m_2（g）	m_4（g）	$(m_4 - m_2)$（g）	

② 污泥沉降比计算，即

$$SV = \frac{V_2}{V_1} \times 100\% \tag{6-63}$$

③ 混合液悬浮固体浓度计算，即

$$MLSS(g/L) = \frac{(m_3 - m_1) \times 1000}{V_1} \tag{6-64}$$

④ 污泥体积指数计算，即

$$SVI = \frac{SVI(mL/L)}{MLSS(g/L)} \tag{6-65}$$

⑤ 混合液挥发性悬浮固体浓度计算，即

$$MLVSS(g/L) = \frac{(m_3 - m_1) - (m_4 - m_2)}{V_1 \times 10^{-3}} \tag{6-66}$$

6.11.6　问题与讨论

① 测污泥沉降比时，为什么要规定静止沉淀 30min？

② 污泥体积指数 SVI 的倒数表示什么？为什么可以这么说？

③ 当曝气池中 MLSS 一定时，如发现 SVI 大于 200，应采取什么措施？为什么？

④ 对于城市污水来说，SVI 大于 200 或小于 50 各说明了什么问题？

6.12　污泥厌氧消化实验

6.12.1　实验目的

厌氧消化是利用兼性菌和厌氧菌进行厌氧生化反应，分解污泥中有机物质的一种污泥处理工艺。厌氧消化是使污泥实现"四化"的主要环节。首先，有机物被厌氧消化分解，可使污泥稳定化，使之不易腐败。其次，通过厌氧消化，大部分病原菌或蛔虫卵被杀灭或作为有机物被分解，使污泥无害化。第三，随着污泥被稳定化，将产生大量高热值的沼气，作为能源利用，使污泥资源化。另外，污泥经消化以后，其中的部分有机氮转化成氨氮，提高了污泥的肥效。污泥的减量化虽然主要借浓缩和脱水，但有机物被厌氧分解，转化成沼气，这本身也是一种减量过程。

通过本实验，希望达到如下目的：

① 了解厌氧消化过程的 pH、碱度、COD 去除率、MLVSS 等的变化情况加深对厌氧消化机理的理解。

② 初步具备使设备正常运行的能力，并能解释某些反常现象。

③ 掌握厌氧消化实验方法及各项指标的测定分析方法。

6.12.2　实验原理

厌氧消化是在无氧条件下，通过兼性细菌和专性厌氧菌的新陈代谢，分解有机物的过程。其反应终点与好氧过程不同，碳素大部分转化为甲烷，氮素转化为氨和氯，硫素转化为硫化氢。整个厌氧消化过程分两个阶段、三个过程进行。第一个阶段为酸性发酵阶段，包括两个过程：一为水解作用，在微生物外酶作用下将不溶有机物水解成溶解的和小分子的有机物。二为酸化作用，在产酸菌作用下将复杂的有机物分解为低级有机酸。第二个阶段为碱性发酵阶段，是在甲烷菌作用下。将酸性发酵阶段的产物——有机酸等分解为甲烷 CH_4、CO_2 等最终产物，这个过程因最终产物是气态的甲烷和 CO_2 等，故又称为气化过程。厌氧消化过程模式如下所示：

$$固体有机物 \xrightarrow{\text{胞外酶水解}} 溶解性有机物 \longrightarrow 有机酸 \longrightarrow CH_4 + CO_2$$

在间歇式厌氧消化池内，厌氧消化经历上述的整个过程。消化过程开始后，消化池内 pH 逐渐降低，在第一阶段基本完毕进入第二阶段后，pH 又有所上升，同时产气速率不断增大，在 30d 左右达最大值，有机物分解百分数则不断提高。

生产中多采用消化效率高、占地少的连续式厌氧消化法，这种方法池内酸性与碱性发酵处于平衡状态。

甲烷菌的繁殖世代时间长，专一性强，对 pH 及温度变化的适应性较弱。因此甲烷消化阶段为整个厌氧消化过程的控制阶段。

为了保持厌氧消化的正常进行，维持酸碱平衡，应当严格控制厌氧消化环境，主要有以下几点：

（1）温度

有机物的厌氧稳定需要的时间长短受消化池内温度的影响，同时温度也影响产气量。见图 6-20 和图 6-21。

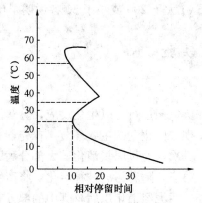

图 6-20　温度对污泥厌氧消化时间的影响

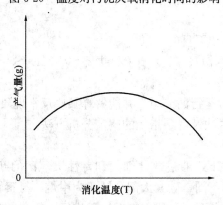

图 6-21　厌氧消化温度对产气量的影响

一般中温消化池内温度控制在 33～35℃之间，高温消化池内温度，控制（55±1）℃。

（2）生污泥的性质

污泥消化时应注意生污泥的性质，其含水率应在 96%～97%之间，pH 应为 6.5～8.0，不应含有害、有毒物质。

（3）混合

既可以间歇搅拌也可以连续搅拌，对池内温度，有机物及厌氧菌的混合、均匀分布关系重大同时还具有破碎浮渣层的作用。

（4）营养

兼性细菌、厌氧细菌与好氧细菌一样，需要各种营养元素。为了使产酸和甲烷两个阶段保持平衡关系，有机物的投加负荷应当适宜，此外还应保持适宜的碳氮比，此值一般控制在（10～20）：1 的范围内。低于此值，不仅会影响消化作用，而且会造成 NH_4、NH_3 的过剩积累，抑制消化的过程。

（5）绝对厌氧

烷菌是专性厌氧菌，绝对厌氧是厌氧消化正常进行的重要条件。如果空气进入会抑制厌氧菌的代谢作用。

（6）pH

池内的 pH 应保持在 6.2～7.5 之间。要求池内有一定碱度，碱度一般以 $CaCO_3$ 计，2000～5000 mg/L 为佳；当 pH 偏低时，可投加碳酸氢钠或石灰加以调节。

（7）水力停留时间

厌氧消化设备的水力停留时间以不引起厌氧细菌的流失为标准，与操作方式有关。

（8）有毒物质

有毒物质会影响甚至破坏消化过程。重金属、硫化氢、氨氮、碱以及碱金属都可能影响厌氧消化。厌氧消化的有机物的降解过程仍符合好氧生化反应动力学关系式，有机物的去除特性可表示为：

$$\frac{L_0 - L_e}{X_v \cdot t} = KL_e \tag{6-67}$$

式中，L_0、L_e 为进、出水中有机物浓度（COD 或 BOD_5）；X_v 为挥发性悬浮固体浓度，mg/L；K 为有机物降解反应速度常数；t 为反应时间。

由于厌氧处理的消化速率主要取决于碱性消化阶段，所以研究对象多是碱性消化阶段的各项参数。在实验设备达到稳定运行后，控制 L_0，X_v 值不变，改变进水流量，使停留时间在一定范围内变化，并测定每次出水的 L_e 值。以 L_e 值为横坐标，$\frac{L_0 - L_e}{X_v t}$ 为纵坐标绘图，直线斜率即为 K 值。

在厌氧处理中，由于厌氧消化时酸性消化与碱性消化的速率不同，所以存在着两条斜率不同的直线。但工程设计中均采用碱性消化阶段的 K 值及其他参数，厌氧池内挥发性悬浮固体 X_v 为：

$$X_v = \frac{Y(L_0 - L_e)}{1 + K_d} \cdot t \tag{6-68}$$

式中，$L_0 - L_e$ 为池内降解有机物，mg/L；Y 为产率系数；K_d 为内源呼吸速率；Y、K_d 系数可由式（6-69）变换后求得，即

$$\frac{L_0 - L_e}{X_v} = \frac{1}{y} + \frac{K_d}{Y} t \tag{6-69}$$

以 t 为横坐标，$\frac{L_0 - L_e}{X_v}$ 为纵坐标绘图，得 2 条直线，由于甲烷发酵控制着整个厌氧消化，故以甲烷发酵阶段的 Y、K_d 系数作为工程设计数据使用。

6.12.3　实验装置与设备

污泥厌氧消化实验装置，见图 6-22。

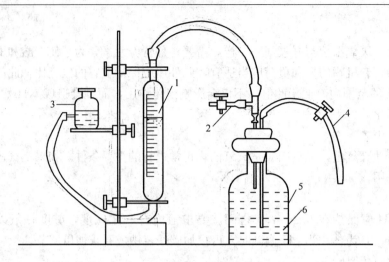

图 6-22　污泥厌氧消化实验装置图

1—气体容量；2—沼气排放管；3—液位瓶；

4—污泥投配和取样管；5—消化瓶；6—污泥

6.12.4　实验步骤

① 由已正常运行的处理厂（站）消化池取熟泥作为种泥制成混合物泥，先测定 MLSS，然后加入消化罐内，以 1～2℃/h 升温速度逐步加温到(33±1)℃。

② 达到中温 33～35℃后稳定运行 12～24h，而后按某一投配比（如 3%～5%）进行投入生污泥。

③ 常规法操作运行

a. 每天早 8：00 时开动搅拌装置，搅动 15～20min。

b. 在搅动 10min 后开始排出消化罐内混合液，其体积与投加的生污泥量相同，取泥样进行分析测定。

c. 然后按所要求的投配比，一次投入新泥。

d. 每 4h 搅拌 1 次，并记录温度、罐内压力、产气量等。

e. 每天上午 10：30 放掉贮气罐内气体，并取样分析气体成分。

④ 二级消化法运行操作

a. 每天早 8：00 开始搅动，一级消化池搅拌 11～20min。

b. 在一级消化池开始搅动后，由二级消化池排出上清液，其体积约为排出总量的 3/4。由池底排出消化污泥，其体积为排出总量的 1/4（取上清液、底泥及两者按比例混合后的泥样进行化验分析），而后再由一级消化池向二级消化池内排入同体积的污泥，并再排出约 300mL 混合液（作为一级消化污泥样品，用于化验分析）。

c. 按要求并考虑到一级消化池取样体积，向一级消化池内一次投入生污泥，其他操作同常规法。

⑤ 当罐内有机物分解率达 40% 左右，产气量在 10m³/m³ 泥，CH₄ 含量达 50% 左右且稳定时，即可进入正式实验。

⑥ 4 套实验设备中 2 套按常规消化运行，2 套按二级消化运行，其投配比分别为 3%、5%、7%、10%。

⑦ 每天取样分析：pH、碱度、污泥含水率、有机物含量百分比、脂肪酸、气体成分 COD、BOD_5、SS 等。

⑧ 运行操作记录可参看表 6-27。

表 6-27　污泥消化实验数据记录表

运行时间	消化控制条件			进泥成分			消化泥成分				产气		气体成分		有机物分解率（%）	污泥负荷 [kg/(d·m²)]
	温度（℃）	投配比 c	搅拌时间（min）	pH	含水率（%）	有机物（%）	pH	挥发性脂肪酸	含水率（%）	有机物（%）	总量（mL）	产气率（mL/g）	CH_4（%）	CO_2（%）		

本实验有如下注意事项：

① 为保证实验的可比性，生污泥应一次取够，在 2～4℃保存。

② 每次配制生污泥，其含水率应相近。

③ 操作运行中要严防漏气和进气。

④ 每天应分析脂肪酸值和产气率变化曲线，当出现反常现象时应采取相应措施。

6.12.5　实验结果整理

① 将实验数据整理分析后，填入表 6-28，并进行计算分析。

表 6-28　污泥厌氧消化实验成果整理表

停留时间 t（d）	COD			污泥浓度（mg/L）	$(L_0-L_e)/X_V$	$(L_0-L_e)/X_Vt$	去除 COD（kg/d）	产气量（m³/d）	产气率（m³/kgBOD·d）
	进泥 L_0（mg/L）	出水 L_e（mg/L）	L_0-L_e（mg/L）						

② 计算各投配率下每天的污泥负荷、有机物分解率、产气率。

a. 污泥容积负荷

$$N = \frac{进泥量(L/d) \times COD(kg/L)}{消化池有效容积(m^3)} \qquad (6-70)$$

b. 有机物分解率

$$u = 100 \times \frac{\alpha_2 \beta_1}{\alpha_1 \beta_2} \qquad (6-71)$$

式中，u 为污泥中有机物分解百分数（%）；α_1、α_2 为消化泥、生泥中有机物含量（%）；β_1、β_2 为消化泥、生泥中无机物含量（%）。

c. 产气率的计算

$$q = \frac{产气量(mL/d)}{进泥量(L/d) \times COD(g/d)} \tag{6-72}$$

③ 利用线性回归法或作图法求定碱性消化阶段的 K、Y、X_d 值。

④ 以污泥负荷或投配率为横坐标，以有机物分解率、产气率、CH_4 成分含量为纵坐标绘图，并加以分析比较。

⑤ 以污泥负荷或投配率为横坐标，以挥发性脂肪酸、碱度为纵坐标绘图，并加以分析比较。

⑥ 分析对比常规污泥与二级消化污泥含水率的区别及两种工艺的优缺点。

6.12.6　问题与讨论

① 厌氧消化的主要影响因素是什么，在实验中应该怎样保证实验正常进行？

② 如何才能保证泥样的一致性？控制生污泥的哪几个指标才能尽可能减少对实验的影响？

③ 有机物分解率、产气率、CH_4 成分随投配率变化的规律及原因。

④ 试叙述控制熟污泥加温速度的重要性。

6.13　完全混合曝气池污水处理实验

6.13.1　实验目的

活性污泥法是应用最广泛的一种废（污）水生物处理技术，完全混合式活性污泥法只是其中的一种运行形式，其主要处理构筑物为完全混合曝气池。

通过本实验希望达到以下目的：

① 掌握完全混合活性污泥法的有效运作和日常管理。

② 确定完全混合曝气池的主要设计参数。

③ 掌握曝气池充氧能力的评价方法。

6.13.2　实验原理

完全混合曝气池多采用机械式表面曝气装置，曝气池在横断面上多呈圆形，且大都采用与沉淀池合建的方式。在完全混合曝气池中，由于入流废水、回流污泥与池中原有污水和污泥在机械曝气设备的曝气、搅拌下迅速混合，从而解决了传统活性污泥法中存在的需氧速率与供氧速率之间的矛盾，全池中各个部位的微生物种类、数量及其生活环境和需氧量也基本相同；并且由于完全混合作用，不仅缓解了有机负荷的冲击，也减轻了有毒物质的影响，使整个系统具有较强的缓冲和均和能力。

6.13.3　实验装置与设备

（1）实验装置

完全混合曝气池，1 套，见图 6-23。

（2）实验设备及仪器仪表

进水泵，1 台；溶氧仪，1 台；显微镜，1 台；COD 测定装置；秒表，1 只；托盘天平和分析天平，各 1 台；量筒；载玻片；盖玻片；温度计等。

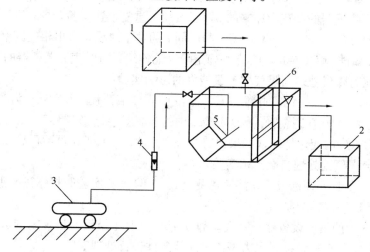

图 6-23　完全混合曝气池实验装置

1—高位水箱；2—出水池；3—空气压缩机；4—气体流量计；5—空气扩散管；6—挡板

6.13.4　实验步骤

1. 污泥性能和生物相观察实验

① 从城市污水处理厂取回剩余污泥。测定污泥的 SV、MLSS 和 MLVSS，并观察污泥所呈现的絮体外观。

② 滴 1 滴污泥与洁净的载玻片上，加盖玻片制成水浸标本片，在显微镜中倍或高倍下观察生物相。

a. 污泥菌胶团絮体的形状、大小、游离细菌的数量等。

b. 丝状微生物辨别：伸出絮体外的多寡，以哪一类为优势等。

c. 微型动物：包括原生动物和后生动物，并从污泥中出现的微型动物推测原污水处理厂的运行情况。

2. 不稳定状态下曝气池表面曝气设备充氧能力的评价实验

① 测量并计算曝气池的有效容积、直径，确定溶解氧测定点。

② 将自来水注入曝气池内，并以最大转速进行搅拌、曝气。记录水温以及实验室条件下自来水的饱和溶解氧 Cs，继续曝气。

③ 分别将一定量的催化剂 $CoCl_2$ 和消氧剂 Na_2SO_3 溶解于两只盛自来水的烧杯中，然后投入曝气池，使其迅速扩散、反应。其反应式为：

$$2Na_2SO_3 + O_2 \xrightarrow{CoCl_2} 2Na_2SO_4 \qquad (6\text{-}73)$$

由经验可知，作为催化剂的 $CoCl_2$ 其在水中的浓度达到 0.5mg/L 就已足够。因而，实验时，$CoCl_2$ 的投加量为 W_1（mg）$= V \times 0.5 \times 2.2$，2.2 为实验中的经验系数。通过对该氧化反应过程的质量衡算，可得 Na_2SO_3 的投加量为 W_2（mg）$= V \times Cs \times 7.9 \times (4.5 \sim 5.0)$，7.9 为该反应中 Na_2SO_3 的质量衡算系数，4.5~5.0 为该实验的经验系数。另外，V 为曝气池有效容积，L；Cs 为水中的饱和溶解氧，mg/L。

当连续多次实验时，$CoCl_2$ 只投加一次。

④ 当溶解氧降至零左右时（DO 最低且较稳定），开始计时并每隔 0.5~1min 测定、记

录溶解氧浓度，直到溶解氧达到饱和值时结束。

⑤ 改变表面曝气器的转速为原来的 2/3 或 1/2，重复上述实验至少一次。

⑥ 整理实验数据，绘制 ln（Cs－C）与时间 t 的关系曲线，求出相应斜率即氧的传质系数 KLa，计算充氧能力 QC＝KLaCs；并确定曝气池连续运行时表面曝气器的适宜转速。

3. 活性污泥对曝气池表面曝气器充氧能力的影响实验

在曝气池中投加活性污泥，并维持其混合液中固体液浓度（MLSS）为 2g/L 左右。按选定的转速进行表面曝气、搅拌，重复实验 2 中的步骤⑥，比较有无活性污泥时氧传质系数 KLa 和充氧能力 QC 的变化情况（如果保持原有自来水时，CoCl₂ 可不再投加）。

4. 完全混合曝气池处理自配污水实验

① 配制 1000g/L 葡萄糖或淀粉溶液，测定其 COD 值。实验时根据进水所需的 COD 浓度以该溶液进行适当稀释配制。

② 将实验 3 中的曝气设备停止曝气，静置 1h，虹吸上清液。按拟定的进水有机物浓度（COD≤300mg/L）、有机负荷、水力停留时间等条件进行处理实验。

开始运行时，可间歇进行，进水浓度也可适当降低；当处理效果稳定后，连续进水、并逐渐提高进水浓度。

每小组的有机负荷、水力停留时间应各不相同，且每组至少运行 2 个工况，每一工况连续运行 4～5d；并确定各工况稳定运行时的 COD 去除率、污泥 SV 和 SVI 的变化以及生物相的镜检情况。

③ 记录、整理实验数据。完成组与组之间实验结果的交换工作。

本实验有如下注意事项：

① 在曝气设备的充氧能力评价实验中，Na₂SO₃ 与 CoCl₂ 应充分溶解后再投加，注意搅拌并保证消氧均匀；投加时以 CoCl₂ 先投入为宜。当曝气池体积较大时，应考虑布设多个测定点。

② 在测定进、出水的 COD 时，为避免出水中微生物絮体的影响，可经过过滤、取滤液进行分析；或将出水沉淀 30min 后取上清液进行测定。

6.13.5　实验结果整理

① 将污泥来源、基本性质和镜检结果汇总，并绘制所见的主要微生物图。

② 完全混合曝气池的基本参数

内径 D＝_____cm　高度 H＝_____cm　有效容积＝_____L

实验时水温 T＝_____℃　实验室条件下自来水的 Cs＝_____mg/L

污泥 MLSS＝_____g/L　　溶解氧测定点位置_____

CoCl₂ 投加量_____mg　Na₂SO₃ 投加量_____mg

③ 绘制几种条件下 ln（Cs－C）与时间 t 的关系曲线，并以表格形式汇总各条件下的 KLa 和 QC。

④ 以表格形式汇总实验工况条件下完全混合曝气池对 COD 的去除效率，以及相应条件下污泥的 SVI、SV 和生物相组成。

6.13.6　问题与讨论

① 该曝气设备是否满足反应器连续运行时对溶解氧的需求？活性污泥的存在对曝气设备的充氧能力有何影响？

② 稳定运行后曝气池中的活性污泥与从城市污水处理厂取来的种泥有何区别？

③ 总结该完全混合曝气池的适宜运行条件（要求 COD 去除率大于或等于 90%）。

6.14 酸性污水升流式过滤中和及吹脱实验

升流式过滤中和法适用于处理含酸浓度较低的酸性废水，根据废水的种类及酸的浓度，中和作用的时间、流速也不同。掌握其测定技术，对选择工艺设计参数及运行管理具有重要意义。

6.14.1 实验目的

① 掌握酸性污水过滤中和及游离 CO_2 吹脱的原理。

② 测定升流式石灰石滤池在不同滤速时的中和效果。

③ 测定不同形式的吹脱设备（鼓风曝气吹脱、瓷环填料吹脱、筛板塔等）去除水中游离的 CO_2 效果。

6.14.2 实验原理

钢铁、机械制造、电镀、化工、化纤等工业生产中排出大量的含酸性物质的酸性废水，若不加处理直接排放将会造成水体污染、腐蚀管道、毁坏农作物、危害渔业生产、破坏污水生物处理系统的正常运行。目前常用的酸性污水处理方法有酸碱污水混合中和、药剂中和、过滤中和等方法。

由于过滤中和法设备简单、造价低、不需药剂配制和投加系统，耐冲击负荷，故目前生产中应用较多。其中，广泛使用的是升流式膨胀过滤中和滤池，其原理是化学工业中应用较多的流化床。由于所用滤料直径很小（$d=0.5\sim3\text{mm}$），因此单位容积滤料表面积很大，酸性污水与滤料所需中和反应时间大大缩短，故滤速可大幅度提高，从而使滤料呈悬浮状态，造成滤料相互碰撞摩擦，这更适用于中和处理后所生成的盐类溶解度小的酸性污水。如

$$H_2SO_4+CaCO_3 \Longleftrightarrow CaSO_4+H_2O+CO_2\uparrow \qquad (6\text{-}74)$$

该工艺反应时间短，并减小了硫酸钙结垢对石灰石滤料活性的影响，因而被广泛地用于酸性污水处理。

由于中和后出水中含有大量 CO_2，使污水的 pH 值偏低，为提高污水的 pH 值，可采用吹脱法作为处理。

6.14.3 实验装置与设备

（1）实验装置

酸性污水中和、吹脱实验装置示意图见图 6-24。

（2）实验设备及仪器仪表

升流式滤池：有机玻璃管，内径 DN70mm，有效高 $H=2.3\text{m}$，内装石灰石滤料，粒径为 $0.5\sim3\text{mm}$，起始装填高度约 1m。

吹脱设备：有机玻璃管，内径 DN100mm，有效高 $H=2.3\text{m}$，分别为鼓风曝气式、瓷环填料式、筛板塔式。

防腐吸水池；塑料泵；循环管路。

空气系统：空压机压缩机 1 台，布气管路。

计量设备：转子流量计 LZB-25，LZB-10，气用 LZB-4。

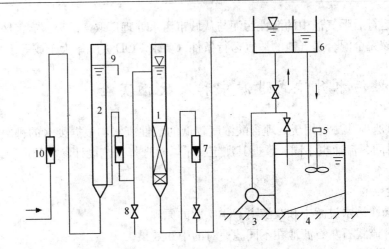

图 6-24　酸性污水中和、吹脱实验装置示意图

1—升流式滤柱；2—吹脱柱；3—水泵；4—配水池；5—搅拌器；6—恒温水箱；

7—水转子流量计；8—排水、取样口；9—出水口；10—气体转子流量计；11—压缩空气

水样测定设备：pH 计，酸度滴定设备，游离 CO_2 测定装置及有关药品，玻璃器皿。

6.14.4　实验步骤

① 每组实验时，选定 4 种滤速 40(50)、60(70)、80(90)、100(110) m/h，进行中和实验。

② 自配硫酸溶液，浓度约 1.5~2g/L，搅拌均匀，取水样测定 pH 值、酸度。

③ 将搅拌均匀的酸性污水打入升流式滤池，用截门调整滤速至要求值，待稳定流动 10min 后，取中和后出水水样一瓶约 300~400mL，取满不留空隙，测 pH 值、酸度、游离 CO_2 含量。

④ 将中和后出水或先排掉一部分再引入到不同吹脱设备内，用闸门调整风量到合适程度（控制 5m³气/m³水左右）进行吹脱。中和出水取样 5min 后，再取吹脱后水样一瓶约 300~400mL，取满不留空隙，测定 pH 值。酸度、游离 CO_2 含量。

⑤ 改变滤速，重复上述实验。

⑥ 各组可采用不同滤速，整理实验成果时，可利用各组测试数据。

⑦ 记录见表 6-29。

本实验有如下注意事项：

① 在配制酸性污水时，应先将池内水放到计算位置，而后慢慢加入浓硫酸，并慢慢加以搅拌，注意不要烧伤手、脚及衣服。

② 取样时，取样瓶一定要装满，不留空隙，以免气体逸出和溶入，影响测定结果。

6.14.5　实验结果整理

① 根据实验记录计算出膨胀率、中和效率、气水比和吹脱效率。

② 以滤速为横坐标，出水 pH 值、酸度为纵坐标绘图。

6.14.6　问题与讨论

① 说明酸性污水处理的原理，写出本实验的化学反应方程式。

② 叙述酸性污水处理的方法。

表 6-29　中和实验记录表

组号	原水样		酸性水		石灰石滤料			中和后出水					吹脱水		气量		吹脱后出水		
	pH值	酸度 (mg/L)	流量 (L/h)	滤速 (m/h)	装填高 h_1 (cm)	膨胀高 h_2 (cm)	膨胀率 K (h_1/h_2)	酸度 (mg/L)	pH值	游离 CO_2 (mg/L)	中和效率 (%)	流量 (L/h)	流速 (m/h)	气量 (m³/h)	气水比 V_1/V_2 (%)	酸度 (mg/L)	pH值	游离 CO_2 (mg/L)	吹脱效率 (%)
1																			
2																			
3																			
4																			
5																			
6																			
7																			

③ 根据实验结果说明处理效果与哪些因素有关?

④ 升流式石灰石滤池处理酸性废水的优缺点及存在问题是什么?

6.15 加压溶气气浮实验

6.15.1 实验目的

在水处理工程中，固—液分离是一种很重要的，常用的物理方法。气浮法是固液分离的方法之一，它常被用来分离密度小于或接近于水、难以用重力自然沉降法去除的悬浮颗粒。气浮法广泛应用于分离水中的细小悬浮物、藻类及微絮体；回收造纸废水的纸浆纤维；分离回收废水中的浮油和乳化油等。通过本实验希望达到以下目的：

① 了解压力溶气气浮法处理废水的工艺流程。

② 了解溶气水回流比对处理效果的影响。

③ 掌握色度的测定方法。

6.15.2 气浮原理

气浮法是在水中通入空气，产生微细泡（有时还需要同时加入混凝剂），使水中细小的悬浮物黏附在气泡上，随气泡一起上浮到水面形成浮渣，再用刮渣机收集。这样，废水中的悬浮物质得到了去除，同时净化了水质。

气浮分为射流气浮、叶轮气浮和压力溶气气浮。气浮法主要用于洗煤废水、含油废水、造纸和食品等废水的处理。

6.15.3 实验水样

自配模拟水样。

6.15.4 实验设备及工艺流程

气浮试验装置及工艺流程见图 6-25。

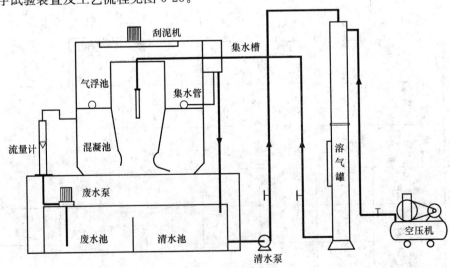

图 6-25 气浮试验工艺流程

6.15.5 实验步骤

① 熟悉实验工艺流程。

② 废水用 6mol/L 的 NaOH 溶液调至 pH＝8～9，在 500mL 的量筒内分别加入废水 200、250、300、350、400mL。

③ 启动废水泵，将混凝池和气浮池注满水。

④ 启动空气压缩机，待气泵内有一定压力时开启清水泵，同时向加压溶气罐内注水、进气，打开溶气罐的处水阀。

⑤ 迅速调节进水量使溶气罐内的水位保持在液位计的 2/3 处，压力为 0.3～0.4MPa。如进气量过大，液位基本保持稳定，直到释放器释放出含有大量微气泡的乳白色的溶气水。观察实验现象。

⑥ 向各水样加入混凝剂，使其浓度为 250～350mg/L，并搅拌均匀；

⑦ 从溶气罐取样口向各水样中注入溶气水，使最终体积为 500mL。静置 20～30min，取样测定色度。实验数据填入表 6-30。

⑧ 根据实验数据绘制色度去除率与回流比之间的关系曲线。

表 6-30　加压溶气气浮实验记录表

废水体积（mL）		0	200	250	300	350	400	450	备注
溶气水体积（mL）									
回流比									
气浮时间（min）									
色度	原水								
	出水								
色度去除率（%）									

6.15.6　试验结果与讨论

① 应用已掌握的知识分析你取得释气量测定结果的正确性。

② 试述工作压力对溶气效率的影响。

③ 拟定一个测定气固比与工作压力之间关系的实验方案。

附录　色度测定方法

纯水为无色透明的液体。洁净水在水层浅时为无色，深层为浅蓝绿色，天然水受污染时可着色。

水的颜色可区分为"真色"和"表色"两种，真色是指去除浊度后水的颜色，没有去除悬浮物的水所具有的颜色称为表色。

测定色度的方法的选择：测定较清洁的、带有黄色色调的天然水和饮用水的色度用铂钴标准比色法，以整数表示结果；测定受工业废水污染的地面水和工业废水，可用文字描述颜色的种类和深浅程度，并以稀释倍数法测定色的强度。

方法一　铂钴标准比色法

1. 概述

（1）方法原理

用氯铂酸钾与氯化钴配成标准色列，与水样进行目视比色。每升水中含有 1mg 铂和 0.5mg 钴时所具有的颜色，称为 1 度，作为标准色度单位。

（2）干扰及消除

如水样混浊，则放置澄清，亦用离心法或用孔径为 $0.45\mu m$ 滤膜过滤以去除悬浮物。但不能用滤纸过滤，因滤纸可吸附部分溶解于水的颜色。

（3）仪器

50mL 具塞比色管，其刻线高度应一致。

（4）试剂

铂钴标准溶液：称取 1.246g 氯铂酸钾（K_2PtCl_6）（相当于 500mg 铂）及 1.000g 氯化钴（$CoCl_2\cdot6H_2O$）（相当于 250mg 钴），溶于 100mL 水中，加 100mL 盐酸，用水定至 1000mL。此溶液色度为 500 度，保存在密塞玻璃瓶中，存放暗处。

2. 步骤

（1）标准色列的配置

向 50mL 比色管中加入 0、0.50、1.00、1.50、2.00、2.50、3.00、3.50、4.00、4.50、5.00、6.00 及 7.00mL 铂钴标准溶液，用水稀释至标线，混匀。各关的色度依次为 0、5、10、15、20、25、30、35、40、45、50、55、60 和 70 度。密塞保存。

（2）水样的测定

① 分取 50.0mL 澄清透明水样于比色管中，如水样色度较大，可酌情少取水样，用水稀释至 50.0mL；

② 将水样与标准色列进行目视比色比较。观测时，可将比色管置于白瓷板或白纸上，使光线从管底向上透过液柱，目光自管口垂直向下观察。记下与水样色度相同的铂钴标准色列的色度。

3. 计算

$$色度(度) = \frac{A\times50}{B} \tag{6-75}$$

式中，A 为稀释后水样相当于铂钴标准色列的色度；B 为水样的体积，mL。

4. 注意事项

① 可用重铬酸钾代替氯铂酸钾配制标准色列。方法是：称取 0.0437g 重铬酸钾和 1.000g 硫酸钴（$CoSO_4\cdot7H_2O$），溶于少量水中，加入 0.50mL 硫酸，用水稀释至 500mL。此溶液的色度为 500 度。不宜久存。

② 如果样品中有泥土或其他分散很细的悬浮物，虽经预处理而得不到透明水样时，则只测标色。

方法二　稀释倍数法

1. 概述

（1）方法原理

为说明工业废水的颜色种类，如：深蓝色、棕黄色、暗黑色等，可用文字描述。

为定量说明工业废水色度的大小，采用稀释倍数法，以此表示水样的色度。

（2）干扰及消除

如测定水样的真色，应放置澄清取上清液，或用离心法去除悬浮物后测定；如测定水样的表色，待水样中的大颗粒悬浮物沉降后，取上清液测定。

（3）仪器

50mL 具塞比色管，其标线高度要一致。

2. 步骤

① 取 100～150mL 澄清水样置烧杯中，以白色瓷板为背景，观测并描述其颜色种类。

② 分取澄清的水样，用水稀释成不同的倍数，分取 50mL 分别置于 50mL 比色管中，管底部衬一白瓷板，由上向下观察稀释后水样的颜色，并与蒸馏水比较，直至刚好看不到颜色，记录此时的稀释倍数。

6.16　空气扩散系统中氧的总转移系数的测定

6.16.1　实验目的

① 掌握空气扩散系统中氧的总转移系数的测定方法。

② 加深对双膜理论机理的认识及其影响因素。

6.16.2　实验原理

氧向液体的转移是污水生物处理的重要过程。空气中的氧向水中转移，通常以双膜理论作为理论基础。双膜理论认为，当气液两相做相对运动时，其接触界面两侧分别存在气膜和液膜。气膜和液膜均属层流，氧的转移就是在气液双膜进行分子扩散和在膜外进行对流扩散的过程。由于对流扩散的阻力小得多，因此传质的阻力主要集中在双膜上。在气膜中存在着氧的分压梯度，在液膜中存在着氧的浓度梯度，这就是氧转移的推动力。对于难溶解的氧来说转移的决定性阻力又集中在液膜上，因此通过液膜是氧转移过程的限制步骤，通过液膜的转移速率便是氧扩散转移全过程的控制速度。氧向液体的转移速率可由下式表达：

$$\frac{d_c}{d_t} = K_{La}(C_s - C) \tag{6-76}$$

式中，C_s 为氧的饱和浓度，mg/L；C 为氧的实际浓度，mg/L；K_{La} 为氧的总转移系数，h^{-1}。

积分得：

$$\lg\left(\frac{C_s - C_0}{C_s - C}\right) = \frac{K_{La}}{2.3}t \tag{6-77}$$

式中，C_0 为 $t=0$ 时液体溶解氧浓度，mg/L。

6.16.3　实验装置和试剂

（1）实验装置

实验装置包括玻璃水槽、电动搅拌器、温度控制仪、曝气装置、溶解氧瓶，实验装置见图 6-26。

（2）实验试剂

① Na_2SO_3 饱和溶液。

② 1% 的 $CoCl_2 \cdot 6H_2O$ 溶液。

③ 0.1mol/L 碘溶液。

④ 0.025mol/L $Na_2S_2O_3$。

6.16.4　实验步骤

① 缸内注满清水。

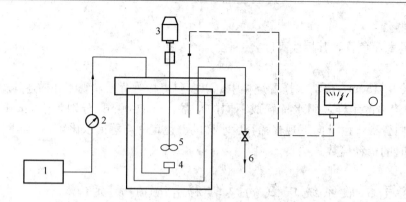

图 6-26　空气扩散系数中氧的总转移系数的测定装置图
1—空压机；2—温式流量计；3—电机；4—扩散器；
5—反应器；6—取样管；7—7151DM 型控温

② 调整温度，本试验采用 15、20、25、30℃。根据测定实验温度，开动搅拌器和控温仪，使水温稳定于实验要求的温度。

③ 开空气压缩机调整空气流量，调到 1～1.5L/min，调好后关空压机。

④ 加入 Na_2SO_3 和 $CoCl_2 \cdot 6H_2O$ 溶液：加入 8mL 的 Na_2SO_3 和 12mL 的 $CoCl_2 \cdot 6H_2O$，在加上述溶液后轻轻用玻璃棒搅拌均匀，观察清水中的氧是否脱除，当其中的氧被脱除（DO＝0）后开始下步实验，并注意取样方法。

⑤ 打开空气压缩机开始试验：在空压机开始时要记下空气量，先记下湿式气体流量计的读数，然后开始取样，取样时间为 2、4、6、8、10、12、14min，这样便可测定出不同时间的溶解氧量。

6.16.5　实验结果及计算

① 根据实验数据，计算氧的总转移系数 K_{La}。

② 分析影响氧的总转移系数大小的因素有哪些？

附：溶解氧的测定方法（碘量法）

1. 实验原理

水样中加入 $MnSO_4$ 和碱性 KI 生成 $Mn(OH)_2$ 沉淀，$Mn(OH)_2$ 极不稳定，与水中溶解氧反应生成碱性氧化锰 $MnO(OH)_2$ 棕色沉淀，将溶解氧固定（DO 将 Mn^{2+} 氧化为 Mn^{4+}）$MnSO_4 + 2NaOH = Mn(OH)_2 \downarrow + Na_2SO_4$，$2Mn(OH)_2 + O_2 = 2MnO(OH)_2 \downarrow$（棕），再加入浓 H_2SO_4，使沉淀溶解，同时 Mn^{4+} 被溶液中 KI 的 I^- 还原为 Mn^{2+} 而析出 I_2，即

$$MnO(OH)_2 + 2H_2SO_4 + 2KI = MnSO_4 + I_2 + K_2SO_4 + 3H_2O$$

最后用 $Na_2S_2O_3$ 标液滴定 I_2，以确定 DO，$2Na_2S_2O_3 + I2 = Na_2S_4O_6 + 2NaI$。

2. 实验试剂

$MnSO_4$ 溶液：称 480g$MnSO_4 \cdot 4H_2O$ 或 360g$MnSO_4 \cdot H_2O$ 溶液水，用水、稀释至 1000mL，此液加入酸化过的 KI 溶液中，遇淀粉不变蓝。

碱性 KI 溶液：称 500gNaOH 溶于 300～400mL 水中，另称取 150gKI（或 135gNaI）溶于 200mL 水中，待 NaOH 冷却后，将两溶液合并、混匀用水稀释到 1000mL 如有沉淀，放置过夜，倾出上清液，贮于棕色瓶中，用橡皮塞塞紧，避光保存，此溶液酸化后，遇淀粉不

变蓝。

1‰（m/v）淀粉溶液：称取 1g 可溶性淀粉，用少量水调成糊状，用刚煮沸的水冲稀到 1000mL。

0.02500mol/L（$1/6K_2Cr_2O_7$）：称取于 105～1100C 烘干 2h 并冷却的 $K_2Cr_2O_7$ 1.2259g 溶于水，移入 1000mL 容量瓶，稀释至刻度。

0.0125mol/L $Na_2S_2O_3$ 溶液：称取 3.1g $Na_2S_2O_3$ $5H_2O$ 溶于煮沸放冷的水中，加入 0.1 Na_2CO_3 用水稀至 1000mL，贮于棕色瓶中。使用前用 0.02500mol/L $K_2Cr_2O_7$ 标定，于 250mL 碘量瓶中，加入 100mL 水和 1gKI，加入 10.00mL 0.02500mol/L $K_2Cr_2O_7$ 标液，8mL（1＋5）H_2SO_4 溶液密塞，摇匀，于暗处静置 5min，用待标定的 $Na_2S_2O_3$ 溶液滴定至溶液呈淡黄色，加入 1mL 淀粉，继续滴定至蓝色刚好褪去。

$$Na_2S_2O_3 \ 浓度 = \frac{10.00 \times 0.02500}{消耗 \ Na_2S_2O_3 \ 体积} \tag{6-78}$$

3. 测定步骤

① 用移液管插入瓶内液面以下加入 1mL $MnSO_4$ 和 2mL 碱性 KI 溶液，有沉淀生成。

② 颠倒摇动溶解氧瓶，使沉淀完全混合，静置等沉淀降至瓶底。

③ 加入 2mL 浓 H_2SO_4 盖紧，颠倒摇动均匀，待沉淀全部溶解后（不溶则多加浓 H_2SO_4）至暗处 5min。

④ 用移液管取 100.0mL 静置后的水样于 250mL 碘量瓶中，用 0.0125mol/L $Na_2S_2O_3$，滴定至微黄色，再加入 1mL 淀粉溶液，继续滴定至蓝色刚好褪去为止，记下 $Na_2S_2O_3$ 的耗用量，V（mL）。

4. 计算

$$溶解氧（O_2 mg/L）= \frac{CV \times 8 \times 1000}{100} \tag{6-79}$$

式中，C 为硫代硫酸钠溶液的浓度，mol/L；V 为滴定时消耗硫代硫酸钠溶液的体积，mL。

6.17　废水化学需氧量的测定

6.17.1　实验原理

在强酸性溶液中，准确加入过量的重铬酸钾标准溶液，加热回流，将水样中还原性物质（主要是有机物）氧化，过量的重铬酸钾以试亚铁灵作指示剂，用硫酸亚铁铵标准溶液回滴，根据所消耗的重铬酸钾标准溶液量来计算水样化学需氧量。

6.17.2　仪器

① 全玻璃回流装置。

② 加热装置（电炉）。

③ 25mL 或 50mL 酸式滴定管、锥形瓶、移液管、容量瓶等。

6.17.3　试剂

① 重铬酸钾标准溶液（$1/6K_2Cr_2O_7 = 0.2500$mol/L）：称取预先在 120℃烘干 2h 的基准或优质纯重铬酸钾 12.258g 溶于水中，移入 1000mL 容量瓶，稀释至标线，摇匀。

② 试亚铁灵指示液：称取 1.485g 邻菲罗啉（$C_{12}H_8N_2 \cdot H_2O$）0.695g 硫酸亚铁（$FeSO_4 \cdot 7H_2O$)溶于水中，稀释至 100mL，贮于棕色瓶中。

③ 硫酸亚铁铵标准溶液 [（$NH_4)_2Fe(SO_4)_2 \cdot 6H_2O \approx 0.1$mol/L]：称取 39.5g 硫酸亚铁铵溶于水中，边搅拌边缓慢加入 20mL 浓硫酸，冷却后移入 1000mL 容量瓶中，加水稀释至标线，摇匀。临用前，用重铬酸钾标准溶液标定。

6.17.4 标定方法

准确吸取 10.00mL 重铬酸钾标准溶液于 500mL 锥形瓶中，加水稀释至 110mL 左右，缓慢加入 30mL 浓硫酸，摇匀。冷却后，加入 3 滴试亚铁灵指示液（约 0.15mL)，用硫酸亚铁铵溶液滴定，溶液的颜色由黄色经蓝绿色至红褐色即为终点。

$$C = (0.2500 \times 10.00)/V \tag{6-80}$$

式中，C 为硫酸亚铁铵标准溶液的浓度，mol/L；V 为硫酸亚铁铵标准溶液的用量，mL。

6.17.5 测定步骤

① 取 20.00mL 混合均匀的水样（或适量水样稀释至 20.00mL）置于 250mL 磨口的回流锥形瓶中，准确加入 10mL 重铬酸钾标准溶液及数粒小玻璃珠或沸石，连接磨口回流冷凝管，从冷凝管上口慢慢地加入 30mL 硫酸—硫酸银溶液，轻轻摇动锥形瓶使溶液混匀，加热回流 2h（自开始沸腾计时）。

对于化学需氧量高的废水样，可先取上述操作所需体积的 1/10 的废水样和试剂于 15×150mm 硬质玻璃试管中，摇匀，加热后观察是否呈绿色。如果溶液呈绿色，再适当减少废水取样量，直至溶液不变绿色为止，从而确定废水样分析时应取用的体积。稀释时，所取废水样量不得少于 5mL，如果化学需氧量很高，则废水样应多次稀释。废水中氯离子含量超过 30mg/L 时，应先把 0.4g 硫酸汞加入回流锥形瓶中，再加入 20.00mL 废水（或适量废水稀释至 20.00mL），摇匀。

② 冷却后，用 90.00mL 水冲洗冷凝管壁，取下锥形瓶。溶液总体积不得少于 140mL，否则因酸度太大，滴定终点不明显。

③ 溶液再度冷却后，加 3 滴试亚铁灵指示液，用硫酸亚铁铵标准溶液滴定，溶液的颜色由黄色经蓝绿色至红褐色即为终点，记录硫酸亚铁铵标准溶液的用量。

④ 测定水样的同时，取 20.00mL 重蒸馏水，按同样操作步骤作空白实验。记录滴定空白时硫酸亚铁铵标准溶液的用量。

6.17.6 计算

$$COD_{Cr}(O_2,mg/L) = 8 \times 1000(V_0 - V_1) \times C/V \tag{6-81}$$

式中，C 为硫酸亚铁铵标准溶液的浓度，mol/L；V_0 为滴定空白时硫酸亚铁铵标准溶液用量，mL；V_1 为滴定水样时硫酸亚铁铵标准溶液用量，mL；V 为水样的体积，mL；8 为氧（$1/2O$）摩尔质量，g/mol。

6.17.7 注意事项

① 使用 0.4g 硫酸汞络合氯离子的最高量可达 40mg，如取用 20.00mL 水样，即最高可络合 2000mg/L 氯离子浓度的水样。若氯离子的浓度较低，也可少加硫酸汞，使保持硫酸汞：氯离子＝10：1（W/W)。若出现少量氯化汞沉淀，并不影响测定。

② 水样取用体积可在 10.00～50.00mL 范围内，但试剂用量及浓度需按下表进行相应调整（表 6-31)，也可得到满意的结果。

表 6-31　水样取用量和试剂用量表

水样体积 （mL）	0.25000mol/L $K_2Cr_2O_7$溶液 （mL）	$H_2SO_4-Ag_2SO_4$溶液 （mL）	$HgSO_4$ （g）	$[(NH_4)_2Fe(SO_4)_2]$ （mol/L）	滴定前总体积 （mL）
10.0	5.0	15	0.2	0.050	70
20.0	10.0	30	0.4	0.100	140
30.0	15.0	45	0.6	0.150	210
40.0	20.0	60	0.8	0.200	280
50.0	25.0	75	1.0	0.250	350

③ 对于化学需氧量小于 50mg/L 的水样，应改用 0.0250mol/L 重铬酸钾标准溶液。回滴时用 0.01mol/L 硫酸亚铁铵标准溶液。

④ 水样加热回流后，溶液中重铬酸钾剩余量应为加入量的 1/5～4/5 为宜。

⑤ 用邻苯二甲酸氢钾标准溶液检查试剂的质量和操作技术时，由于每克邻苯二甲酸氢钾的理论 COD_{Cr} 为 1.176g，所以溶解 0.4251g 邻苯二甲酸氢钾（$HOOCC_6H_4COOK$）于重蒸馏水中，转入 1000mL 容量瓶，用重蒸馏水稀释至标线，使之成为 500mg/L 的 COD_{Cr} 标准溶液。用时新配。

⑥ COD_{Cr} 的测定结果应保留三位有效数字。

⑦ 每次实验时，应对硫酸亚铁铵标准滴定溶液进行标定，室温较高时尤其注意其浓度的变化。

6.17.8　思考题

① 为什么需要做空白实验？

② 化学需氧量测定时，有哪些影响因素？

6.18　含重金属酸性废水处理实验

6.18.1　原理

利用工业废渣的活性成分和废水中的重金属离子进行氧化、还原、电化学、置换、中和絮凝、沉淀等一系列物理化学作用，水废水中的 pH 值升高，并进一步调整 pH 值的中性略偏碱性，使废水中所含的重金属生成难溶的固体物析出，达到去除废水中的重金属，使废水得到净化的目的。

基本反应如下：

$$Me^{m+}+N \longrightarrow Me\downarrow+N^{m+}$$
$$2H^++nN \longrightarrow H_2\downarrow+N^{n+}$$
$$Me^{m+}+N^{n+} \longrightarrow Me^{n+}+N^{m+}$$
$$Me^{m+}+OH^- \longrightarrow Me(OH)_m\downarrow$$
$$Me^{n+}+OH^- \longrightarrow Me(OH)_n\downarrow$$

式中，Me 为废水中重金属组成；N 为废渣反应剂中活性组成；m、n 为系数。m 为 0～6；n 为 0～3。

① 氢氧化物的溶度积为 $K_{sp}=[Me^{m+}][OH^-]_m$。

② 溶液的 pH＝14－(lg$P$－lgK_{sp})/h＝14－lg(P/K_{sp})/h

式中，P 为某重金属在水中的浓度。

③ 固体物的沉降速度 u＝g(r－1)dp^2/18μ

式中，γ 为固体物的重度；dp 为固体物的粒径；μ 为废水的黏度。

6.18.2　实验仪器

搅拌器、pH 计、TAS-990 原子吸收分光光度计、反应器、沉淀池。

6.18.3　实验步骤

① 实验前检查各种仪器是否完好，药品是否齐全。

② 称取 15g 反应剂倒入 1000mL 烧杯中，再量取 50mL 重金属废水，并测定原始废水的 pH 值。

③ 开动搅拌器进行反应，同时记下反应时间，每隔 5min 记一次时间和废水的 pH 值。

④ 反应 1h 后，停止反应，静止 20min。

⑤ 取上清液，用 NaOH 滴定至 pH＝8.5～9.0，形成氢氧化物沉淀。

⑥ 搅拌后，让溶液静止，观察沉降时间，测定沉渣的高度。

⑦ 待沉降澄清完成后，分别测定原始废水，反映终止水和中和沉淀水中重金属离子的浓度。

⑧ 在大型动态装置中重复上述实验，测定结果并比较。

⑨ 实验完毕后，所用仪器设备恢复原位，把实验室打扫干净。

6.18.4　数据记录

重金属酸性废水实验数据记录见表 6-32。

反应剂用量，_____ g；

废水用量，_____ mL；

重金属离子初始浓度，_____ mg/L；

表 6-32　重金属酸性废水实验记录表

项目 \ 序号	1	2	3	4	5	6	7	8	9	10	11	12	13
反应时间 (min)	0	5	10	15	20	25	30	35	40	45	50	55	60
pH													

反应终止后上清液中重金属浓度，_____ mg/L；

沉淀物沉降时间，_____ min；

沉降高度，_____ cm；

滴定 NaOH 用量，_____ mL，此时的 pH _____；

澄清液中重金属离子浓度，_____ mg/L。

6.18.5　结果整理

① 做出反应过程中，反应时间 t 和 pH 值的关系曲线，并关联出 pH＝$f(t)$ 的关系式。

② 求出沉降速度。

③ 求出重金属去除率。

6.18.6　讨论

① 论述用废渣去除重金属离子的原理和反应过程 pH 上升的因素。

② 讨论废水中重金属去除率的影响因素和工业上提高处理效率的措施。

6.19　水体自净程度指标的测定

各种形态的氮相互转化和氮循环的平衡变化是环境化学和生态系统研究的重要内容之一。水体中氮产物的主要来源是生活污水和某些工业废水及农业面源。当水体受到含氮有机物污染时，其中的含氮化合物由于水中微生物和氧的作用，可以逐步分解氧化为无机的氨（NH_3）或铵（NH_4^+）、亚硝酸盐（NO_2^-）、硝酸盐（NO_3^-）等简单的无机氮化物。氨和铵中的氮称为氨氮；亚硝酸盐中的氮称为亚硝酸盐氮；硝酸盐中的氮称为硝酸盐氮。通常把氨氮、亚硝酸盐氮和硝酸盐氮称为三氮。这几种形态氮的含量都可以作为水质指标，分别代表有机氮转化为无机氮的各个不同阶段。在有氧条件下，氮产物的生物氧化分解一般按氨或铵、亚硝酸盐、硝酸盐的顺序进行，硝酸盐是氧化分解的最终产物。随着含氮化合物的逐步氧化分解，水体中的细菌和其他有机污染物也逐步分解破坏，因而达到水体的净化作用。

有机氮、氨氮、亚硝酸盐氮和硝酸盐氮的相对含量，在一定程度上可以反映含氮有机物污染的时间长短，对了解水体污染历史以及分解趋势和水体自净状况等有很高的参考价值。目前应用较广的测定三氮方法是比色法，其中最常用的是：纳氏试剂比色法测定氨氮，盐酸萘乙二胺比色法测定亚硝酸盐氮，二磺酸酚比色法测定硝酸盐氮。

6.19.1　实验目的

① 掌握测定三氮的基本原理和方法。

② 测定三氮对环境化学研究的作用和意义。

6.19.2　仪器

① 玻璃蒸馏装置。

② pH 计。

③ 恒温水浴。

④ 分光光度计。

⑤ 电炉：220V/1kW。

⑥ 比色管：50mL。

⑦ 陶瓷蒸发皿：100 或 200mL。

⑧ 移液管：1、2、5mL。

⑨ 容量瓶：250mL。

6.19.3　实验步骤

1. 氨氮的测定——纳氏试剂比色法

（1）原理

氨与纳氏试剂反应可生成黄色的络合物，其色度与氨的含量成正比，可在 425nm 波长下比色测定，检出限为 $0.02\mu g/mL$。如水样污染严重，需在 pH 为 7.4 的磷酸盐缓冲溶液中预蒸馏分离。

（2）试剂

① 不含氨的蒸馏水：水样稀释及试剂配制均用无氨蒸馏水。配制方法包括蒸馏法（每

升蒸馏水中加入 0.1mL 浓硫酸，进行重蒸馏，流出物接受于玻璃容器中）和离子交换法（让蒸馏水通过强酸型阳离子交换树脂来制备较大量的无氨水）。

② 磷酸盐缓冲溶液（pH 为 7.4）：称 14.3g 磷酸二氢钾和 68.8g 磷酸氢二钾，溶于水中并稀释至 1L。配制后用 pH 计测定其 pH 值，并用磷酸二氢钾或磷酸氢二钾调至 pH 为 7.4。

③ 吸收液：2% 硼酸或 0.01mol/L 硫酸。

a. 2% 硼酸溶液：溶解 20g 硼酸于水中，稀释至 1L。

b. 0.01mol/L 硫酸：量取 20mL 0.5mol/L 的硫酸，用水稀释至 1L。

④ 纳氏试剂：称取 5g 碘化钾，溶于 5mL 水中，分别加入少量氯化汞（$HgCl_2$）溶液（2.5g $HgCl_2$ 溶于 40mL 水中，必要时可微热溶解），不断搅拌至微有朱红色沉淀为止。冷却后加入氢氧化钾溶液（15g 氢氧化钾溶于 30mL 水中），充分冷却，加水稀释至 100mL。静置一天，取上层清液贮于塑料瓶中，盖紧瓶盖，可保存数月。

⑤ 酒石酸钾钠溶液：称取 50g 酒石酸钾钠（$KNaC_4H_4O_6 \cdot 4H_2O$）溶于水中，加热煮沸以驱除氨，冷却后稀释至 100mL。

⑥ 氨标准溶液：称取 3.819g 无水氯化铵（NH_4Cl）（预先在 100℃ 干燥至衡重），溶于水中，转入 1000mL 容量瓶中，稀释至刻度，即配得 $1.00mgNH_3-N/mL$ 的标准储备液。取此溶液 10.00mL 稀释至 1000mL，即为 $10\mu gNH_3-N/mL$ 的标准溶液。

（3）步骤

较清洁水样可直接测定，如水样受污染一般按下列步骤进行。

① 水样蒸馏：为保证蒸馏装置不含氨，须先在蒸馏瓶中加 200mL 无氨水，加 10mL 磷酸盐缓冲溶液、几粒玻璃珠，加热蒸馏至流出液中不含氨为止（用纳氏试剂检验），冷却。然后将此蒸馏瓶中的蒸馏液倾出（但仍留下玻璃珠），量取水样 200mL，放入此蒸馏瓶中（如预先试验水样含氨量较大，则取适量的水样，用无氨水稀释至 200mL，然后加入 10mL 磷酸盐缓冲液）。另准备一只 250mL 的容量瓶，移入 50mL 吸收液（吸收液为 0.01mol/L 硫酸或 2% 硼酸溶液），然后将导管末端浸入吸收液中，加热蒸馏，蒸馏速度为 6～8mL/min，至少收集 150mL 馏出液，蒸馏至最后 1～2min 时，把容量瓶放低，使吸收液的液面脱离冷凝管出口，再蒸馏几分钟以洗净冷凝管和导管，用无氨水稀释至 250mL，混匀，以备比色测定。

② 测定：如为较清洁的水样，直接取 50mL 澄清水样置于 50mL 比色管中。一般水样则取用上述方法蒸馏出的水样 50mL，置于 50mL 比色管中。若氨氮含量太高可酌情取适量水样用无氨水稀释至 50mL。

另取 8 支 50mL 比色管，分别加入铵标准溶液（含氨氮 $10\mu g/mL$）0.00、0.50、1.00、2.00、3.00、5.00、7.00、10.00mL，加无氨水稀释至刻度。

在上述各比色管中，分别加入 1.0mL 酒石酸钾钠，摇匀，再加 1.5mL 纳氏试剂，摇匀放置 10min，用 1cm 比色管，在波长 425nm 处，以试剂空白为参比测定吸光度，绘制标准曲线，并从标准曲线上查得水样中氨氮的含量（$\mu g/mL$）。

2. 亚硝酸盐氮的测定——盐酸萘乙二胺比色法

（1）原理

在 pH2.0～2.5 时，水中亚硝酸盐与对氨基苯磺酸生成重氮盐，再与盐酸萘乙二胺偶联生成红色染料，最大吸收波长为 543nm，其色度深浅与亚硝酸盐含量成正比，可用比色法测定，检出限为 $0.005\mu g/mL$，测定上限为 $0.1\mu g/mL$。

（2）试剂

① 不含亚硝酸盐的蒸馏水：蒸馏水中加入少量高锰酸钾晶体，使呈红色，再加氢氧化钡（或氢氧化钙），使呈碱性，重蒸馏。弃去 50mL 初馏液，收集中间 70% 的无锰部分。也可于每升蒸馏水中加入 1mL 浓硫酸和 0.2mL 硫酸锰溶液（每 100mL 蒸馏水中含有 $36.4gMnSO_4 \cdot H_2O$），及 $1 \sim 3mL0.04\%$ 高锰酸钾溶液使呈红色，然后重蒸馏。

② 亚硝酸盐标准储备液：称取 1.232g 亚硝酸钠溶于水中，加入 1mL 氯仿，稀释至 1000mL。此溶液每毫升含亚硝酸盐氮约为 0.25mg。由于亚硝酸盐氮在湿空气中易被氧化，所以储备液需标定。

标定方法：吸取 50.00mL0.050mol/L 高锰酸钾溶液，加 5mL 浓硫酸及 50.00mL 亚硝酸钠储备液于 300mL 具塞锥型瓶中（加亚硝酸钠贮备液时需将吸管插入高锰酸钾溶液液面以下）混合均匀，置于水浴中加热至 $70 \sim 80℃$，按每次 10.00mL 的量加入足够的 0.050mol/L 草酸钠标准溶液，使高锰酸钾溶液褪色并过量，记录草酸钠标准溶液用量（V_2）；再高锰酸钾溶液滴定过量的草酸钠到溶液呈微红色，记录高锰酸钾溶液用量（V_1）。用 50mL 不含亚硝酸盐的水代替亚硝酸钠贮备液，如上操作，用草酸钠标准溶液标定高锰酸钾溶的浓度，按下式计算高锰酸钾溶液浓度（mol/L）：$\rho_{1/5KMnO_4} = 0.0500 \cdot V_4/V_3$。

按下式计算亚硝酸盐氮标准储备液的浓度：

$$\rho_{亚硝酸盐氮} = (V_1 \cdot \rho_{1/5KMnO_4} - 0.0500 \cdot V_2) \cdot 7.00 \cdot 1000/50.00$$

式中，$\rho_{1/5KMnO_4}$ 是经标定的高锰酸钾标准溶液的浓度，mol/L；V_1 是滴定标准储备液时，加入高锰酸钾标准溶液总量，mL；V_2 是滴定亚硝酸盐氮标准储备液时，加入草酸钠标准溶液总量，mL；V_3 是滴定水时，加入高锰酸钾标准溶液总量，mL；V_4 是滴定水时，加入草酸钠标准溶液总量，mL；7.00 是亚硝酸盐氮（1/2N）的摩尔质量，g/mol；50.00 是亚硝酸盐标准储备液取用量，mL；0.0500 是草酸钠标准溶液浓度（$1/2Na_2C_2O_4$，0.0500mol/L）。

③ 亚硝酸盐使用液：临用时将标准贮备液配制成每毫升含 $1.0\mu g$ 的亚硝酸盐氮的标准使用液。

④ 草酸钠标准溶液（$1/2Na_2C_2O_4$，0.0500mol/L）：称取 3.350g 经 105℃ 干燥 2h 的优级纯无水草酸钠溶于水中，转入 1000mL 容量瓶中加水稀释至刻度。

⑤ 高锰酸钾溶液（$1/5KMnO_4$，0.050mol/L）：溶解 1.6g 高锰酸钾于约 1.2L 水中，煮沸 $0.5 \sim 1h$，使体积减小至 1000mL 左右，放置过夜，用 G_3 号熔结玻璃漏斗过滤后，滤液贮于棕色试剂瓶中，用上述草酸钠标准溶液标定其准确浓度。

⑥ 氢氧化铝悬浮液：溶解 125g 硫酸铝钾 ［$KAl(SO_4)_2 \cdot 12H_2O$］ 或硫酸铝铵 ［$NH_4Al(SO_4)_2 \cdot 12H_2O$］ 于 1L 水中，加热到 60℃，在不断搅拌下慢慢加入 55mL 浓氨水，放置约 1h，转入试剂瓶内，用水反复洗涤沉淀，至洗液中不含氨、氯化物、硝酸盐和亚硝酸盐为止。澄清后，把上层清液尽量全部倾出，只留浓的悬浮物，最后加 100mL 水。使用前应振荡均匀。

⑦ 盐酸萘乙二胺显色剂：50mL 冰醋酸与 900mL 水混合，加入 5.0g 对氨基苯磺酸，加热使其全部溶解，再加入 0.05g 盐酸萘乙二胺，搅拌溶解后用水稀释至 1L。溶液无色，贮

存于棕色瓶中，在冰箱中保存可稳定一个月（当有颜色时应重新配制）。

（3）步骤

① 水样如有颜色和悬浮物，可在每 100mL 水样中加入 2mL 氢氧化铝悬浮液，搅拌后，静置过滤，弃去 25mL 初滤液。

② 取 50.00mL 澄清水样于 50mL 比色管中（如亚硝酸盐氮含量高，可酌情少取水样，用无亚硝酸盐蒸馏水稀释至刻度）。

③ 取 7 支 50mL 比色管，分别加入含亚硝酸盐氮 $1\mu g/mL$ 的标准溶液 0.00、0.50、1.00、2.00、3.00、4.00、5.00mL，用水稀释至刻度。

④ 在上述各比色管中分别加入 2mL 显色剂，20min 后在 540nm 处，用 2cm 比色皿，以试剂空白作参比测定其吸光度，绘制标准曲线。从标准曲线上查得水样中亚硝酸盐氮的含量（$\mu g/mL$）。

3. 硝酸盐氮的测定——二磺酸酚比色法

（1）原理

浓硫酸与酚作用生成二磺酸酚，在无水条件下二磺酸酚与硝酸盐作用生成二磺酸硝基酚，二磺酸硝基酚在碱性溶液中发生分子重排生成黄色化合物，最大吸收波长在 410nm 处，利用其色度和硝酸盐含量成正比，可进行比色测定。少量的氯化物即能引起硝酸盐的损失，使结果偏低。可加硫酸银，使其形成氯化银沉淀，过滤去除，以消除氯化物的干扰（允许氯离子存在的最高浓度为 $10\mu g/mL$，超过此浓度就要干扰测定）。亚硝酸盐氮含量超过 $0.2\mu g/mL$ 时，将使结果偏高，可用高锰酸钾将亚硝酸盐氧化成硝酸盐，再从测定结果中减去亚硝酸盐的含量。本法的检出限为 $0.02\mu g/mL$ 硝酸盐氮，检测上限为 $2.0\mu g/mL$。

（2）试剂

① 二磺酸酚试剂：称取 15g 精制苯酚，置于 250mL 三角烧瓶中，加入 100mL 浓硫酸，瓶上放一个漏斗，置沸水浴内加热 6h，试剂应为浅棕色稠液，保存于棕色瓶内。

② 硝酸盐标准储备液：称取 0.7218g 分析纯硝酸钾（经 105℃烘 4h），溶于水中，转入 1000mL 容量瓶中，用水稀释至刻度。此溶液含硝酸盐氮 $100\mu g/mL$。如加入 2mL 氯仿保存，溶液可稳定半年以上。

③ 硝酸盐标准溶液：准确移取 100mL 硝酸盐标准储备液，置于蒸发皿中，在水浴上蒸干，然后加入 4.0mL 二磺酸酚，用玻棒摩擦蒸发皿内壁，静置 10min，加入少量蒸馏水，移入 500mL 容量瓶中，用蒸馏水稀释至标线，即为 $20\mu gNO_3-N/mL$ 的标准溶液（相当于 $88.54\mu gNO_3^-$）。

④ 硫酸银溶液：称取 4.4g 硫酸银，溶于水中，稀释至 1L，于棕色瓶中避光保存。此溶液 1.0mL 相当于 1.0mg 氯（Cl^-）。

⑤ 高锰酸钾溶液（$1/5KMnO_4$，0.100mol/L）：称取 0.3g 高锰酸钾，溶于蒸馏水中，并稀释至 1L。

⑥ 乙二胺四乙酸二钠溶液：称取 50g 乙二胺四乙酸二钠，用 20mL 蒸馏水调成糊状，然后加入 60mL 浓氨水，充分混合，使之溶解。

⑦ 碳酸钠溶液（$1/2Na_2CO_3$，0.100mol/L）：称取 5.3g 无水碳酸钠，溶于 1L 水中。实验用水预先要加高锰酸钾重蒸馏，或用去离子水。

（3）步骤

① 标准曲线的绘制：分别吸取硝酸盐氮标准溶液 0.00、1.00、1.50、2.00、2.50、3.00、4.00mL 至 50mL 比色管中，加入 1.0mL 二磺酸酚，加入 3.0mL 浓氨水，用蒸馏水稀释至刻度，摇匀。用 1mL 比色皿，以试剂空白作参比，于波长 410nm 处测定吸光度，绘制标准曲线。

② 样品的测定

脱色：污染严重或色泽较深的水样（即色度超过 10 度），可在 100mL 水样中加入 2mLAl（OH）$_3$ 悬浮液。摇匀后，静置数分钟，澄清后过滤，弃去最初滤出的部分溶液（5~10mL）。

除去氯离子：先用硝酸银滴定水样中的氯离子含量，据此加入相当量的硫酸银溶液。当氯离子含量小于 50mg/L 时，加入固体硫酸银。1mg 氯离子可与 4.4mg 硫酸银作用。取 50mL 水样，加入一定量的硫酸银溶液或硫酸银固体，充分搅拌后。再通过离心或过滤除去氯化银沉淀，滤液转移至 100mL 的容量瓶中定容至刻度；也可在 80℃水浴中加热水样，摇动三角烧瓶，使氯化银沉淀凝聚，冷却后用多层慢速滤纸过滤至 100mL 容量瓶，定容至刻度。

扣除亚硝酸盐氮影响：如水样中亚硝酸盐氮含量超过 0.2mg/L，可事先将其氧化为硝酸盐氮。具体方法如下：在已除氯离子的 100mL 容量瓶中加入 1mL0.5mol/L 硫酸溶液，混合均匀后滴加 0.100mol/L 高锰酸钾溶液，至淡红色出现并保持 15min 不褪为止，以使亚硝酸盐完全转变为硝酸盐，最后从测定结果中减去亚硝酸盐含量。

测定：吸取上述经处理的水样 50.00mL（如硝酸盐氮含量较高可酌量减少）至蒸发皿内，如有必要可用 0.100mol/L 碳酸钠溶液调节水样 pH 至中性（pH7~8），置于水浴中蒸干。取下蒸发皿，加入 1.0mL 二磺酸酚，用玻棒研磨，使试剂与蒸发皿内残渣充分接触，静止 10min，加入少量蒸馏水，搅匀，滤入 50mL 比色管中，加入 3mL 浓氨水（使溶液明显呈碱性）。如有沉淀可滴加 EDTA 溶液，使水样变清，用蒸馏水稀释至刻度，摇匀，测定吸光度。根据标准曲线，计算出水样中硝酸盐氮的含量（μg/mL）。

6.19.4 数据处理

绘制 NH_3-N、NO_2^--N、NO_3^--N 的浓度与吸光度的工作曲线，根据工作曲线和样品吸光度，计算水样中"三氮"的含量；并比较水样中"三氮"的含量，评价水体的自净程度。

6.19.5 思考题

① 如何通过测定三氮的含量来评价水体的"自净"程度？如水体中仅含有 NO_3^--N，而 NH_4^+ 和 NO_2^- 未检出，说明水体"自净"作用进行到什么阶段？如水体中既有大量 NH_3-N，又有大量 NO_3^--N，水体污染和"自净"状况又如何？

② 用纳氏比色法测定氨氮时主要有哪些干扰，如何消除？

③ 在三氮测定时，要求蒸馏水不含 NH_3、NO_2^-、NO_3^-，如何检验？

④ 在蒸馏比色测定氨氮时，为什么要调节水样的 pH 在 7.4 作用？pH 偏高或偏低对测定结果有何影响？

⑤ 在亚硝酸盐氮分析过程中，水中的强氧化性物质会干扰测定，如何确定并消除？

6.·20 SBR反应器污水处理实验

6.20.1 实验目的

① 了解 SBR 反应器的基本构造。

② 了解 SBR 反应器进行培菌、驯化的过程。

③ 了解 SBR 反应器正常的运转管理过程。

④ 观察活性污泥生物相，学会采集工艺设计参数（如反应器中溶解氧、COD 浓度的变化等）。

6.20.2 实验内容与方案

（1）进行培菌、驯化

培菌是使微生物的数量增加，达到一定的污泥浓度。驯化是对混合微生物群进行淘汰和诱导，不能适应环境条件和处理废水特性的微生物被淘汰或抑制，使具有分解特定污染物活性的微生物得到发育。活性污泥的培菌和驯化在实验前由实验教师完成。

（2）运行 SBR 反应器

整体 SBR 运行周期包括五个步骤：

① 进水期：采用限量曝气的短时间进水方式（进水时也可不曝气）。

② 反应期：开始曝气，使活性污泥处于悬浮状态，曝气时间 3h。当反应器内污泥均匀分布时，取一定的水样测定活性污泥浓度。

③ 沉淀期：停止曝气，静置 1h。

④ 排水排泥期：利用滗水器排水到反应器的约 1/2 处，用排泥管排出适量污泥，用时 0.5h。

⑤ 闲置期。

（3）反应时间对 COD 去除的影响和溶解氧变化规律的观察

短时间进水（有实验员提前准备水样）以后开始计时，每隔 0.5h 测一次水样 COD 和 DO 值填入表 6-33 并分析反应时间对 COD 去除的影响规律。

表 6-33 实验记录表

实验曝气量_____

时间（h）	原水	0.5	1	1.5	2	2.5	3	3.5	4	出水
COD（mg/L）										
DO（mg/L）										

（4）曝气量对 COD 去除的影响（可选项）

不同的小组在曝气阶段采用不同的曝气量，几个小组（如 4 个）之间互用数据，分析曝气量对污水处理效果的影响（分析比较一个周期完成后反应器出水的 COD 值）。

（5）出水水质指标检测

测定出水的 pH 值：_____；COD：_____mg/L；悬浮物（SS）：_____mg/L。

（6）观察活性污泥生物相

在闲置期取少量剩余污泥制成涂片，在显微镜下观察活性污泥生物相（只用文字描述）。

6.20.3　实验设备与材料（或样品）

① SBR 反应器装置。

② COD 测定仪。

③ 取样管。

④ pH 计。

⑤ 溶解氧测定仪。

6.20.4　实验基本要求

① 全面了解 SBR 反应器的结构和运行周期。

② 学会测定活性污泥浓度、COD、pH 值、溶解氧。

③ 整理实验数据、分析单因素对实验结果的影响规律。

④ 掌握污泥负荷、容积负荷和去除负荷计算方法。

⑤ 按要求编写实验报告。

6.20.5　实验报告要求

① 绘制溶解氧浓度与反应时间之间的变化关系曲线。

② 绘制反应时间与 COD 去除率或者出水浓度的关系曲线。

③ 绘制曝气量与 COD 去除率或者出水浓度的关系曲线。

④ 计算反应器的污泥负荷和容积负荷。

⑤ 描述污泥中微生物的镜检结果。

6.20.6　相关基础知识

SBR 是序批式间歇活性污泥法（又称序批式反应器，Sequencing Batch Reactor）的简称。序批间歇式活性污泥法工艺由按一定时间顺序间歇操作运行的反应器组成。SBR 工艺的一个完整的操作过程，亦即每个间歇反应器在处理废水时的操作过程，包括五个阶段，分别称为进水期（或称充水期）、反应期、沉淀期、排水排泥期和闲置期。图 6-27 所示为 SBR 处理工艺一个运行周期内的操作过程示意图，SBR 的运行工况以间歇操作为主要特征。

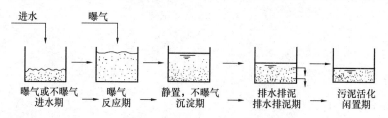

图 6-27　一个运行周期内的操作过程

下面就这五个操作过程简述如下：

（1）进水期

将原污水或经过预处理以后的污水加入 SBR 反应器。

（2）反应期

反应期是在进水期结束后或 SBR 反应器充满水后进行曝气，如同连续式完全混合活性污泥法一样，对有机污染物进行生物降解。

（3）沉淀期

和传统活性污泥法处理工艺一样，沉降过程的功能是澄清出水、浓缩污泥。

（4）排水排泥期

即 SBR 反应器中的混合液在经过一定时间的沉降后，将反应器中的上清液排出反应器，然后将相当于反应过程中生长而产生的污泥量排出反应器，以保持反应器内一定数量的污泥。

（5）闲置期

闲置期的功能是在静置无进水的条件下，使微生物通过内源呼吸作用恢复其活性，并起到一定的反硝化作用而进行脱氮，为下一个运行周期创造良好的条件。

第7章 研究性拓展实验

7.1 甲萘酚废水处理方法的探究

7.1.1 背景介绍

化工行业在国民经济中占有重要的地位，给人们带来了经济效益，同时改善了人们的生活，但是化工行业所排放的废水量大、有机污染物含量较高、色度较深、可生化性较差，属于难处理的工业废水之一，造成了严重的环境污染，因而如何更有效的处理化工废水一直是人们关注的热点。

7.1.2 实验思路和原理

铁炭微电解是一个集多种功能于一体的处理化工废水的一项工艺。它所发生的主要反应有：原电池反应，当铸铁浸没在废水中时，在铸铁内部形成了很多细小的微电池回路，阳极为纯铁，阴极则为碳化铁及杂质，在其内部发生电解反应，这就是微观原电池。当在溶液中加入铸铁屑以及活性炭等阴极材料时，在溶液中又形成了宏观原电池；氧化还原反应，当废水中存在氧化剂时，Fe 被氧化为 Fe^{2+}。由铁的电极电位可知，铁能够将那些在金属活动顺序表中排在它后面的金属给置换出来，沉积到铁的表面上。同样，亚铁离子也能够将一些有着较强氧化性的离子或化合物还原成无毒性的还原态；电化学附集，当铁与碳化铁或其他杂质之间形成小的原电池时，其周围将产生一个电场，废水中的胶体处于电场下将发生电泳作用而被附集。而废水中的带电粒子在电场作用下将发生定向移动，促使一些带电的污染物迁移到两电极上沉积下来，从而使这些带电污染物得到去除；物理吸附，反应过程中会产生胶粒，其中心胶核是由许多 $Fe(OH)_3$ 聚合而成的有巨大比表面积的不溶性粒子，这就使它易于吸附、共沉、裹挟大量的污染物质；铁离子的沉淀作用，在原电池反应的产物中，Fe^{2+} 和 Fe^{3+} 也会和一些无机物发生反应生成沉淀物从而去除这些无机物。

TiO_2 是一种半导体氧化物，是一种禁带宽度为 3.2eV 的宽禁带半导体。当被能量等于或大于禁带宽度的光照射时，价带上的电子（e^-）就会被激发，越过禁带跃迁到导带上，从而在价带上产生了空穴（h^+）。活泼的电子和空穴能够从半导体的导带和价带跃迁到半导体/吸附物界面，并且跃过界面，使吸附的物质被氧化或还原，可选用 γ-Al_2O_3 作为载体。

将这两种工艺进行组合处理甲萘酚废水，考查它们的处理效果。

7.1.3 设计实验

利用所学的知识并通过查阅大量文献，设计一个你认为比较合理的一项工艺或两种组合工艺处理甲萘酚废水的实验。

预期目标能够使甲萘酚废水的 COD 去除率达到 85% 以上。

7.1.4 实验思考题

① 写出设计实验的思路和原理。

② 比较你的设计实验处理甲萘酚废水的结果和本文设计实验处理甲萘酚废水的结果哪

个更好？为什么？

③ 你可以提出另外一种设计思路吗？

7.2 湖泊型原水中蓝藻处理方法的探究

7.2.1 背景介绍

近些年来，随着经济的飞速发展，人类对水资源日益增长的需求同工、农业生产对水体造成污染之间的矛盾愈发激烈，大量水源水体受到污染，尤其是湖泊水体的富营养化出现的"水华"现象，对饮用水造成了直接的影响，为了人民的健康和社会的繁荣，针对富营养化水体，研究开发有效的处理技术具有重要的现实意义。

7.2.2 实验思路和原理

电气浮技术是一种采用不同材料的极板组成阴、阳极处理污水的电化学方法，常常用于工业废水或者含油废水的处理。电解过程中，水在直流电场中被电解，在阴极上产生尺寸很小的 H_2 微气泡，同时在阳极也产生 O_2 和 Cl_2 微气泡，这些具有非常高比表面积的微气泡有很高的吸附性能，所以在气泡的上浮过程中可以吸附水中的藻类和悬浮污染物颗粒，使之浮上水面从而达到去除的目的。当电极板放入水中开始电解，H_2O 和水中其他物质被电解氧化，电解的过程当中，不仅有气泡上浮作用，而且还兼有凝聚、共沉、电化学氧化及电化学还原等作用。其中阳极氧化过程又可以分为直接过程和间接过程。阳极的直接氧化是指污染物在阳极的表面氧化后转化成低毒性物质，或者生物易降解的物质，甚至达到无机化程度，从而去除和分解污染物。间接氧化作用的原理是利用溶液中的电势较低的阴离子，如 OH^-、Cl^- 等在阳极失去电子，进而在电极的表面产生活性物质，如 $\cdot OH$、OCl^-、H_2O_2、O_3 等，这些中间产物能参与到氧化污染物，使污染物得到氧化降解。

微孔陶瓷膜分离技术应用于给水处理中始于上世纪 80 年代初期，尤其在欧洲如法国、意大利等这些国家，在膜分离方面的实践应用在世界上处于领先水平。微孔陶瓷膜在水处理方面的优势是不用化学物质，而且有更好、更可靠的出水水质。当膜两侧存在压力差时，水样选择性地通过膜，水中大于一定粒径的固体颗粒和藻类在外界压力作用下被截留，通过筛分和截流的原理达到固液分离的目的，这一过程是吸附、表面过滤和深层过滤相结合的过程，且以深层过滤为主。而且无机陶瓷膜有许多有机膜不具备的优良特性，如热稳定性好、化学稳定性好、抗微生物能力强、机械强度大、使用寿命长等。

将这两种工艺进行组合处理湖泊型原水中的蓝藻，考查它们的处理效果。

7.2.3 设计实验

利用所学的知识并通过查阅大量文献，设计一个你认为比较合理的一项工艺或两种组合工艺处理湖泊型原水中蓝藻的实验。

预期目标能够使 Chl-a 去除率达到 98% 以上。

7.2.4 实验思考题

① 写出设计实验的思路和原理。

② 比较你的设计实验处理湖泊型原水中蓝藻的结果和本文设计实验处理湖泊型原水中蓝藻的结果哪个更好？为什么？

③ 你可以提出另外一种设计思路吗？

7.3　印染废水处理方法的探究

7.3.1　背景介绍

近年来，工业水污染问题日益严重，大量污染物严重威胁人们的生命安全。纺织印染废水作为工业废水的重要组成之一，其具有水量大、成分复杂、色度高、难以生化降解等特点。随着江苏省发布了《太湖地区城镇污水处理厂及重点工业行业主要水污染物排放限值》（DB 32/1072—2007）将印染废水的排放要求提高，传统的印染废水处理方法已经很难达到要求，所以需要研究开发高效、可行的处理工艺。

7.3.2　实验思路和原理

超声波降解水体中化学污染物主要基于超声波辐射所产生空化效应。超声空化作用会使液体中形成许多具有高温、高压、寿命极短的小气泡，这些小气泡会随周围介质的振动而不断运动、长大或突然破灭。这些气泡崩溃时形成了局部的"热点"，在水体局部形成超临界状态。热点理论认为降解主要发生在空化核、气液界面处和液相三个区域。空化核即是空化气泡，它主要是由空化产生的气体、水蒸汽和溶质蒸汽组成。一般而言，超声空化会不间断发生，空化核崩溃会使气泡内发生热分解反应，产生 $\cdot OH$、$H \cdot$ 等，这些氧化剂在溶液中的浓度保持相对的稳定。这种状态利于将水中的大分子化合物氧化分解成小分子化合物；气液界面处的水分子可形成超临界水，具有极强的氧化能力，将需要处理的物质放入超临界水中，在氧和 H_2O_2 的作用下，需处理物质可以被氧化水解。此处存在着高浓度的 $\cdot OH$，难降解的物质一般在该区域被 $\cdot OH$ 自由基氧化降解，最终成为无害的小分子化合物；液相主体中少量在空化气泡崩溃时产生的自由基 $\cdot OH$、$H \cdot$ 等逃逸至该区域内继续与污染物质反应。

过渡金属作为催化剂的活性组分具有良好的催化性能。过渡金属指元素周期表中 d 区的一系列金属元素。这些金属元素由于具有未充满的电子层，所以容易发生变化。一些情况下，最外层和次外层的电子都可以参加成键。这些金属元素通常具有多种氧化态，并且很容易形成配合物。多相催化氧化工艺中使用的催化剂是将活性组分负载在某种载体上制得。这些载体的特点是它们都具有较大的表面积，这样可以使活性组分有较大的暴露面积，因此即便活性组分的比表面积较小，也可以获得较好的催化活性。载体的选择一般为高熔点的氧化物质，当负载活性组分时，载体可以成为活性组分的隔离物，以此提升催化剂的耐毒性、热稳定性、减少重结晶等。这里我们可以选取以 Fe 和 Mn 作为活性组分，以活性炭作为载体，制备多相催化剂。

将这两种工艺进行组合处理印染废水，考查它们的处理效果。

7.3.3　设计实验

利用所学的知识并通过查阅大量文献，设计一个你认为比较合理的一项工艺或两种组合工艺处理印染废水的实验。

预期目标能够使 COD 去除率达到 80％以上。

7.3.4　实验思考题

① 写出设计实验的思路和原理。

② 比较你的设计实验处理印染废水的结果和本文设计实验处理印染废水的结果哪个更

好？为什么？

③ 你可以提出另外一种设计思路吗？

7.4　垃圾渗滤液处理方法的探究

7.4.1　背景介绍

随着工农业的不断发展，人们的生活水平日益提高，所产生的垃圾也越来越多，其中危害较大的是垃圾渗滤液。它是垃圾填埋过程产生的二次污染，可以污染水体、土壤、大气等，使地面水体缺氧、水质恶化，威胁饮用水和工农业用水水源，使地下水丧失利用价值，其中的有机污染物进入食物链将直接威胁人类健康。垃圾渗滤液处理难度大，实现其经济有效处理是垃圾填埋处理技术中的一个研究热点。

7.4.2　实验思路和原理

臭氧氧化是水处理技术中去除有机污染物的一种重要方法，能将很多有机物降解并改善其生物降解性能。水中有机物与臭氧的直接氧化作用分为加成反应和亲电取代反应两种方式。由于具有偶极结构，所以臭氧通过加成作用与存在不饱和键的污染物进行反应；在污染物中电子云密度较大处发生亲电反应。污染物的特定的取代基和反应活性决定了臭氧与污染物之间的选择性。间接氧化反应一般被认为是自由基型反应，首先 O_3 经过分解，产生以 ·OH 为主的次生氧化剂；之后 ·OH 与废水中的污染物质发生快速反应。然而单独使用臭氧氧化时还存在着利用率不高，臭氧对有机物的反应有选择性，在氧化一些芳香族化合物时很慢，并且反应过程中会产生一些中间产物，这就使得水体中的污染物很难彻底去除，需要衔接后续处理剩余污染物。

近年来，为了提高臭氧的利用效率、氧化速度和氧化能力，国内外广泛地探索了多相催化臭氧氧化技术，利用活性炭、金属氧化物等为催化剂进一步提高臭氧的利用率和污染物的去除率。

利用多相催化臭氧氧化技术处理垃圾渗滤液，考查它们的处理效果。

7.4.3　设计实验

利用所学的知识并通过查阅大量文献，设计一个你认为比较合理的一项工艺或两种组合工艺处理垃圾渗滤液的实验。

预期目标能够使 COD 去除率达到 95％以上。

7.4.4　实验思考题

① 写出设计实验的思路和原理。

② 比较你的设计实验处理垃圾渗滤液的结果和本文设计实验处理垃圾渗滤液的结果哪个更好？为什么？

③ 你可以提出另外一种设计思路吗？

7.5　油田废水处理方法的探究

7.5.1　背景介绍

随着国内石油工业的迅猛发展，石油勘探开发活动增多，所产生的含油废水也随之增加。含油废水被摊到江河湖海等水体后，油层覆盖水面，阻止空气中的氧向水中扩散，隔绝了水体的表面复氧，使水体自净能力下降。水体中由于溶解氧减少，水中生态平衡被破坏，藻类进行的光合作用受到限制，影响水生生物的正常生长，使水生动植物有油味或毒性，甚至使水体变臭，破坏水资源的利用价值。因此，对石油和石化等行业产生的含油废水进行有效处理已成为世界各国面临的重要课题。

7.5.2　实验思路和原理

油田废水中的油类属于有机物质，磁性很弱甚至几乎不具有磁性。为了使油田废水具有一定的磁性，我们可以选取具有磁性的物质，但是要保证此磁性物质与油田废水不能废水化学反应。

属于一种尖晶石结构的铁氧体，其显著的特点是具有吸铁的能力，称为永磁材料，也称为硬磁材料。永磁材料具有一些磁学上的特点：高的最大磁能积、高的矫顽力、高的剩余磁通密度和剩余磁化强度以及高的磁性转变点和稳定性。这些性能特点决定了它的广泛应用。可以增加油田废水体系的磁化率、强化磁分离过程。但直接用于吸附、去除水中的污染物时，因其吸附能力较弱而未得到广泛的应用。有研究表明，通过对 Fe_3O_4 表面的改性，可以获得具有比表面积大、对油滴有较强吸附亲和性能的磁性材料，从而提高除油效果。

利用改性的 Fe_3O_4 技术处理油田废水，考查它的处理效果。

7.5.3　设计实验

利用所学的知识并通过查阅大量文献，设计一个你认为比较合理的一项工艺或两种组合工艺处理油田废水的实验。

预期目标能够使除油率达到 92% 以上。

7.5.4　实验思考题

① 写出设计实验的思路和原理。

② 比较你的设计实验处理油田废水的结果和本文设计实验处理油田废水的结果哪个更好？为什么？

③ 你可以提出另外一种设计思路吗？

7.6　重金属固体废弃物处理方法的探究

7.6.1　背景介绍

重金属采矿、选矿、冶炼加工业、电镀行业、部分工业固体废弃物、电子垃圾等都含有某种或某几种重金属，未经处理进入到环境后，会污染土壤及水体。由于重金属在环境中不会分解或挥发，只能从一种形态转化为另一种形态，造成处理难度增大及环境中重金属浓度逐渐增大，近些年不断出现的重金属污染事件，使人们逐渐认识到重金属污染的危害，也成为环境领域关注的热点之一。

7.6.2　实验思路和原理

重金属固体废弃物处理方法有物理法、化学法、物理化学法、生物法等方法。其中稳定化/固化技术是比较成熟且应用较为广泛的一种处理方法。稳定化/固化技术的根源可以追溯到 20 世纪 50 年代放射性废物的固化处置。进入 70 年代后随着工业的发展，危险废物污染环境的问题日益严重，作为危险废物最终处置的预处理技术，稳定化/固化在一些工业发达国家首先得到研究和应用。固化是在危险废物中添加固化剂，使其转变为不可流动固体或形成紧密固体的过程。固化产物是结构完整的整块密实固体，这种固体可以方便的尺寸大小进行运输，而无需任何辅助容器。稳定化是将有毒有害污染物转变为低溶解度、低迁移性及低毒性的物质过程。稳定化一般可分化学稳定化和物理稳定化。化学稳定化是通过化学反应使有毒物质变成不溶性化合物，使之在稳定的晶格内固定不动；物理稳定化是将污泥或半固体物质与一种疏松物料（如粉煤灰）混合生成一种粗颗粒、有土壤状坚实度的固体，这种固体可以用运输机械运至处置场。

常用的固化剂有如下四种：①无机粘结物质，如水泥、石灰等。②有机粘结剂，如沥青等热塑性材料。③热硬化有机聚合物，如尿素、酚醛塑料和环氧化物等。④玻璃质物质。水泥是由石灰石和黏土在水泥窑中高温加热而成的，其主要成分为硅酸三钙和硅酸二钙。水泥是水硬性胶凝材料，加水后能发生水化反应，逐渐凝结和硬化。水泥中的硅酸盐阴离子是以孤立的四面体存在，水化时逐渐连接成二聚物以及多聚物-水化硅酸钙（CSH），同时产生氢氧化钙。CSH是一种由不同聚合度的水化物所组成的固体凝胶，是水泥凝结作用的最主要物质，也可以对污染物进行物理包封、吸附或化学键合等作用，是污染物稳定化的根本保证。另外，水化反应能够显著提高系统的pH，有利于重金属转化为溶解度较低的氢氧化物或碳酸盐。水泥固化有着独特的优势：固化体的组织比较紧实，耐压性好；材料易得、成本低；技术成熟，操作处理比较简单；可以处理多种污染物，处理过程所需时间较短。但这种方法也有一定的局限性：水泥的加入通常会导致固化体体积的增加，尤其是水泥/飞灰共同使用时，体积膨胀效应更加明显，导致填埋处理占用更多宝贵的土地，增加填埋费用；有些污染物影响水泥的水化过程，通常要加入相应的物质来屏蔽这种作用。

热塑性微包胶技术：热塑性材料是指在加热和冷却时能反复软化和硬化的有机塑料，常用的有沥青、聚乙烯等。采用热塑性包胶技术时，需要对废物进行干燥或脱水等预处理，以提高废物的固化含量。然后与聚合物在较高温度下混合。热塑微包胶技术可以用来处理电镀污泥及其他重金属废物、油漆、炼油厂污泥、焚烧灰、纤维滤渣和放射性废物等。

将这两种工艺进行改进处理含重金属固体废弃物，考查它们的处理效果。

7.6.3 设计实验

利用所学的知识并通过查阅大量文献，设计并提出一个你认为比较合理的改进方法处理重金属固体废弃物的实验。

预期目标能够使重金属固化率达到95％以上。

7.6.4 实验思考题

① 写出设计实验的思路和原理。

② 比较你的设计实验处理重金属的结果和本文设计实验处理重金属的结果哪个更好？为什么？

③ 你可以提出另外一种设计思路吗？

7.7 重金属污染土壤修复方法的探究

7.7.1 背景介绍

2009年中国的食品安全高层论坛上的数据显示，我国1/6的耕地受到重金属污染，重金属污染土壤面积至少有 2000 万 hm²。中国每年有 1200 万 t 粮食遭到重金属污染，直接经济损失超过 200 亿元。以 Cu、Zn、Pb、Cd、Hg 等五种重金属污染较为严重，而且在全国各个地区都有不同程度的污染。这些重金属元素污染情况都表现出一定的区域性，如长江流域、长江三角洲地区与东南沿海、珠江三角洲地区受污染情况相当严重，其污染程度是其他地区的 2~3 倍。从地理分布上看，重金属污染主要集中在东部沿海和主要河流的入口周边地区（例如天津、上海、长江三角洲等）。另外，重金属污染区域化表现明显，基本上可以分为六大重金属污染区：西北地区、东北平原、华北平原、长江流域及长江三角洲、华南平原、东南沿海及珠江三角洲地区。

7.7.2　实验思路和原理

土壤重金属污染处理方法有物理法、化学法、物理化学法、生物法等方法。其中植物修复和固定/稳定化技术是较为广泛接受的一种处理方法。已有的试验证明，蜈蚣草对土壤中砷具有很好的吸收性能。当砷占到植物体 1‰~2‰时，蜈蚣草生长态势良好，而且砷多集中于植物地上部分，一年可以收割三次，进而可以达到吸收净化土壤中重金属的目的。

稳定化/固化技术的根源可以追溯到本世纪 50 年代放射性废物的固化处置。进入 70 年代后随着工业的发展，危险废物污染环境的问题日益严重，作为危险废物最终处置的预处理技术，稳定化/固化在一些工业发达国家首先得到研究和应用。固化是在危险废物中添加固化剂，使其转变为不可流动固体或形成紧密固体的过程。固化产物是结构完整的整块密实固体，这种固体可以方便的尺寸大小进行运输，而无需任何辅助容器。稳定化是将有毒有害污染物转变为低溶解度、低迁移性及低毒性的物质过程。稳定化一般可分化学稳定化和物理稳定化。化学稳定化是通过化学反应使有毒物质变成不溶性化合物，使之在稳定的晶格内固定不动；物理稳定化是将污泥或半固体物质与一种疏松物料（如粉煤灰）混合生成一种粗颗粒、有土壤状坚实度的固体，这种固体可以用运输机械运至处置场。

常用的固化剂有如下四种：①无机粘结物质，如水泥、石灰等。②有机粘结剂，如沥青等热塑性材料。③热硬化有机聚合物，如尿素、酚醛塑料和环氧化物等。④玻璃质物质。水泥是由石灰石和黏土在水泥窑中高温加热而成的，其主要成分为硅酸三钙和硅酸二钙。水泥是水硬性胶凝材料，加水后能发生水化反应，逐渐凝结和硬化。水泥中的硅酸盐阴离子是以孤立的四面体存在，水化时逐渐连接成二聚物以及多聚物-水化硅酸钙（CSH），同时产生氢氧化钙。CSH 是一种由不同聚合度的水化物所组成的固体凝胶，是水泥凝结作用的最主要物质，也可以对污染物进行物理包封、吸附或化学键合等作用，是污染物稳定化的根本保证。另外，水化反应能够显著提高系统的 pH，有利于重金属转化为溶解度较低的氢氧化物或碳酸盐。水泥固化有着独特的优势：固化体的组织比较紧实，耐压性好；材料易得、成本低；技术成熟，操作处理比较简单；可以处理多种污染物，处理过程所需时间较短。但这种方法也有一定的局限性：水泥的加入通常会导致固化体体积的增加，尤其是水泥/飞灰共同使用时，体积膨胀效应更加明显，导致填埋处理占用更多宝贵的土地，增加填埋费用；有些污染物影响水泥的水化过程，通常要加入相应的物质来屏蔽这种作用。

将这两种方法应用于处理重金属污染土壤，考查它们的处理效果。

7.7.3　设计实验

利用所学的知识并通过查阅大量文献，设计并提出一个你认为比较合理的土壤重金属污染治理修复的实验。

预期目标能够使重金属去除率达到 95％以上。

7.7.4　实验思考题

① 写出设计实验的思路和原理。

② 比较你的设计实验处理重金属的结果和本文设计实验处理重金属的结果哪个更好？为什么？

③ 你可以提出另外一种设计思路吗？

7.8　矿井水回用处理方法的探究

7.8.1　背景介绍

矿井水通常是指煤炭开采过程中所有渗入井下采掘空间的水，全国煤矿年排矿井水约 22 亿 m^3。在煤炭开采过程中，地下水与煤层、岩层接触，加上人类的活动的影响，发生了一系列的物理、化学和生化反应，因而水质具有显著的煤炭行业特征：含有悬浮物的矿井水的悬浮物含量远远高于地表水，感官性状差；并且所含悬浮物的粒度小、比重轻、沉降速度慢、混凝效果差；矿井水中还含有废机油、乳化油等有机物污染物。矿井水中含有的总离子含量比一般地表水高得多，而且很大一部分是硫酸根离子。矿井水往往 pH 值特别低，常伴有大量的亚铁离子，增加了处理的难度。

7.8.2　实验思路和原理

可以采用生物法或净水的澄清工艺＋膜来处理矿井水。由于矿井水水质水量变化较大，污染物浓度偏低，传统的活性污泥法处理矿井水效果较差，采用二级生物接触氧化法、BAF 工艺、MBR 工艺等污水生物处理新工艺、新技术则可以达到较好的处理效果。其基本原理仍然为生物法处理。净水的澄清工艺＋膜是矿井水经混凝后，砂滤，再通过反渗透或者纳滤膜处理，出水水质可达到各杂用水水质标准。

将这两种方法应用于处理矿井水，考查它们的处理效果。

7.8.3　设计实验

利用所学的知识并通过查阅大量文献，设计并提出一个你认为比较合理的矿井水处理的实验。

预期目标能够使处理后的水可作为中水回用，满足相应的国家标准。

7.8.4　实验思考题

① 写出设计实验的思路和原理。

② 比较你的设计实验处理矿井水的结果和本文设计实验处理矿井水的结果哪个更好？为什么？

③ 你可以提出另外一种设计思路吗？

7.9　污水处理厂污泥处理方法的探究

7.9.1　背景介绍

截止 2013 年三季度末，全国已建成城镇污水处理厂 3501 座，污水处理能力约 1.47 亿 m^3/d。污水处理厂的大规模建成运营最直接的结果，是污泥量的大幅提升。预测到 2015 年，全年城镇污水处理厂湿污泥（含水率 80%）产生量将达到 3359 万 t，即日产污泥 9.2 万吨，成为全球污泥产生量最大的国家。长期以来，全国范围内真正按照"减量化、无害化、资源化"原则有效处理的污泥量仅为 10% 左右，这与欧美等发达国家普遍超过 50% 的处理水平还存在较大差距。由于污泥中含有氮磷、有机物、细菌、病毒、重金属等多种污染物，如果得不到有效的处理处置，会对水体、土壤和大气造成极大的危害和负担。

7.9.2　实验思路和原理

超临界水气化（Supercritical Water Gasification，SCWG）是 20 世纪 70 年代中期由美国麻省理工学院（MIT）的 Model 提出的新型制氢技术。超临界水（SCW）是指温度和压力均高于其临界点（温度 374.15℃，压力 22.12MPa）的具有特殊性质的水。SCWG 是利用超临界水强大的溶解能力，将生物质中的各种有机物溶解，生成高密度、低黏度的液体，然后在高温、高压反应条件下快速气化，生成富含氢气的混合气体。SCWG 较之其他的生物质热化学制氢技术有着独特的优势，它可以使含水量高的湿生物直接气化，不需要高能耗的干燥过程，不会造成二次污染。

生物质超临界水气化制氢技术中，氢气的生成机理非常复杂，至今还不清楚。现有的技术也难以对生物质转化的中间产物进行分离和定量测量。已有的研究结果表明，生物质气化过程可能包含高温分解、异构化、脱水、裂化、浓缩、水解、蒸汽重整、甲烷化、水气转化等一系列的反应过程，最终生成气体和焦油。溶解的生物质在超临界水中首先进行脱水、裂化等反应步骤后由大分子生物质分解成小分子化合物，而这些小分子化合物在高浓度的生物质气化时容易重新聚合。气化生成的气体如 CO、H_2、CH_4 等可能会进行甲烷化、水气转化反应。

甲烷化反应：　　　$CO + 3H_2 \Longrightarrow CH_4 + H_2O$　　　$\Delta H = -210kJ/mol$ 　　　　(7-1)

水气转化反应：　　$CO + H_2O \Longrightarrow CO_2 + H_2$　　　$\Delta H = -41kJ/mol$ 　　　　(7-2)

城市废水污泥是一种重要的可再生生物质，其中含有大量的生物质能，可以用来产生氢气。利用污泥来制取氢，不仅可以解决污泥的环境污染问题，还可以产生氢气，缓解能源危机。

污泥焚烧是最彻底的污泥处理方法之一，能使有机物全部碳化，杀死病原体，最大限度地减少污泥体积和重量（焚烧后体积可减少 90% 以上），而且焚烧灰还可制成有用的产品，如果有效处置焚烧烟雾对环境的污染，从环保角度来说是相对比较安全的一种污泥处置方式。污泥焚烧处理速度快占地面积小，不需要长期贮存污泥，可就地焚烧，不需要长距离运输，可以回收能量用于供热或发电。利用焚烧方法处理污泥的前景越来越被看好，是目前处理污泥的最好方法之一。

将这两种方法应用于污水厂污泥处理，考查它们的处理效果。

7.9.3　设计实验

利用所学的知识并通过查阅大量文献，设计并提出一个你认为比较合理的污水厂污泥处理的实验。

预期目标能够使污泥减量化、无害化、资源化。

7.9.4　实验思考题

① 写出设计实验的思路和原理。

② 比较你的设计实验处理污泥的结果和本文设计实验处理污泥的结果哪个更好？为什么？

③ 你可以提出另外一种设计思路吗？

7.10 污染物来源示踪方法的探究

7.10.1 背景介绍

如果我们想知道大气中或者某一区域中重金属铅主要来自哪些污染物的排放？如果我们想知道地下水中硝酸盐主要来自哪里？如果我们想知道某一动物长期的食物来源是什么或者构建某一生态系统的食物网结构？如果某一区域发生了污染但相关可能产生污染的部门都推卸责任而无法确定污染来源？如果某一水库坝体发现有渗漏，想进行修补加固却无法排尽水去找出损坏点时，所有类似这样的问题，都可以采用同位素示踪的方法来解决。

7.10.2 实验思路和原理

同位素示踪所利用的放射性核素（或稳定性核素）及它们的化合物，与自然界存在的相应普通元素及其化合物之间的化学性质和生物学性质是相同的，只是具有不同的核物理性质。因此，就可以用同位素作为一种标记，制成含有同位素的标记化合物（如标记食物，药物和代谢物质等）代替相应的非标记化合物。利用放射性同位素不断地放出特征射线的核物理性质，就可以用核同位素示踪探测器随时追踪它在体内或体外的位置、数量及其转变等，稳定性同位素虽然不释放射线，但可以利用它与普通相应同位素的质量之差，通过质谱仪，气相层析仪，核磁共振等质量分析仪器来测定。放射性同位素和稳定性同位素都可作为示踪剂，但是，稳定性同位素作为示踪剂其灵敏度较低，可获得的种类少，价格较昂贵，其应用范围受到限制；而用放射性同位素作为示踪剂不仅灵敏度，测量方法简便易行，能准确的定量，准确的定位及符合所研究对象的生理条件等特点。

7.10.3 设计实验

利用所学的知识并通过查阅大量文献，将市内富营养化河流的水取回，分离得到硝酸盐氮，测定其氮稳定同位素值，根据已有文献数据，分析该河流氮污染来源。

预期目标能够分析得出富营养化河流氮污染来源。

7.10.4 实验思考题

① 写出设计实验的思路和原理。

② 比较该方法与其他来源分析方法的结果哪个更好？为什么？

③ 你可以提出另外一种设计思路吗？

第8章 水环境数学模型及模拟

8.1 数学模型简介

8.1.1 数学模型定义

以解决某个现实问题为目的，从该问题中抽象、归结出来的数学问题称为"数学模型"。本德（E. A. Bender）指出，数学模拟是关于部分现实世界为一定目的而做的抽象、简化的数学结构，是用数学术语对部分现实世界的描述。

数学模型是为解决现实问题而建立起来的，它就必须反映现实，也就是反映现实问题的数量方面。既然是一种模型，它就不可能是现实问题的一种拷贝。它忽略了现实问题的许多与数量无关的因素，有时还忽略一些次要的数量因素，作了必要的简化，从而在本质上更加集中的反映现实问题的数量规律。

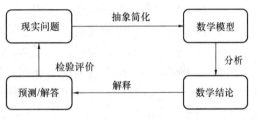

图 8-1　数学建模框图

构建一个好的数学模型通常需要经过多次反复，即通过对现实问题的探求，经简化、抽象，建立初步的数学模型，在通过各种检测和评价发现模型的不足之处，然后做出改进，得到新的模型。这样的过程通常要重复多次才能得到理想的模型。建立数学模型的过程称为"数学建模"。见图 8-1。

8.1.2 数学模型基本类型

基于不同的角度或不同目的，数学模型可以多种不同的分类法。下面介绍常用的几种。

① 按研究对象的内部结构分，有白箱模型、灰箱模型、黑箱模型。

根据人们对实际问题了解的深入程度不同，其数学模型可以归结为白箱模型、灰箱模型、黑箱模型。可以把建立数学模型研究实际问题比喻成一只箱子，通过输入数据（信息），建立数学模型来获取原先并不清楚的结果。如果问题的机理比较清楚，内在的关系较为简单，这样的模型就被称为白箱模型，如力学、热学、电磁学等领域。

如果问题的机理极为复杂，人们对它的了解极其肤浅，几乎无法加以精确的定量分析，这样的模型就被称为黑箱模型，如生命科学和社会科学等领域。

而介于白箱模型、黑箱模型两者之间的模型，则被称为灰箱模型，如生态、气象、经济、交通等领域。

白箱模型、灰箱模型、黑箱模型之间没有明显的界限，随着人们研究的深入，学多黑箱问题已逐渐变为灰箱问题，灰箱问题变为白箱问题。

② 按模型的应用领域分，有人口模型、交通模型、环境模型、生态模型、城市规划模型、资源再生模型。

③ 按建立模型所用的数学方法分，有初等数学模型、几何模型、图论模型、规划模型、

微分方程模型。

④ 按照表现的变量性质分。有确定性模型与随机性模型、连续性模型和离散模型。

⑤ 按时间关系分。有线性模型和非线性模型。

⑥ 按照建模的目的分。有描述模型、分析模型、优化模型、决策模型、控制模型、预报模型等。

⑦ 按照时间关系分。有静态模型和动态模型。

8.1.3 数学模型的发展

目前，数学在以空前的广度与深度向其他科学技术领域渗透，过去很少应用到数学的领域，现在迅速走向定量化、数学化，需要建立大量的数学模型；在数学已经得到广泛应用的传统科技领域，由于新技术、新工艺的蓬勃兴起，提出了许多新问题，需要用数学去解决，也需要研究学多新的数学模型；随着电子计算机的普及，数学在许多高新技术上起着十分关键的作用，从而数学模型对科技发展的作用就更加直接和明显。

(1) 数学模型在其他科学中的应用

以前数学在化学、生物等自然科学中应用很少，近年来，这些学科迅速走向定量化，建立了许多数学模型。例如，建立了分子结构的数学模型，在人工合成一种有机化合物之前就可以预先给出其结构并预测它的化学性质；随着遗传数学模型以及肌肉、神经、血管等多种人体器官数学模型的建立，生物医学大量使用数学模型；另外，经济和社会科学领域也大量使用数学模型。

(2) 国民经济中的数学模型

数学在各经济活动中的作用日益重要，一方面在原来应用数学方法较多的传统工程技术领域由于新工艺、新技术的出现需要研究新的数学模型，另一方面其他工程领域和经济活动迫切需要建立数学模型。

产品的设计与制作领域，通过数学模型，无需大量昂贵试验就可准确预制产品性能，比如波音 767 飞机的设计。人们正在不断的改进可靠性和质量管理的数学模型及方法，从而是工业产品的质量产生新的飞跃；采用好的数学模型和方法，对经济活动进行预测和管理；在和国民经济有密切联系的气象预报方面，建立数学模型后，利用大型电子计算机进行数值模拟已成为中长期天气预报、台风预报的主要手段。在高速电子通讯中，在信息的传输、压缩、安全保密等方面，数学模型和方法也起着关键的作用。

(3) 数学模型和数学技术

数学模型、数学方法、数值方法和电子计算机相结合常常在许多高新技术中发挥核心的作用，这是高新技术的新的特征之一，也将数学在现实世界的应用推向一个新的阶段。

如数学模型和最优控制软件是生产过程中最优控制系统的核心；虚拟现实技术，将数学模型、数值模拟软件、多媒体技术结合模拟现实世界中各种情况，在飞行员训练、各种复杂条件的模拟等方面取得广泛的应用。

8.2 水环境系统数学模型的作用和应用现状

8.2.1 整个系统的模拟情况

水环境系统数学模型对整个水环境系统进行数字模拟，包括以下四个部分：

① 水资源系统：污染物迁移、地面水体、地下水流量、水质变化。
② 水处理系统：给水、排水处理工艺过程——水力运动、水质变化。
③ 输配水系统：水流运动、水质变化、压力关系、优化设计、优化运行。
④ 水环境系统工程——系统优化、系统安全。
水环境系统的功能和组成见图 8-2：

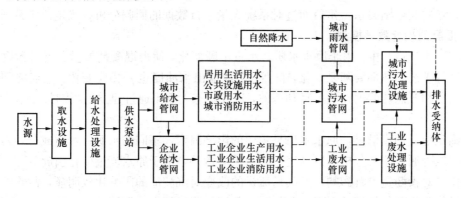

图 8-2　水环境系统功能关系示意图

数学模型在给排水系统分析中起着十分重要的作用。一般包括目标函数和约束条件两部分。对于不同的系统，不同的给排水领域中的问题，由于自然条件和社会、经济条件的不同，数学模型是不同的。

数学模型的建立一般包括：

① 对系统的性能、目标、环境等因素进行调查，做出定量描述。亦即对系统中的各个因素和它们之间的关系进行定量化表示。

② 确定系统的结构，并进行数学描述。根据水资源问题的实际情况，确定系统的结构，并且用不同形式对系统进行数学描述。

③ 确定决策变量。决策变量即需要求解的未知变量。求解系统分析问题，就是要确定决策变量。

④ 建立目标函数。目标函数表示系统的目标要求。因研究的问题不同，可能要求目标函数实现最大化或最小化。如在水资源系统分析中，可能要求水库提供的灌溉水量最大，水电站发电量最大，工程造价最低等，在给水管网系统分析时，要求运行费用和工程初期投资达到平衡。

⑤ 建立约束条件的数学表达式。约束条件表示系统中的限制条件。推求系统达到最优时的决策变量，应是在约束条件下求得的。在给水管网系统分析中，扬程、流量、管网造价等都可能成为约束条件。

8.2.2　水处理系统数学模型

水处理过程（给水处理、污水处理）的数学模拟，是以大量的生产运行数据为基础，尤其是需要对各单元处理过程做大量而详尽的参数测试、动态分析，而且要求建立的模型既反映处理过程内在规律、各因素之间相互关系、又在数学上易于处理，并达到一定的模拟精度，因此具有一定难度。这就需要水厂、水处理工作者在科研及生产运行管理上进行更多的探索和研究。

在水处理过程中，由于处理过程本身的复杂性、涉及的影响因素众多及其动态变化特征，因此很多单元处理过程都无法建立其机理模型（白箱模型），而更多的是只能对处理过程中各种因素进行定性分析。至于定量描述，还要靠一个或多个经验系数加以定量化，据此建立起各处理过程的半机理模型（即灰箱模型）。将采用上述方法，建立试验系统各处理过程的灰箱模型，即根据系统的特征参数、优化运行的控制变量及其相关因素之间的物理、化学过程，建立起原则关系，尔后通过对系统大量运行数据的回归分析，确定待定系数。

1. 混凝剂投量数学模型

在实际生产运行中，由于原水水质、水量不断变化，使得混凝剂投量、混合絮凝条件及沉淀条件等工艺参数都要随之变化，自然，沉淀池出水浊度也要相应变化，它们之间的这种相互补充、相互制约的内在关系是动态的，这种动态关系可通过建立混凝剂投量数学模型予以确定。

在确定混凝剂投量时，原水水质是主要的影响因素，不同的水源、水质成分，对投药量的影响程度可通过相关分析予以确定。除水质因素外，由于原水流量变化引起的工艺设备参数的变化，对投药量也有影响，尤其是流量的改变对沉淀池的影响比较明显，故将沉淀池的进水流量作为投药量的相关因素。此外，在系统优化运行中，沉淀池出水浊度是主要的调控变量，当然也要确定它与投药量的相关关系。

$$m = k \cdot c_0^a \cdot c_1^\beta \cdot Q^\gamma$$

式中，m 为投药量，mg/L；C_0、C_1 分别为原水浊度和沉淀池出水浊度，NTU；Q 为沉淀池进水量；κ、α、β、γ 为模型中待定常数或系数。

2. 排泥周期数学模型

较好的沉淀池排泥方式应是：当泥面处在设计泥位时排泥。如果泥面低于设计泥位，由于自动排泥一般排泥历时固定，排泥总量不变，必然增大排泥耗水量；当泥面超过设计泥位而未排泥，则容易造成污泥上翻，影响出水水质。所以每个沉淀池都可按其积泥区的容量及原水状况、加药与泥浆浓度计算排泥周期，即。

$$T = \{688 \cdot m^{1.231} \cdot [Q \cdot (0.325C_0 + 21.25 - 0.6C_1 + 4.1m)]\}^{1.678}$$

式中，T 为排泥周期，h。

3. 过滤周期数学模型

在实际生产运行中，结束过滤周期的条件可以有：① 滤后水质达不到要求。② 过滤水头损失达到极限值。③ 过滤时间达到允许的最大过滤周期。只有第①、②种情况同时发生，才是滤池的理想运行状态。因为这表示当滤层的截污能力被耗竭、滤出水达到泄漏浊度时，滤池的水力潜力也同时用完。因此，由浊度和水头损失分别确定的最大过滤时间相等，称为滤池的最优运行条件。而在第①或第②种情况下，不是浪费了滤池的水力能力就是浪费了滤层的截污能力。而第③种情况说明，滤池的水力能力和截污能力都没有用尽，但为了防止周期过长造成滤层内积泥腐化，影响水质及冲洗效果，故而冲洗。滤池要处于最佳运行状态，滤层结构设计合理是最基本的要求。但由于影响滤层设计的因素很多，目前还没有提出一个包括各种因素的完整理论，故至今滤层设计基本上是根据经验判断决定的。因此，这就要求实际运行时，灵活调整各有关参数，如通过调整进水浊度、絮粒性质、运行周期及滤速等来适应已选用的滤层，使其发挥最大的效益。

过滤水头损失周期数学模型，根据艾维斯（Ives）滤层水头损失的经验方程式，建立了一定滤层结构下，过滤最大水头损失与相关因素一般性表达式：

$$(H_{max} \cdot H_0)/T_H = k \cdot C_\alpha^l \cdot V^\beta$$

式中，H_{max}、H_0 为滤池允许最大水头损失和初期水头损失，m；T_H 为由水头损失决定的过滤周期；V 为滤速，m/h；k、α、β 分别为待定常数或指数。

杂质穿透周期与许多因素有关：① 滤池进水水质。② 滤层特性。③ 滤池的运行条件。④ 规定的穿透深度及其出水浊度指标。对一定的滤层结构，投加某一品种的药剂，则滤池的穿透周期就取决于进水浊度、运行条件及出水水质要求等有关因素。根据上述分析以及对双层滤料滤池试验数据的回归分析，建立了穿透周期数学模型：

$$T_L = \frac{934.49 \cdot C_2^{0.186}}{V^{0.949} \cdot C_1^{0.723}}$$

式中，C_2 为规定的滤层穿透深度处的出水浊度，NTU。

4. 污水处理（活性污泥法）

污水生物处理数学模型经过二、三十年的发展也已基本完善，并且借助飞速发展的计算机技术，数学模型日益显示出它在试验研究与工程应用中的巨大作用。以数学模型为基础结合反应器原理进行污水生物处理系统的分析、设计、模拟和运行控制在欧美等发达国家已得到普遍的认同和广泛的应用。下面介绍活性污泥法数学模型的基本情况。

活性污泥系统是一个多因素、多变量相互作用、多种反应过程相互耦合的复杂系统，对其建立模型较为复杂。计算机技术的发展使数学模型的快速求解成为可能，使这些数学模型日益显示出他们在工程应用与试验研究中的巨大作用。

在众多的活性污泥数学模型中，国际水协会（IWA）推出的活性污泥数学模型（ASM1~3）应用最为广泛。早在 1982 年，国际水协会的前身国际水污染控制协会（IAWPRC）就成立了活性污泥法设计和操作数学模型攻关研究课题组，并于 1987 年推出活性污泥 1 号模型（ASM1），引起了强烈的反响。随着对活性污泥法机理研究的深入、分析测试水平及计算能力的提高，该模型不断地发展。国际水协相继于 1995 年推出了活性污泥 2 号模型（ASM2），1998 年推出了 3 号模型（ASM3），1999 年又把 2 号模型 ASM2 拓展为 ASM2d，这些都极大地推动了活性污泥法数学模型的研究。这些模型可方便地用于新建、改建污水厂的方案设计，也可用于已有污水厂的静态、动态模拟、运行状况预测和工艺改进。

ASM2 包含 ASM1 的所有工艺过程，即碳和氮的去除，还包含生物除磷过程，增加了厌氧水解、发酵及生物除磷、化学除磷的 8 个反应过程。它含 19 种组分、19 种反应、22 个化学计量系数及 42 个动力学参数，但还是不能完全准确地反映活性污泥系统中的生物除磷过程。国际水协数学模型课题组对 ASM2 进行了补充，成为 ASM2d。它加入了聚磷菌的缺氧条件下的生长过程，使其含 19 种组分、21 种反应、22 个化学计量系数及 45 个动力学参数。

国际水协的 ASM 系列模型在我国的应用还不是很广泛，除了 ASM1 与 ASM2 研究较多外，对 ASM2d 与 ASM3 的研究较少。目前我国在污水处理厂工艺设计与运行管理中仍普遍采用传统的经验法，不可避免地存在滞后性和机械性的弱点，并已成为困扰我国污水处理行业发展的一大问题。正确应用数学模型可使运行管理及设计工作更具科学性、前瞻性和灵活性。

8.2.3 输配水系统数学模型

1. 给水管网

建立与实际供水管网的宏观特征相吻合的工况模型是实现供水管网优化运行的先决条件。配水管网的模型是在尽可能考虑管网的拓扑结构及管网各元素间的水力关系的基础上，建立起的管网仿真模拟模型。这种模型可用三个方程表示：① 节点方程。② 回路方程。③ 压降方程。

目前，求解上述方程的方法已相当成熟。最有效的方法之一便是以节点水压为求解变量的牛顿迭代法。

应用上述微观模型的前提：已知管网各节点的节点流量及管道的摩阻系数。然而，节点流量是依赖用户用水量而随机变化的量，是最难以确定的值；管道摩阻系数受管道敷设年限、管道腐蚀及结垢等因素的影响而发生了变化，其变化值亦难以解析。这些都影响了微观模型的实际应用。微观模型的最大优点是给出了整个管网内部的工作状况，具有直观性，便于指导配水管网的管理。

2. 排水管道

自 20 世纪 60 年代开始，国际上在经验总结和数理分析的基础上，逐步建立起了各种水环境工程系统或过程的数学模型，从而发展到了以定量和半定量为标志的水环境工程"合理设计和管理"的阶段。与此同时，对于各种类型的水环境系统，开展了最优化的研究和实践。为了探求排水管道系统的最优设计计算方法，国内外许多科研、设计、教学单位和个人进行了不少的工作，发表了大量的文章。从研究成果来看，应用计算机进行排水管道的设计计算，不仅把设计人员从查阅图表的繁重劳动中解脱出来，加快了设计进度，而且整个排水管道系统得到了优化，提高了设计质量。所确定的最优方案与传统方法相比，可降低 10% 以上的工程造价。

对于在管线平面布置已定情况下进行管段管径—埋深的优化设计问题，国内外做了大量开拓性工作，取得了丰硕成果。最优化方法一般分为两种：间接优化法和直接优化法。间接优化法也称解析最优化，它是在建立最优化数学模型的基础上，通过最优化计算求出最优解；而直接最优化方法是根据性能指标的变化，通过直接对各种方案或可调参数的选择、计算和比较，来得到最优解或满意解。

为了适应排水管道系统优化设计中目标函数和约束条件的非线性特征，1972 年 Dajani 和 Gemmell 建立了非线性规划模型。该方法基于求导原则，即目标函数的导数为零的点，就是所求的最优解。它可以处理市售规格管径，但当无法证明排水管道费用函数是一个单峰值函数时，得到的计算结果可能是局部最优解，而非全局最优解。

1975 年，由 Mays 和 Yen 首先把动态规划法引入到排水管道系统优化设计中，目前该方法在国内外仍得到广泛的应用。它在应用中分为两支：一支是以各节点埋深作为状态变量，通过坡度决策进行全方位搜索，其优点是直接利用标准管径，优化约束与初始解无关，却能控制计算精度，但要求状态点的埋深间隔很小，使存储量和计算时间大为增加。为了节省运算时间，1976 年由 Mays 和 Yen 引入了拟差动态规划法。拟差动态规划法是在动态规划法的基础上引入了缩小范围的迭代过程，可以显著地减少计算时间和存储量，但在迭代过程中有可能遗漏最优解，而且在复杂地形条件下处理跌水、缓坡情况时受到限制。另一支是以管径为状态变量，通过流速和充满度决策进行搜索。由于标准管径的数目有限，较以节点埋深为决策变量方法在计算机存储和计算时间上有显著优势。最初的动态规划对每一管段管径选取的一组标准管径中有些管径并不一定是可行管径。因此发展出可行管径法，该方法通过数学分析，对每一管段的管径采用满足约束条件的最大和最小管径及其之间的标准管径，构成可行管径集合，进而应用动态规划计算。可行管径法使得优化计算精度得以提高，并显著减少了计算工作量和计算机内存储量。

3. 雨水管道

近 20 年来，随着城市径流污染问题的日益突出，各种精度较高的城市水文、水力计算模型的建立显得越来越重要。国外在这方面取得很大进展，许多模型已广泛应用于雨水管道系统的规划、设计和管理。当前西方最著名的程序有：英国环境部及全国水资源委员会的沃林福特程序（Wallingford Procedure）、美国陆军工程师兵团水文学中心的"暴雨"模型（Storage，Treatment，Overflow，Runoff Mode STORM）、美国环保局的雨水管理模型（Storm Water Management，Mode SWMM）等。这些模型可对整个城市降雨、径流过程进行较为准确的量（降雨与径流量）和质（降雨与径流水的水质和接受水体的水质）的模拟，它们的开发与工程项目紧密结合，经过一段时期的经验积累后，政府主管部门便组织协调，推出定型软件供设计和管理人员选用。

我国对城市径流模型的研究起步较晚，目前已有一些结合我国实际的研究成果问世。如对雨水管网模拟的扩散波简化和运动波简化，对地表径流系统的模拟技术包括：等流时线法、瞬时单位线法和改进推理法。

自 1851 年推理公式法问世以来，对城市区域雨水地面径流过程的研究取得了丰硕的成果，提出了一批有价值的城市暴雨径流模型，见表 8-1。

表 8-1　典型的暴雨径流模型及其模拟方法

项目	暴雨径流模型	模拟方法
国际通用模型	推理公式法	等流时线法
	公路研究所法（TRRL）	等流时线法
	伊利诺城市排水区域模拟模型（ILLUDAS）	等流时线法
	芝加哥流量过程线模型（CHM）	非线性水库方程
	雨水管理模型（SWMM）	非线性水库方程
国内主要模型	城市雨水管道计算模型（SSCM）	岑国平　等流时线法
	城市雨水径流模型（CSYJM）	周玉文　瞬时单位线法

8.2.4　水环境系统优化

系统分析方法主要包括系统的模型化和最优化两部分内容。模型化是用一定的数学模型，尽可能真实地把水资源系统中各个要素之间的关系定量化地反映出来，数学模型要具有较高的仿真程度。最优化是按照一定的数学方法，对建立的数学模型求解，寻求最优答案，找出解决水资源系统问题的定量成果。

水环境决策支持系统针对给排水问题的决策特点，为改善管理人员的决策质量所提供的人机交互系统。其功能有提供背景情况、协助明确问题、修改完善模型、列举可行方案、进行定量分析比较等。

给排水决策支持系统一般具有数据库、模型库、方法库和人机交互界面。数据库负责数据维护、各模型间的数据交换以及数据的图形表格显示；模型库包括各类有关数学模型及修改模型的管理系统；方法库提供了预测、模拟、优化、管理等基本方法以及由上述基本方法组合而成的综合分析功能；人机交互界面由计算机显示屏上的窗口、菜单、表格、图形、文字说明以及各类打印机输出文件等组成，负责与决策者及专家进行对话。由于水资源问题涉及很多半结构化的专家经验，不能或不易用数字模型来表达，而要依赖专家的判断与选择。把专家系统的知识库放入给排水决策支持系统，就形成了智能型的决策支持系统。

给排水决策支持系统的工作方式为人机对话。计算机的任务是执行定量计算，并生成若干方案让决策者选择；而专家和决策者的任务是定性判断并做出决策。其过程是。

① 由决策者通过水资源决策支持系统定义问题并生成备选方案。

② 由各个决策者对生成的方案进行协调、选择及谈判，以共同接受某个方案。

③ 由计算机围绕中选方案再生成若干新的方案，让决策者继续挑选以逐步达成最终协议。

由于给排水系统的分布式特征，导致遥感（RS）、全球卫星定位（GPS）、地理信息系统（GIS）技术在给排水决策支持系统领域内发展很快，正日益进入实时调度和规划、管理的主流。同时，"3S"技术在给排水领域的应用已经成为IT产业发展最为迅速的分支之一。正是这种相互促进作用，使得给排水决策支持系统正向可视化、实时化、数字化方向发展。

8.3 专业应用软件的发展及现状

随着计算机技术的发展，将计算机以及数学建模等知识应用于水环境领域得到了更为广泛的应用。下面将对部分专业应用软件做简单介绍。

8.3.1 管网建模平差软件

1. EPANET

EPANET是由美国环保署开发的免费软件，最初是作为评价配水系统水质的工具。EPANET运行在Windows环境下，结果显示与操作都基于Windows环境。尽管EPANET仅能进行延时模拟，但是它能模拟诸如水体反应和管壁反应这样的管网水质变化。这个软件的求解过程非常快。通过混合算法，解决了因节点法引起的低流量收敛问题。

EPANET模拟水在管道中的流动轨迹，每个节点的压力，每个水塔的水压，及由多个时间段组成的一个仿真周期内遍布整个管网的某种化学物质浓度的变化。另外化学物质、水龄、多水源调度都可以被仿真。

2. WaterCAD

WaterCAD是位于美国康涅狄格州沃特伯里的海思德公司的产品。作为一个独立的水力模拟软件，它包含自己的图形编辑器和强大的建模能力，并保留了基于Windows界面的EPANET的特色。WaterCAD能产生与实际管网成比例的管网图或简图，能在管网图下面衬DXF格式的背景图。模拟后的管网通过彩色显示反映出模拟结果。WaterCAD还具有强大的注释能力。

WaterCAD的一些特性包括模拟方案管理工具、消防流量分析和水质分析、模拟结果图形输出。WaterCAD也能产生等压线图来说明高压区、低消防流量区域、等水压区域和其他相关的系统特性。WaterCAD既能提供恒定流分析，也能提供延时模拟分析。

3. Cybernet

Cybernet 也是海思德公司的产品，它如同 WaterCAD 一样包含水力建模的能力，但是它能运行在 AutoCAD 环境下。Cybernet 基本上是运行在 AutoCAD 环境下的 WaterCAD。这种运行模式给用户提供了能利用 AutoCAD R14 的所有功能的便利，因此它与其他图形有良好的兼容性。在产生高质量的图形输出和模拟结果方面，AutoCAD 环境给了这个软件更多的灵活性。

4. H₂ONET

H$_2$ONET 是 MW 软件有限公司的建模软件。与 EPANET 相比，它以基于 Windows 的 AutoCAD 界面为特征。像 Cybernet 一样，H$_2$ONET 使用 AutoCAD R14 环境并利用其所有功能创建管网图。然而，H2ONET 需要与 AutoCAD 绑定，不能作为一个单独的软件运行。

H$_2$ONET 提供了许多建模功能，包括模拟方案管理、消防流量模拟和消火栓分析与水质分析。H$_2$ONET 特有的一些性能包括与 SCADA 系统能进行连接，它允许从 SCADA 系统直接提取建模数据用于模型校验和运行应急预案；能量管理模块用于确定能效高、费用低的运行策略。

H$_2$ONET 对于管网的变化以颜色变化区分，提供"所见即所得"的注释，包含产生等压线图的功能。H$_2$ONET 提供一个报表工具用于定制报表，可通过用户选择变量、期望的单位、列的格式和相应的水力时间段。

5. SynerGEE Water

SynerGEE Water 是美国 STONER 公司新的建模软件。它没有使用混合法求解管网方程，SynerGEE 使用的是牛顿—拉夫森法节点法。因为 SynerGEE 有能力求解大规模、复杂的超过 100，000 根管道的管网，所以它过去主要被拥有大规模配水管网的用户使用。然而，SynerGEE 的高级版本使得它对任何规模的管网都适用。

6. AquaCAD

AquaCAD 由位于加拿大魁北克的水力建模咨询公司 Aqua 数据公司开发和销售。尽管 Aqua 数据公司在佛罗里达州开始扩展它的业务，但是这个公司办公的点主要在美国以外。

AquaCAD 的建模理论与传统的建模理论不同，因为 AquaCAD 把消火栓作为管网模型的一部分，这个功能使模型管网能更精确地代表实际管网。

AquaCAD 是基于 Windows 的，独立运行的软件。它在自己的图形界面下运行。此外，AquaCAD 拥有数字化功能和 DXF 格式文件作为背景输入的功能。AquaCAD 主要的特性包括开放的数据库连接（ODBC）、模拟结果的彩色显示、在线帮助和"孤立节点"（意味着这些节点与管网不相连）特性。AquaCAD 与标准的 GIS 和 SCADA 系统格式兼容，但是并不能与任何 GIS 软件进行直接的数据输入连接。为了使 GIS 和 SCADA 文件与 AquaCAD 结合，必须首先将 GIS 和 SCADA 文件输入到 Access 中。

7. InfoWorks WS

InfoWorks WS 是英国 Wallingford 软件公司的产品。它提供了有效的建模方法反映出管网的工作状况。利用 InfoWorks WS，可以建立管网水力模型，并能持续维护所建立的模型。可以进行新建区域的管网规划、现状管网局限性分析、生成不同季节的调度方案、应急预案，进行水质分析、寻求较优的工程解决方案。

InfoWorks WS 为用户提供了一种可靠、安全、易调用的数据结构，简化了数据管理。

其完整的开放式数据交换工具提供了一套易用的数据输入、输出和转换功能，保持了数据库的开放性和完整性。InfoWorks WS 实现了 GIS 和水力模型的结合，实现了与 GIS 的无缝连接，与具有前沿水平的 GIS 产品可共享模型数据，展现和操作模型模拟结果。

8. Mike Urban

Mike Urban 是丹麦 DHI 公司经过整合的城市 GIS 和管网建模软件。其给水管网建模部分的早期软件为 Mike Net。Mike Urban 包括 Mike Urban Model Manager、Mike Urban WD 和 Mike Urban CS 等。Mike Urban 的给水管网水力计算内核为 EPANET，并能进行水质模拟；Mike Urban 引进了 ESRI 的地理数据库技术，把 GIS 与建模环境整合在一起；Mike Urban 与 SCADA 系统、实时控制系统（RTC）和决策支持系统（DSS）能达到较好的连接。

8.3.2 综合设计管理软件

1. 鸿业给排水软件系列

鸿业科技历经十几年的发展，先后推出了工程类 CAD 系列设计软件：水环境设计软件、暖通空调设计软件、规划总图设计软件、市政道路设计软件、市政管线设计软件、日照分析系列设计软件等，涉及给排水工程设计的各个方面，在国内给排水工程软件设方面具有一定的知名度。

2. 宏扬软件系列

包含宏扬供水管网模拟软件、宏扬供水管网科学调度软件、宏扬给排水管网地理信息管理软件等系列软件。

8.3.3 雨污水模拟管理软件

1. MOUSE

MOUSE（An Integrated Modeling Package for Urban Drainage and Sewer System）系由丹麦水及环境研究所（Danish Hydraulic Institute）开发的计算模型，适用在模拟城市暴雨排水系统。模拟数值计算采用有限差分法，以求算窨井内水位与排水管渠内的之流量。软件包括下列四部分：①地表径流模拟计算；②明渠流与满管流模拟计算：根据连续方程式与动量方程式模拟计算。③污染物传输之模拟计算。④模拟计算结果之绘图整理。

2. SWMM

美国环保局开发的暴雨径流管理模型 SWMM（Storm Water Management Model），对城市排水系统进行系统的模拟计算，可以为城市排水系统规划方案的调整与优化提供理论指导。

此模式的功能为模拟分析与城市排水有关的水量与水质问题。SWMM 模式按照排水系统的水流动态及特性，分成地表径流及管道输水两部分。

其中地表径流部分模拟雨滴降落地面后，进入各排水管道前之漫地流现象。当降雨强度超过地表入渗容量时，地面凹陷处开始积水，当凹陷处积满水后，水便溢出呈漫地流，模式对输水管渠部分的处理，采用变量非均匀的自由地表流（Unsteady Nonuniform Free Surface Flow）的水力特性，以模拟在管渠中水流流动的情形，借以了解各管渠中的流量及作为改进渠道排水能力的参考。

3. HydroWorks

英国 Wallingford Software 公司于 1994 年 7 月开发完成 HydroWorks 水力模型，可结

合 GIS 及数据库管理系统，进行雨、污水系统之水力模拟，目前广泛应用于英国、香港及美国等国家。

模式主要分成径流演算模型（Runoff Model）及管线水力模型（Hydraulic Model）两部分，前者共提供五种径流模型供选择：①Double Linear Reservoir（DLR/Wallingford）Model；②Large Contributing Area Runoff Model；③SPRINT Runof Model；④Desbordes Runoff Model；⑤SWMM Runoff Model。

而管线水力模型是以非线性有限差分法将控制方程式差分离散，并 Newton-Raphson Method 法求解非线性方程式，同时以 Double Sweep 法求解矩阵。

4. PCSWMM

PCSWMM 是美国环境保护署（U. S. EPA）开发的暴雨经历模型，模拟时采用管渠输水模块（EXTRAN）进行演算。EXTRAN 为应对各种雨水下水道之排列方式，采用 link－node 作为求解方法，在管线中（link）假设流量不变且满足动量方程式，以求解管线内的流量；在检查井节点（node）处则满足连续方程式，以求解检查井节点的水位。

5. XP-SWMM

XP-SWMM（Stormwater and Wastewater Management Model 雨水和污水管理模型）是一个基于图形式交互界面的雨水和污水管理决策支持系统，能够执行水文学、水力学及水质分析计算并给出最佳管理方案，广泛用于污水处理厂等水质控制方面。世界上已有 3000 多个大型单位在使用此软件，已有相当多的研究机构用此软件进行水文处理与分析。

XP-SWMM 是一个动态非稳态流体模型，因此更加接近实际生活中的流体情况。软件提供复杂流体网络设计的快速分析，包括环路、潮汐流、水利结构、校准随时间变化的边界条件等。SWMM 软件是流域洪水模拟、城市及乡村洪水过程、水质处理及排水设计等综合软件。软件功能强大，能适应多种流域环境。

软件在模拟洪水过程时包含了水质模拟和处理。将水量水质统一起来，而不是割裂开来单独处理的理念是对水资源一体化管理的具体体现。

8.3.4 水资源软件

1. DHI MIKE 系列软件

（1）MIKE 11 河川及渠道水动力学

在世界上处理地表水问题的专业软件中，MIKE 11 是最受欢迎的一个河流模拟系统。MIKE 11 是一款多功能的一维水动力学软件包，以求解圣维南方程组作为理论基础，并带有对流扩散、水质生态、泥沙传输、降雨径流、洪水预报、实时操作及溃坝模拟等多种模块。

（2）MIKE FLOOD 河川及洪泛区水动力学

MIKE FLOOD 是针对洪泛区的研究而推出的一个综合性工具。通过一个统一的用户界面将 MIKE 11 和 MIKE 21 水动力学部分耦合成一体，使用户能够在模拟的滩区和海岸地区时使用二维细化分析，并能同时模拟一维河流水利系统以加快整个模拟时间。MIKE FLOOD 是用于模拟洪水演进、风暴潮入侵、溃坝、决堤等多种状况的理想系统。

（3）MIKE FLOOD WATCH 实时流量预报

MIKE FLOOD WATCH 是一个能与 ArcGIS 完全兼容来进行实时预报的决策支持系统，被用于世界各地的洪水预报机构。它基于 ArcGIS 平台将数据管理，预报模型和信息发布技术集于一个系统中。MIKE FLOOD WATCH 可为监测系统，气候模型，DHI 软件工具模拟及第三方代码提供实时修正，同时也可用于其他需要实时数据管理和模拟预报的各种应用软件。

（4）MIKE BASIN 与 ArcGIS 整合的水资源模型

MIKE BASIN 是一个基于 ArcGIS 可进行多种水资源和环境模拟的软件包。它为管理者和决策者提供了一个简单，但功能强大的模型框架，可以解决在流域中多区域水量分配和水流排放的问题。MIKE BASIN 描绘了水资源模拟需要的所有元素：用户、水库、水力发电厂、地表水、地下水、降雨径流及水质。其面向对象并对最终用户开放的代码使得用户可编写自己的 VB 规则，并在例如 Microsoft Excel 中创建自己的决策支持界面。由于 GIS 的强大功能及与数据库的结合，MIKE BASIN 同样适用于非技术人员。

（5）MIKE SHE 综合性数值水文模型

MIKE SHE 是一个综合性的水文模拟系统，可以模拟水文循环中陆相的所有重要过程。所以说 MIKE SHE 不仅仅是一个三维的地下水数值模型，也包含了模拟坡面漫流、非饱和流、溶质输移、农业设施、总蒸发等数值模块。MIKE SHE 与 MIKE 11 是默认耦合的，同时也可以和 MOUSE 耦合来处理城市水问题。为根据实际情况模拟水文循环过程中的不同组合，MIKE SHE 提供了大量的过程描述，而且它非常适用于分布式降雨径流模型。

（6）MIKE GeoModel 地形模拟及描述

MIKE GeoModel 是用于描述和表现取水井地质地形信息的一个 ArcGIS™ 扩展模块。您可以通过成百上千个断面和钻孔点的数据资料来快速创建、描述和管理您所关注区域的地理模型。

2. Delft3D

Delft3D 是目前世界上非常先进的完全的三维水动力－水质模型系统，包含水流、水动力、波浪、泥沙、水质、生态等 6 个模块，各模块之间完全在线动态耦合（Online Dynamic Coupling）；整个系统按照目前最新的"即插即用（Plug and Play）"的标准设计，完全实现开放，满足用户二次开发和系统集成的需求。

香港环境保护署新安装的计算机模型 Delft3D 系统，能提供海水不同深度的水质变化，可深达海底更清楚了解香港附近受污染水体的流动情况。新的模型增加了水质状况的精密度，可以模拟多达 45 个水质参数，能够预测潮汐和水流情况。

我国三峡工程、黄河改造、香港维多利亚港等就大量地运用了 Delft 所营造的环境模型。

3. Fluent

Fluent 是目前国际上比较流行的商用 CFD 软件包，在美国的市场占有率为 60%，是用于计算流体流动和传热问题的程序。它提供的非结构网 g 格生成程序，对相对复杂的几何结构网格生成非常有效，可以生成的网格包括二维的三角形和四边形网格；三维的四面体和六面体及混合网格。Fluent 很能够根据计算的结果调整网格，这种网格自适应能力对于精确求解有较大梯度的流场有很实际的作用。由于网格自适应和调整只是在需要加密的流动区域里实施，而非整个流场，因此可以节约计算时间。

Fluent 具有丰富的物理模型、先进的数值方法以及强大的前后处理功能，在航空航天、汽车设计、石油天然气、涡轮机设计等方面都有着广泛的应用。其在石油天然气工业上的应用包括：燃烧、井下分析、喷射控制、环境分析、油气消散/聚积、多相流、管道流动等。

Fluent 的软件设计基于 CFD 软件群的思想，从用户需求角度出发，针对各种复杂流动的物理现象，Fluent 软件采用不同的离散格式和数值方法，以期在特定的领域内使计算速度、稳定性和精度等方面达到最佳组合，从而高效率地解决各个领域的复杂流动计算问题。基于上述思想，Fluent 开发了适用于各个领域的流动模拟软件，这些软件能够模拟流体流动、传热传质、化学反应和其他复杂的物理现象，软件之间采用了统一的网格生成技术及共同的图形界面，而各软件之间的区别仅在于应用的工业背景不同，因此大大方便了用户。

4. Modflow 及 Visual Modflow

Modflow 模式是由美国地质调查所（USGS）发展的地下水数值模式，为有限差分法开发的三维饱和地下水流数值模式，其为 Modular Three-dimensional Groundwater Flow Model 的缩写，最早版本于 1988 年释放出。本模式为目前最被广泛使用的地下水模式之一，可以应用于饱和地下水流问题，在时间方面不论是稳态（steady）抑或是非稳态（unsteady）均可使用；在分层上，局限含水层（confined aquifer）与非局限含水层（unconfined aquifer）均可模拟。

Visual Modflow 是加拿大 Waterloo 公司基于 Modflow 代码开发的一款商业软件，Visual Modflow 是三维地下水流动和污染物运移模拟实际应用的完整、易用的模拟环境。这个完整的集成软件将 Modflow、Modpath 和 MT3D 同最直观强大的图形用户界面结合在一起。全新的菜单结构可以很容易地确定模拟区域大小和选择参数单位，以及方便地设置模型参数和边界条件、运行模型模拟（MT3D、Modflow 和 Modpath）、对模型进行校正以及用等值线或颜色填充将其结果可视化显示。在建立模型和显示结果的任何时候，都可以用剖面图和平面图的形式将模型网格、输入参数和结果加以可视化显示。

Visual Modflow 在 1994 年 8 月首次推出并迅速成为世界范围内 1500 多个咨询公司、教育机构和政府机关用户的标准模拟环境。

复习思考题

1. 什么是数学模型？有哪些基本类型？
2. 水环境系统中常见的数学模型有哪些？
3. 水环境系统中有哪些常用的专业应用软件？

第 9 章　科技论文写作

经过选题、试验设计、实验、数据处理和分析，科研工作最后一步是写科技论文。科技论文是一种交流、传播、贮存科技信息的载体，是记录科学技术的历史文件，是人们进行科学技术成果推广学术交流的有力手段。科技论文作为将科技成果转化为生产力的媒介，不仅可为当代人所利用，而且可留后人借鉴。所以，将科学研究成果写成论文是研究工作全过程中最后的不可缺少的工序。

科技论文主要是为了发表新见解、新观点、新理论、新方法，与同行进行学术交流，促进本学科的发展。所以，写作论文时应遵守科技论文写作的一般规则和要求，按目前通用的形式，采用大家已经习惯了的体裁和格式写。这样，可以使读者正确理解作者的观点和见解，容易看到科研成果的理论意义和实用价值。否则，用自己创造的体裁和格式来写，使别人看起来不习惯，容易造成疏漏和误解，难以被同行专家和读者接受。

目前采用的科技论文形式是逐渐演变而成的。随着科学技术的不断发展，先进的仪器设备和实验手段的出现，科技论文的形式还会不断演变，但在较长的一段时期内，论文的形式还是相对稳定的。另外，初次进行科研工作的科技人员很多是模仿自己阅读过的论文，或者经导师指点来写科技论文的。由于没有经过系统的学习，不熟悉论文的体裁和格式，不了解写论文的规则和要求，写出的论文存在许多问题，给审稿、编辑和印刷工作带来许多不便。所以，学习并掌握科技论文的写作方法是很必要的。

9.1　论文内容

科技论文的内容一般包括以下几个方面：论文题目，作者工作单位和作者姓名，摘要，引言，实验方法和流程，实验结果和问题讨论，结论，致谢，附录和参考文献。不同会议，不同期刊对论文内容的要求也不一样。可根据具体情况删去某些内容，或将几部分内容合在一块写。

1. 论文题目

论文题目是论文的总纲，是对论文内容和研究成果的高度概括。一般而言，论文的题目可以作为论点。当前有关水处理的期刊很多，每期刊物中的论文也很多，由于读者的时间和精力有限，不可能详细阅读每篇论文，许多读者都是先看期刊的目录，由论文的题目决定该论文是否值得细看。因此，一篇有价值的论文，如果题目不恰当，不醒目，就不容易引起读者的注意，缩小了论文的影响范围。由此可见，正确恰当地拟定论文题目是至关重要的。

在拟定论文题目时应注意以下几个问题：

① 准确表达论文的特定内容，恰如其分地反映研究的范围和达到的深度，指明所研究问题各因素之间的关系，使读者一看题目就觉得有兴趣，有价值，值得详细阅读。

② 在涵义确切的前提下，文字要简练，避免冗长繁琐，做到简短明了、易读、易懂，便于记忆。论文题目一般不要超过 20 个字，如果题目太长，而且不准确，可考虑加副标题，

以引伸主题，补充说明主题。

③ 不使用过于笼统、抽象、泛指性很强的词汇，使人看后不知论文的具体内容，也不能使用华丽的词藻。

④ 题目中应含有被研究的对象和因素，不包括细节和结论。

⑤ 在符合语法结构的前提下，尽可能把最能说明论文性质和内容的词提到前面。

⑥ 题目不能模棱两可，也不能过分夸张，以免引起读者误解。

⑦ 题目中应使用公认的名词和术语。

2. 署名

论文的署名，不仅是作者辛勤劳动的体现和应获得的荣誉，而且还表示对论文承担的责任。署名者要对论文的全部内容，如观点、数据、社会效益负全部责任。所以，只有那些在选定课题和制定研究方案中直接参加论文全部工作，作出主要贡献并能对论文内容负责的人方可署名。对仅参加部分工作而对全面工作缺乏了解者，不应署名，但可列在附注中，或写于致谢中，表明其贡献和责任。对提出研究设想并指导科研工作进展者，或完成主要研究工作及解决关键问题者，均可作为论文的第一作者。署名的先后，不应按职位高低、资历长短来排列，对参加部分工作的合作者，负责某一项测试的技术人员，接受委托负责某项分析、检验、观测的实验人员不得署名，但可作为参加人员——列入致谢部分。

3. 摘要

摘要是以提供文献内容梗概为目的，对论文内容准确扼要而不加注释或评论的简略陈述，摘要应具有独立性和自明性，并且拥有与文献同等量的主要信息，即不阅读全文，就能获得必要的信息，是一篇完整的短文。通俗地讲，摘要是科技论文内容有关要点的概括，它是论文的重要组成部分，通常放在引言部分的前面。

一篇完整的论文都要求写随文摘要，按摘要的不同功能来划分，大致有如下三种类型。①报道性摘要：报道性摘要是指明一次文献的主题范围及内容梗概的简明摘要，相当于简介。报道性摘要一般用来反映科技论文的目的、方法及主要结果与结论，在有限的字数内向读者提供尽可能多的定性或定量的信息，充分反映该研究的创新之处。科技论文如果没有创新内容，如果没有经得起检验的与众不同的方法或结论，是不会引起读者的阅读兴趣的，所以建议学术性期刊（或论文集）多选用报道性摘要，用比其他类摘要字数稍多的篇幅，向读者介绍论文的主要内容。以"摘录要点"的形式报道出作者的主要研究成果和比较完整的定量及定性的信息。篇幅以300字左右为宜。②指示性摘要：指示性摘要是指明一次文献的论题及取得成果的性质和水平的摘要，其目的是使读者对该研究的主要内容（即作者做了什么工作）有一个轮廓性的了解。创新内容较少的论文，其摘要可写成指示性摘要，一般适用于学术性期刊的简报、问题讨论等栏目以及技术性期刊等只概括地介绍论文的论题，使读者对论文的主要内容有大致的了解。篇幅以100字左右为宜。③报道—指示性摘要：报道—指示性摘要是以报道性摘要的形式表述论文中价值最高的那部分内容，其余部分则以指示性摘要形式表达。篇幅以100～200字为宜。

论文发表的最终目的是要被人利用。如果摘要写得不好，在当今信息激增的时代，论文进入文摘、杂志、检索数据库后，被人阅读、引用的机会就会少得多，甚至丧失。一篇论文价值很高，创新内容很多，若写成指示性摘要，也可能会失去较多的读者。所以一般地说，向学术性期刊投稿，应选用报道性摘要形式；只有创新内容较少的论文，其摘要可写成报道—

指示性或指示性摘要。

摘要的作用是：

① 节省读者时间。使读者看完摘要后，在最短的时间内确定有无必要阅读论文的全文。

② 便于读者做笔记。读者看完全文后，再看一下摘要，就能把全文回忆一下，加深印象。

③ 可为情报检索人员的检索工作提供方便。一方面可按摘要把论文归入合适的类别；另一方面可直接将论文摘要汇编成册，为科技人员提供最新的科技信息。

摘要一般由三部分组成：

① 研究目的包括研究的宗旨及解决的问题。

② 研究方法介绍研究途径、采用的模型、实验范围和方法。

③ 结果和结论评价论文的价值及其结果。

写论文摘要时应注意下列几个问题：

① 开头要叙述所涉及的问题、研究目的及方法，把论文题目未能充分表达的内容在摘要中体现出来。

② 重点叙述论文的贡献，明确结论，不要叙述获得结果的途径。

③ 摘要主要由文字表达，不用图、表、化学结构式、非公用符号和术语，可使用必要的数字和公式。

④ 每项内容可由一句和几句话组成。

⑤ 摘要应用第三人称，不要使用"本人""本文""我们""作者""笔者"等作为陈述的主语。

4. 引言

引言是论文的开场白、总说明。引言中应向读者说明问题的由来，研究工作的目的、范围，目前国内外关于这方面的研究情况，有关重要文献的简述，研究方法和试验设计，以及这个问题在理论上和实用上的价值，以引导读者转入正文。如果研究工作是在现场进行的，应在引言中说明工作场所、协作单位，有时间性的工作应说明工作期限和时间。

引言一般包括如下及部分内容：

（1）论文的背景

背景通常与社会的需要密切相关，一篇论文的基础源于某项研究，而该研究的意义即为什么要做这项工作，就形成了研究的背景。研究者们可通过社会调查或广泛查阅文献及专利来获得相关信息。在论文写作时，再挑选出与该文内容直接相关的文献，用自己的话把它的意思简洁地表达出来即成为研究背景。有的作者研究的课题较冷门，文献不多，则涉及的专业范围可宽一些；而热门课题的文献量较大，则相关范围宜窄一些，只引用与课题非常贴近的数篇即可（这点与综述文章不同，综述文章的参考文献通常有30～50篇，论文引言部分参考文献建议10～20篇）。对课题背景明确的作者，寥寥数语就概括了全部背景，不仅令读者一目了然，而且可看出作者头脑清晰，对该研究工作的目的十分明确。不谈课题背景，只提及自己做了某项工作，这样的引言是不完整的，与一篇实验报告无多大区别。

（2）论文作者的创新性

科技论文则是反映科学技术创新水平的窗口，是知识创新的历史记录。创新性在科技论文中占有尤其重要的地位，甚至在审稿阶段，是审稿人决定让论文通过与否的重要依据。作者创新之处的叙述在简明扼要的前提下，应尽量具体，仅仅一句"……未见文献报道"是没有说服力的。

（3）论文的应用前景

任何研究工作都有其潜在的用途，有的本身就是一项应用工作。即便某些基础性较强的研究，也是可大致预测应用于某些方面的，所以在引言的结尾处应该指明本工作成果可用在何领域或可间接起到何种作用，无疑会给读者一个完整的概念，也是吸引读者继续细读论文的一种手段。

写引言时应注意以下几个问题：

（1）言简意明、直奔主题

科技论文与综述文章不同，综述文章通常面对的读者大多是初次涉及该领域的学生及科研人员，或正在选题的人员，因而一般要述及一些基本原理、介绍一些浅易的知识等，其引言涉及的专业面较广，尤其是要将题名所指内容的来龙去脉交待清楚，甚至回溯到历史第一人，占去不少篇幅。而科技论文的读者对象不一样，大多是已进入此领域的同行，甚至是专家，阅读文章的目的是想更多地了解最新的研究动向。因此，引言一开始就要直奔主题。

（2）避免与摘要和结论雷同

有的作者在引言的后部分常常将课题采用的方法及所得出的结论把摘要完全重复一遍，其实读者刚刚看完摘要，已大致明白了课题所采用的方法及结论，尤其是具体的实施方法及结论都将在论文的后续部分展开，此处不应与它们重复。

（3）应有一定量的新文献

研究工作是在别人已做过工作的基础上的延伸和探讨，而不是对已有研究的重复，查阅新文献，才能了解你的研究的最新动态，也能体现出你的研究的价值。没有新文献，表示你的研究工作过于冷门或者没人感兴趣研究该问题。所以，引言部分一定要有适量的最新文献，最近 5 年的文献应该占到该部分文献的一半以上。

（4）系列文章的引言不要重复

通常，一个较大的研究课题，作者可以写出数篇文章，即系列文章。由于它们不在同一期上刊登，或者写作的间隔时间较长，所以看上去好像是彼此独立的文章。但这些文章的引言部分常常大量重复，引用的文献也几乎相同，不仅浪费了版面，而且无形的使读者阅读时容易割断与上篇文章的联系。鉴于同一个课题的背景是相同的，作者完全可以用"前文[X]阐述了……"这样的语句来简单地概括前文的研究内容，并以引用文献[X]的形式来代替重复部分，然后再简单提及这篇文章所要谈及的内容。有兴趣的读者则可以根据文献的提示去查阅前文的内容。

（5）引言中对他人已有成果的评价要客观实在

不要解释基本理论，也不要推导基本公式。

5. 实验方法和流程

实验方法和流程是论文的核心内容之一，应把实验的方法、工艺流程、设备、材料及实验的条件，也就是能够获得实验结果所必需的一切条件逐项说明。这样做既是为了说明实验结果的真实性和结论的可靠性，同时也为同行们重复试验及核实论文所报告的结果提供了方便。如果实验方法、流程、材料和实验条件说的不详细，就可能使读者产生怀疑和误解，造成混乱，引起不必要的争论。

本节应详细说明下列内容：

① 实验的指导思想，所采用的实验方法的依据。如果采用旧的方法，只需要提出该方法的出处，不必重复叙述；如果是对旧方法的改进，或者是一种新创的方法，则需要明确说明，并叙述清楚。

② 实验的工艺流程，应有工艺流程图和方框图，如果有条件，应有实验设施的实物照片。

③ 实验设备和仪器的牌号、型号、生产厂家、出产日期。

④ 所用药品的名称、分子式、纯度、生产厂家、出产日期。

⑤ 实验条件。包括季节、温度、湿度、试剂浓度、操作步骤、时间等。

6. 实验结果分析与讨论

实验结果的分析和讨论是一篇论文中最重要的部分，是论文的核心内容，实验结果的分析和讨论可以分成两节来写，但这两部分关系密切，通常是合在一节写。结果和讨论是相辅相成的，结果是得到了"什么"，是讨论的基础，是前提，是根本；讨论是由结果发现了"什么"，即作者通过"结果"得到的新发现、新见解或新建议等，是根据结果的逻辑推理过程，是结果的升华，是认识的飞跃。讨论的重点包括论文内容的可靠性、外延性、创新型和可用性。作者要回答引言中所提的问题，评估研究结果所蕴含的意义，用结果去论证所提问题的答案，讨论部分写得好可充分体现论文的价值。结果常与讨论合并在一节，具体包括实验中获得的现象和结果；对实验结果进行定性或定量分析，说明实验结果的必然性；实验数据的分析处理，理论分析和数学推导；给出结论，指出存在问题和今后研究的方向。

实验结果分析和讨论主要采用叙述性文字，但为了使研究结果表达得更直观、更清楚，常常需要附以图、表和数学模式。论文中图表的数目不能太多，图、表和数学模式的形式不能太复杂。表中的数据和图中的曲线要用文字解释说明，不能只写结果见某某表或结果见某某图后就下结论。数学模型要有推导过程，并说明假设条件，引用的研究成果的出处、参数和系数的来源与实用范围等。同时，也不能把文字叙述变成数据的重复、图中曲线的描述或数学模型的注解，而应着重指出数据、图形、公式与实验条件之间的关系。

这一节在写作上应注意下列几个问题：

(1) 逻辑性

一篇论文可能要讨论几个问题，这几个问题的排列顺序必须合理，一般从时间、因果、重要性、复杂性、对比等几个方面来考虑次序。使内容有条理、有联系、逻辑性强，同时要突出重点。

(2) 回答问题

科学研究的目的就是为了解决问题，论文就是回答选题报告中提出的若干问题。论文中除了回答这些问题外，还应该站在读者的位置，估计读者看完论文后可能提出的各种问题，详细给予回答，以消除读者的疑惑和误解。所以，这一节中必须详细说明实验工作中各种因素的影响程度，各因素之间关系。详细说明现象发生的原因，条件和机理。对于未能解决、有待解决及无法解决的现象和问题也应明确指出，不能避而不谈。

(3) 指出研究结果的理论意义和实用价值

论文中应该指出研究的结果对本学科的发展有何贡献，与有关学科的关系，对某些公认的理论、原理、规则和规范有何修正或改进，除此之外，还应指出研究结果的实用价值和推广应用后的经济效益。

（4）展望

对于论文中未能解决的问题，继续研究可能出现的问题及解决这些问题的设想，方法和途径，在论文中也应该指出，以引起读者的兴趣和思考。在所指出的问题中，应说明哪些是本论文作者将要进行研究的，哪些是正在进行的，哪些是已经完成将要发表的，以引导起读者的注意。

7. 致谢

现代科学研究往往不是一个人能独立完成的，需要别人的帮助。所以，发表论文时必须对别人的劳动给予充分地肯定，并表示感谢。

致谢的对象和范围包括：

① 协助本研究工作的实验人员。

② 参加讨论提出过指导性意见的人员。

③ 提供实验材料、仪器及给予其他方便的人员。

④ 向作者提供数据、图表、照片的人员。

⑤ 对资助研究工作的学会、基金会、合同单位以及其他组织和个人。

⑥ 在撰写论文过程中提出过建议和提供过帮助的人员。

⑦ 对论文提供过某种信息，但不是论文的共同作者，对论文不负责的人员。

8. 附录

附录是在论文末作为正文主体的补充项目。包括附注、统计表、附图、计算机打印输出件、计算推导过程等必须说明的信息，附录只在必要时才采用，下列内容可列入附录中：

① 插入正文后有损于编排条理性和论文完整性的材料。

② 对于篇幅过大，或取材于复制件，不便于编入正文的材料。

③ 对一般读者并非必要阅读，但对本专业同行者有参考价值的材料。

④ 某些重要的原始数据、数学推导、计算框图、结构图等。

9. 参考文献

科学有继承性，后人的研究成果绝大部分都是在前人研究成果上的发展和继承。因此，凡是在论文中引用或参考过的有关文献的数据、观点和论点，均应按出现的先后顺序予以标明。这样做的目的是：

① 反映论文的科学态度和依据。

② 充分表明对他人科学劳动成果的尊重。

③ 便于读者了解该领域里前人所做的工作，便于读者查找核实有关内容。

论文中引用参考文献时，应在博览前人研究成果的基础上，选取最新最重要的，为数不多的文献。这些文献必须是亲自阅读过而且在论文中直接引用过的，切忌罗列教科书中已经公认的陈旧史料，这表明作者已经掌握了本学科的最新知识和信息。

长期以来，引用参考文献的著录方法和在正文中标注的方式极不统一。我国国家标准局以国际标准为依据，规定如下：

（1）正文中引用参考文献的标注方法

现行两大行系，均可采用。

① 著者姓名/出版年体系。

这种体系有两种格式：

a. 姓名（出版年）

例如：顾惕人（1989）在溶液中的理想吸附一文中提出……。

b. （姓名，出版年）

例如：在溶液中的理想吸附一文（顾惕人，1984）中指出……。

② 顺序编号体系。

这种体系是在论文中引用文献的作者姓名或成果叙述文字的右上角，用方括号标注阿拉伯数字。依正文出现的前后顺序编号。在参考文献表中著录时，按此序一号顺序列出。

例如：顾惕人[3]指出……。

文献[4]指出……。

（2）参考文献表的著录方法

著录参考文献应按下列次序：著名、题名、出版事项。

格式为：

① 书。

著者姓名，出版年，书名. 出版者，特定号码.

例如，希洛夫，1956. 最小二乘法，地质出版社，15.

② 期刊论文。

著者姓名，出版年，论文题目. 期刊名，卷（期）：页.

例如；张书义，1986. 电镀混合废水循环复用新工艺. 环境保护，（2）：16.

③ 学术报告。

著者姓名，出版年. 报告题目. 卷次，分册题目，特定报告编号，出版者。

9.2 科技论文写作中的注意事项

科技论文是科学研究工作的总结。科技论文写作时应注意科学性、逻辑性、客观性、真实性。为此，在写作科技论文时应注意下列事项。

1. 要实率求是、不能随意夸大结论

实验研究的结果往往是在一定的条件下获得的，结论只能在特定的范围内适用，不是无边无际的。所以，作结论时一定要慎重，要说明结论的适用范围，不能随意夸大结论。

2. 用词要清楚准确

① 名词的定义必须清楚准确。对于专业名词，特别是非本专业的技术名词，使用时必须慎重。如果不知道它的确切含义，千万不可随便使用。非用不可时，应请有关专业人员核对。

② 名词要专一化，一篇论文中，一个名词只能用来表示一个意思，一件事物只能用一个名词来表示。

③ 比较副词，如"偏""较""更""最""太""特"等，使用时要慎重。

④ 避免使用俗语、土语、口语、行语。应当使用公认的、合乎规范的科学名词。如果有必要使用一个新名词时，应该给它下一个定义，或者进行详细的解释。对于一些不常用的

术语，在论文中第一次出现时也应加以注解。

⑤ 不使用模棱两可的词，如"也许""有可能""差不多""大概""基本上"等。论文中不能肯定下来的"事实"肯定下来是主观武断，但能肯定下来的"事实"不肯定，用模棱两可的词来表示，会使论文失去应有的价值。

⑥ 不要用华丽的或带有情感的词藻，严肃的科技论文应避免使用比喻，论文中一般不要谈感想。

3. 要谦虚、以理服人

① 与别人的研究工作进行比较时，不要用苛刻的词句或狡辩的语气，不能随意抬高自己，贬低别人。

② 如果认为别人的研究方法有问题，研究结果不正确，应该就事实和文字进行讨论，不能随意猜测别人的动机和想法。

4. 要多次修改论文

论文写成后要进行多次修改，不要急于发稿，以免降低论文的质量。修正的内容包括：题目、篇幅、结构、语句等。一般情况下，前几次主要修改篇幅和结构，后几次修改题目、语句和其他细节。

9.3 论文写作助手——科技论文管理软件

孙武说，要知己知彼，才能百战不殆。牛顿说，我是站在巨人肩膀上的。绝大多数科研工作者都是在别人研究的基础上前进的，很少是开创性的研究。所以，科研工作者开始知彼之路，寻找巨人的肩膀是从读文献开始的。第一步，就是要找到需要的文献，读文献，记录，再找再读，如此反复，当读得文献越来越多时，电脑已经建了很多文件夹。文献越来越多，渐渐记不清看过什么了，记不得看过的文献在哪儿了。要写文章的时候，找不到文献了，只好再重新下一遍。好不容易，写了一篇洋洋洒洒的论文，投稿前发现第五篇参考文献后面少引了一篇重要文献。崩溃，重新调整引文序号，然来的 6 变成 7，8 变 9……，相信每个写过论文的人都有过类似的经历。正是在这一背景下，有人研发出一种软件，不但可以帮助查找文献，还能进行记录，还可以帮助编排文献编号，文献管理软件根据社会需求而诞生。

1. 文献管理软件的一些基本功能

① 可以直接联网到不同的数据库进行检索，免去登录不同数据库的劳累之苦，并且提高了效率。

② 可以非常方便地管理文献信息，包括文摘、全文、笔记，以及其他的附件材料等；省去我们建立一个又一个的文件夹；检索功能大大方便我们查找到需要的文献；多数软件还具备一定的分析功能。

③ 文末参考文献格式的编辑。

2. 文献管理软件的分类及资源

关于文献管理软件的分类，根据不同的分类方法可以分为免费的和收费的，开源的和不开源的，在线的和离线的，跨平台的和不跨平台的，其中不跨平台的可能会有多种平台的版本软件。下面按国产的和国外的两大类对文献管理软件做简要介绍。

（1）国产文献管理软件

国产的主要只有四家，分别是 NoteExpress，Note First，医学文献王和新科学。

NoteExpress 文献管理软件，是国产软件中较为经典的一款，功能齐全，设计理念先进，有很多功能优于老牌的劲旅 End Note。适合国人习惯，很容易上手。稳定性和设计细节还需进一步改进。

开发公司：北京爱琴海公司。

网址：http：//www. reflib. org 或 http：//www. scinote. com。

Note First 文献管理软件，是基于 Science2. 0 的理念，倡导共享与协作。结合了客户端和在线管理的优势，集成了文件管理，文献收集，论文中参考文献的自动形成，参考文献自动校对等功能。支持多种其他软件的文件格式，并集成了多语言系统。用户可免费下载，基本功能使用免费，但高级功能需要购买开通。

开发公司：西安知先信息技术有限公司。

网址：http：//www. notefirst. com。

医学文献王，针对医学领域的专业化文献管理工具。

开发公司：北京金叶天翔科技有限公司。

网址：http：//www. medscape. com. cn。

新科学是基于网络的文献管理与分享平台，理念是以文会友。

开发公司：由几位热血青年创立。

网址：http：//www. xinkexue. com。

（2）国外文献管理软件

End Note 文献管理软件，国内知名度最高，每年更新一版，每次都有一些功能上的改进。是目前使用面最广、认可度最高的文献管理软件。网上可以找到很多教程。

开发公司：汤森路透公司。

网址：http：//www. endnote. com。

QUOSA 文献管理软件，国内关注较少，是一款比较有个性的软件。QUOSA 是查询（Query）、组织（Organize）、存储和共享（Save & Share）以及分析（Analysis）这几个单词首字母的组合，说明其主要有这四种角色与功能。最早提供自动下载 PDF 全文（需要权限）、能够追踪最新文献、目录可导入 End Note、能进行全文文献分析等功能。资源目前主要局限于生命科学领域。

开发公司：QUOSA 公司。

网址：http：//www. quosa. com。

JabRef 文献管理软件，是免费的跨平台文献管理软件。适用于 Windows，Linux 和 Mac OS X 系统。JabRef 最大的特点就是使用 BibTeX 格式的数据库，所以它最适合 LaTeX 用户使用。

网址：http：//jabref. sourceforge. net。

Bibus 文献管理软件，和 End Note 功能差不多，支持在 Word 及 OpenOffice 中插入文献，自动生成参考文献目录。支持文献分组。使用 MySQL 或 SQLite（任选其一）数据库存储参考文献数据。它能在 OpenOffice 及 MS Word 中直接插入引文，而无需在 Word 中安装宏，或插件等，并自动生成参考文献目录。其功能目前已与商业软件 End Note，RM 接近，支持 Unicode，支持中文。

网址：http：//bibus-biblio. sourceforge. net。

Mendeley 文献管理软件，既有客户端，又支持在线管理，与 Note First 类似。免费，可以自动导入 PDF 文献是它的特色。同时它还引入了社会化功能，可以实现以文会友的功能。

网址 http：//www. mendeley. com。

Zotero 文献管理软件，是一款比较独特的文献管理软件，它只是一个 Firefox 的插件，可以在线收集文献信息，并通过插件的形式进行管理。

网址：http：//www. zotero. org。

除此之外，还有几家大型数据库上开发的在线文献管理工具，不过流传并不广泛。有兴趣者可以了解一下。分别是：Cite Ulike 文献管理软件，是由 Springer 集团开发的在线文献管理与分享平台。可以便捷存储网上的文献，最新还加入了文献自动推荐功能，可以与同事分享文章，也可以知道哪些人在读相同的文章，也可以保存和搜索 PDF 文件等。网址：http：//www. citeulike. org。Connotea 文献管理软件，这是 Nature 出版集团旗下网站。借鉴当前流行的 Delicious 等社会书签的创意，专注于科研领域，并可导入桌面文献管理软件的数据，是当前比较流行的一款在线文献管理工具。网址：http：//www. connotea. org。2collab 文献管理软件，是 Elsevier 出版集团旗下网站。2collab 提供了一种可处理来自各种不同资源的学术信息的新方式，研究人员在这样一个平台上可以同其所在领域的同行进行沟通交流，进而一起探索、分享信息和相互协作。网址：http：//www. 2collab. com。

附表 1　常用正交实验表

(1) L_4 (2^3)

实验号 \ 列号	1	2	3
1	1	1	1
2	1	2	2
3	2	1	2
4	2	2	1

(2) L_8 (2^7)

实验号 \ 列号	1	2	3	4	5	6	7
1	1	1	1	1	1	1	1
2	1	1	1	2	2	2	2
3	1	2	2	1	1	2	2
4	1	2	2	2	2	1	1
5	2	1	2	1	2	1	2
6	2	1	2	2	1	2	1
7	2	2	1	1	2	2	1
8	2	2	1	2	1	1	2

(3) L_{12} (2^{11})

实验号 \ 列号	1	2	3	4	5	6	7	8	9	10	11
1	1	1	1	1	1	1	1	1	1	1	1
2	1	1	1	1	1	2	2	2	2	2	2
3	1	1	2	2	2	1	1	1	2	2	2
4	1	2	1	2	2	1	2	2	1	1	2
5	1	2	2	1	2	2	1	2	1	2	1
6	1	2	2	2	1	2	2	1	2	1	1
7	2	1	2	2	1	1	2	2	1	2	1
8	2	1	2	1	2	2	2	1	1	1	2
9	2	1	1	2	2	2	1	2	2	1	1
10	2	2	2	1	1	1	1	2	2	1	2
11	2	2	1	2	1	2	1	1	1	2	2
12	2	2	1	1	2	1	2	1	2	2	1

(4) L_{16} (2^{15})

列号 实验号	1	2	3	4	5	6	7	8	9	10	11	12	13	14	15
1	1	1	1	1	1	1	1	1	1	1	1	1	1	1	1
2	1	1	1	1	1	1	1	2	2	2	2	2	2	2	2
3	1	1	1	2	2	2	2	1	1	1	1	2	2	2	2
4	1	1	1	2	2	2	2	2	2	2	2	1	1	1	1
5	1	2	2	1	1	2	2	1	1	2	2	1	1	2	2
6	1	2	2	1	1	2	2	2	2	1	1	2	2	1	1
7	1	2	2	2	2	1	1	1	1	2	2	2	2	1	1
8	1	2	2	2	2	1	1	2	2	1	1	1	1	2	2
9	2	1	2	1	2	1	2	1	2	1	2	1	2	1	2
10	2	1	2	1	2	1	2	2	1	2	1	2	1	2	1
11	2	1	2	2	1	2	1	1	2	1	2	2	1	2	1
12	2	1	2	2	1	2	1	2	1	2	1	1	2	1	2
13	2	2	1	1	2	2	1	1	2	2	1	1	2	2	1
14	2	2	1	1	2	2	1	2	1	1	2	2	1	1	2
15	2	2	1	2	1	1	2	1	2	2	1	2	1	1	2
16	2	2	1	2	1	1	2	2	1	1	2	1	2	2	1

(5) L_9 (3^4)

列号 实验号	1	2	3	4
1	1	1	1	1
2	1	2	2	2
3	1	3	3	3
4	2	1	2	3
5	2	2	3	1
6	2	3	1	2
7	3	1	3	2
8	3	2	1	3
9	3	3	2	1

(6) L_{16} (4^5)

列号 实验号	1	2	3	4	5
1	1	1	1	1	1
2	1	2	2	2	2
3	1	3	3	3	3
4	1	4	4	4	4

实验号 \ 列号	1	2	3	4	5
5	2	1	2	3	4
6	2	2	1	4	3
7	2	3	4	1	2
8	2	4	3	2	1
9	3	1	3	4	2
10	3	2	4	3	1
11	3	3	1	2	4
12	3	4	2	1	3
13	4	1	4	2	3
14	4	2	3	1	4
15	4	3	2	4	1
16	4	4	1	3	2

(7) L_8 (4×2^4)

实验号 \ 列号	1	2	3	4	5
1	1	1	1	1	1
2	1	2	2	2	2
3	2	1	1	2	2
4	2	2	2	1	1
5	3	1	2	1	2
6	3	2	1	2	1
7	4	1	2	2	1
8	4	2	1	1	2

(8) L_{16} (4×2^{12})

实验号 \ 列号	1	2	3	4	5	6	7	8	9	10	11	12	13
1	1	1	1	1	1	1	1	1	1	1	1	1	1
2	1	1	1	1	1	2	2	2	2	2	2	2	2
3	1	2	2	2	2	1	1	1	1	2	2	2	2
4	1	2	2	2	2	2	2	2	1	1	1	1	1
5	2	1	1	2	2	1	1	2	2	1	1	2	2
6	2	1	1	2	2	2	2	1	1	2	2	1	1
7	2	2	2	1	1	1	1	2	2	2	2	1	1
8	2	2	2	1	1	2	2	1	1	1	1	2	2
9	3	1	2	1	2	1	2	1	2	1	2	1	2

实验号 \ 列号	1	2	3	4	5	6	7	8	9	10	11	12	13
10	3	1	2	1	2	2	1	2	1	2	1	2	1
11	3	2	1	2	1	1	2	1	2	2	1	2	1
12	3	2	1	2	1	1	2	1	1	2	1	2	2
13	4	1	2	2	1	1	2	2	1	1	2	2	1
14	4	1	2	2	1	2	1	1	2	2	1	1	2
15	4	2	1	1	2	1	2	2	1	2	1	1	2
16	4	2	1	1	2	2	1	2	1	2	2	1	1

(9) L_{16} ($4^2 \times 2^9$)

实验号 \ 列号	1	2	3	4	5	6	7	8	9	10	11
1	1	1	1	1	1	1	1	1	1	1	1
2	1	2	1	1	1	2	2	2	2	2	2
3	1	3	2	2	2	1	1	1	2	2	2
4	1	4	2	2	2	2	2	2	1	1	1
5	2	1	1	2	2	1	2	2	1	2	2
6	2	2	1	2	2	2	1	1	2	1	1
7	2	3	2	1	1	1	2	2	2	1	1
8	2	4	2	1	1	2	1	1	1	2	2
9	3	1	2	1	2	2	1	2	2	1	2
10	3	2	2	1	2	1	2	1	1	2	1
11	3	3	1	2	1	2	1	2	1	2	1
12	3	4	1	2	1	1	2	1	2	1	2
13	4	1	2	2	1	1	2	1	2	2	1
14	4	2	2	2	1	2	1	2	1	1	2
15	4	3	1	1	2	2	2	1	1	1	2
16	4	4	1	1	2	1	1	2	2	2	1

(10) L_{16} ($4^3 \times 2^6$)

实验号 \ 列号	1	2	3	4	5	6	7	8	9
1	1	1	1	1	1	1	1	1	1
2	1	2	2	1	1	2	2	2	2
3	1	3	3	2	2	1	1	2	2
4	1	4	4	2	2	2	2	1	1
5	2	1	2	2	2	1	2	1	2
6	2	2	1	2	2	2	1	2	1

续表

实验号 \ 列号	1	2	3	4	5	6	7	8	9
7	2	3	4	1	1	1	2	2	1
8	2	4	3	1	1	2	1	1	2
9	3	1	3	1	2	2	2	2	1
10	3	2	4	1	2	1	1	1	2
11	3	3	1	2	1	2	2	1	2
12	3	4	2	2	1	1	1	2	1
13	4	1	4	2	1	2	1	2	2
14	4	2	3	2	1	1	2	1	1
15	4	3	2	1	2	2	1	1	1
16	4	4	1	1	2	1	2	2	2

(11) L_{16} ($4^4 \times 2^3$)

实验号 \ 列号	1	2	3	4	5	6	7
1	1	1	1	1	1	1	1
2	1	2	2	2	1	2	2
3	1	3	3	3	2	1	2
4	1	4	4	4	2	2	1
5	2	1	2	3	2	2	1
6	2	2	1	4	2	1	2
7	2	3	4	1	1	2	2
8	2	4	3	2	1	1	1
9	3	1	3	4	1	2	2
10	3	2	4	3	1	1	1
11	3	3	1	2	2	2	1
12	3	4	2	1	2	1	2
13	4	1	1	2	2	1	2
14	4	2	3	1	2	2	1
15	4	3	2	4	1	1	1
16	4	4	1	3	1	2	2

(12) L_{16} (8×2^8)

实验号 \ 列号	1	2	3	4	5	6	7	8	9
1	1	1	1	1	1	1	1	1	1
2	1	2	2	2	2	2	2	2	2
3	2	1	1	1	1	2	2	2	2

实验号 \ 列号	1	2	3	4	5	6	7	8	9
4	2	2	2	2	2	1	1	1	1
5	3	1	1	2	2	1	1	2	2
6	3	2	2	1	1	2	2	1	1
7	4	1	1	2	2	2	2	1	1
8	4	2	2	1	1	1	1	2	2
9	5	1	2	1	2	1	2	1	2
10	5	2	1	2	1	2	1	2	1
11	6	1	2	1	2	2	1	2	1
12	6	2	1	2	1	1	2	1	2
13	7	1	2	2	1	1	2	2	1
14	7	2	1	1	2	2	1	1	2
15	8	1	2	2	1	2	1	1	2
16	8	2	1	1	2	1	2	2	1

(13) L_{18} (2×3^7)

实验号 \ 列号	1	2	3	4	5	6	7	8
1	1	1	1	1	1	1	1	1
2	1	1	2	2	2	2	2	2
3	1	1	3	3	3	3	3	3
4	1	2	1	1	2	2	3	3
5	1	2	2	2	3	3	1	1
6	1	2	3	3	1	1	2	2
7	1	3	1	2	1	3	2	3
8	1	3	2	3	2	1	3	1
9	1	3	3	1	3	2	1	2
10	2	1	1	3	3	2	2	1
11	2	1	2	1	1	3	3	2
12	2	1	3	2	2	1	1	3
13	2	2	1	2	3	1	3	2
14	2	2	2	3	1	2	1	3
15	2	2	3	1	2	3	2	1
16	2	3	1	3	2	3	1	2
17	2	3	2	1	3	1	2	3
18	2	3	3	2	1	2	3	1

(14) L_{27} (3^{13})

实验号 \ 列号	1	2	3	4	5	6	7	8	9	10	11	12	13
1	1	1	1	1	1	1	1	1	1	1	1	1	1
2	1	1	1	1	2	2	2	2	2	2	2	2	2
3	1	1	1	1	3	3	3	3	3	3	3	3	3
4	1	2	2	2	1	1	1	2	2	2	3	3	3
5	1	2	2	2	2	2	2	3	3	3	1	1	1
6	1	2	2	2	3	3	3	1	1	1	2	2	2
7	1	3	3	3	1	1	1	3	3	3	2	2	2
8	1	3	3	3	2	2	2	1	1	1	3	3	3
9	1	3	3	3	3	3	3	2	2	2	1	1	1
10	2	1	1	3	1	2	3	1	2	3	1	2	3
11	2	1	2	3	2	3	1	2	3	1	2	3	1
12	2	1	3	3	3	1	2	3	1	2	3	1	2
13	2	2	1	1	1	2	3	2	3	1	3	1	2
14	2	2	2	1	2	3	1	3	1	2	1	2	3
15	2	2	3	1	3	1	2	1	2	3	2	3	1
16	2	3	1	2	1	2	3	3	1	2	2	3	1
17	2	3	2	2	2	3	1	1	2	3	3	1	2
18	2	3	3	2	3	1	2	2	3	1	1	2	3
19	3	1	3	2	1	3	2	1	3	2	1	3	2
20	3	1	3	2	2	1	3	2	1	3	2	1	3
21	3	1	3	2	3	2	1	3	2	1	3	2	1
22	3	2	1	3	1	3	2	2	1	3	3	2	1
23	3	2	1	3	2	1	3	3	2	1	1	3	2
24	3	2	1	3	3	2	1	1	3	2	2	1	3
25	3	3	2	1	1	3	2	3	2	1	2	1	3
26	3	3	2	1	2	1	3	1	3	2	3	2	1
27	3	3	2	1	3	2	1	2	1	3	1	3	2

附表 2　离群数据分析判断表

(1) 克罗勃斯 (Grubbs) 检验临界值 T_a 表

m	显著性水平 a				m	显著性水平 a			
	0.05	0.025	0.01	0.005		0.05	0.025	0.01	0.005
3	1.153	1.155	1.155	1.155	31	2.759	2.024	3.119	3.253
4	1.463	1.481	1.492	1.496	32	2.773	2.938	3.135	3.270
5	1.672	1.715	1.749	1.764	33	2.786	2.952	3.150	3.286
6	1.822	1.887	1.944	1.973	34	2.799	2.965	3.164	3.301
7	1.938	2.020	2.097	2.139	35	2.811	2.979	3.178	3.316
8	2.032	2.126	2.221	2.274	36	2.823	2.991	3.191	3.330
9	2.110	2.315	2.323	2.387	37	2.835	3.003	3.204	3.343
10	2.176	2.290	2.410	2.482	38	2.846	3.014	3.216	3.356
11	2.234	2.355	2.485	2.564	39	2.857	3.025	3.288	3.369
12	2.285	2.412	2.550	2.636	40	2.866	3.036	3.240	3.381
13	2.331	2.462	2.607	2.699	41	2.877	3.046	3.251	3.393
14	2.371	2.507	2.659	2.755	42	2.887	3.057	3.261	3.404
15	2.409	2.549	2.705	2.806	43	2.896	3.067	3.271	3.415
16	2.443	2.585	2.747	2.852	44	2.905	3.075	3.282	3.425
17	2.475	2.620	2.785	2.894	45	2.914	3.085	3.292	3.435
18	2.504	2.650	2.821	2.932	46	2.923	3.094	3.302	3.445
19	2.532	2.681	2.854	2.968	47	2.931	3.103	3.310	3.455
20	2.557	2.709	2.884	2.001	48	2.940	3.111	3.319	3.464
21	2.580	2.733	2.912	3.031	49	2.948	3.120	3.329	3.474
22	2.603	2.758	2.939	3.060	50	2.956	3.128	3.336	3.483
23	2.624	2.781	2.963	3.087	60	3.025	3.199	3.411	3.560
24	2.644	2.802	2.987	3.112	70	3.082	3.257	3.471	3.622
25	2.663	2.822	3.009	3.135	80	3.130	3.305	3.521	3.673
26	2.681	2.841	3.029	3.157	90	3.171	3.347	3.563	3.716
27	2.698	2.859	3.049	3.178	100	3.207	3.383	3.600	3.754
28	2.714	2.876	3.068	3.199					
29	2.730	2.893	3.085	3.218					
30	2.745	2.908	3.103	3.236					

（2）Cochran 最大方差检验临界值 C_a 表

m	$n=2$		$n=3$		$n=4$		$n=5$		$n=6$	
	$a=0.01$	$a=0.05$	$a=0.01$	$a=0.05$	$a=0.01$	$a=0.05$	$a=0.01$	$a=0.05$	$a=0.01$	$a=0.05$
2	—	—	0.995	0.975	0.979	0.939	0.959	0.906	0.937	0.877
3	0.993	0.967	0.942	0.871	0.883	0.798	0.834	0.745	0.793	0.707
4	0.968	0.906	0.864	0.768	0.781	0.684	0.721	0.629	0.676	0.590
5	0.928	0.841	0.788	0.684	0.696	0.598	0.633	0.544	0.588	0.506
6	0.883	0.781	0.722	0.616	0.626	0.532	0.564	0.480	0.520	0.445
7	0.838	0.727	0.664	0.561	0.568	0.480	0.508	0.431	0.466	0.397
8	0.794	0.680	0.615	0.516	0.521	0.438	0.463	0.391	0.423	0.360
9	0.754	0.638	0.573	0.478	0.481	0.403	0.425	0.358	0.387	0.329
10	0.718	0.602	0.536	0.445	0.447	0.373	0.393	0.331	0.357	0.303
11	0.684	0.570	0.504	0.417	0.418	0.348	0.366	0.308	0.332	0.281
12	0.653	0.541	0.475	0.392	0.392	0.326	0.343	0.288	0.310	0.262
13	0.624	0.515	0.450	0.371	0.369	0.307	0.322	0.271	0.291	0.246
14	0.599	0.492	0.427	0.352	0.349	0.291	0.304	0.255	0.274	0.232
15	0.575	0.471	0.407	0.335	0.332	0.276	0.288	0.242	0.259	0.220
16	0.553	0.452	0.388	0.319	0.316	0.262	0.274	0.230	0.246	0.208
17	0.532	0.434	0.372	0.305	0.301	0.250	0.261	0.219	0.234	0.198
18	0.514	0.418	0.356	0.293	0.288	0.240	0.249	0.209	0.223	0.189
19	0.496	0.403	0.343	0.218	0.276	0.230	0.238	0.200	0.214	0.181
20	0.480	0.389	0.330	0.270	0.265	0.220	0.229	0.192	0.205	0.174
21	0.465	0.377	0.318	0.261	0.255	0.212	0.220	0.185	0.197	0.167
22	0.450	0.365	0.307	0.252	0.246	0.204	0.212	0.178	0.189	0.160
23	0.437	0.354	0.297	0.243	0.238	0.197	0.204	0.172	0.182	0.155
24	0.425	0.343	0.287	0.235	0.230	0.191	0.197	0.166	0.176	0.149
25	0.413	0.334	0.278	0.228	0.222	0.185	0.190	0.160	0.170	0.144
26	0.402	0.325	0.270	0.221	0.215	0.179	0.184	0.155	0.164	0.140
27	0.391	0.316	0.262	0.215	0.209	0.173	0.179	0.150	0.159	0.135
28	0.382	0.308	0.255	0.209	0.202	0.168	0.173	0.146	0.154	0.131
29	0.372	0.300	0.248	0.203	0.196	0.164	0.168	0.142	0.150	0.127
30	0.363	0.293	0.241	0.198	0.191	0.159	0.164	0.138	0.145	0.124
31	0.355	0.286	0.235	0.193	0.186	0.155	0.159	0.134	0.141	0.120
32	0.347	0.280	0.299	0.188	0.181	0.151	0.155	0.131	0.138	0.117
33	0.339	0.273	0.224	0.184	0.177	0.147	0.151	0.127	0.134	0.114
34	0.332	0.267	0.218	0.179	0.172	0.144	0.147	0.124	0.131	0.111
35	0.325	0.262	0.213	0.175	0.168	0.140	0.144	0.121	0.127	0.108
36	0.318	0.256	0.208	0.172	0.165	0.137	0.140	0.118	0.124	0.106
37	0.312	0.251	0.204	0.168	0.161	0.134	0.137	0.116	0.121	0.103
38	0.306	0.246	0.200	0.164	0.157	0.131	0.134	0.113	0.119	0.101
39	0.300	0.242	0.196	0.161	0.154	0.129	0.131	0.111	0.116	0.099
40	0.294	0.237	0.192	0.158	0.151	0.126	0.128	0.108	0.114	0.097

附表3 F分布表

(1) (α=0.10)

n_2 \ n_1	1	2	3	4	5	6	7	8	9	10	12	15	20	24	30	40	60	120	∞
1	39.86	49.50	53.59	55.83	57.24	58.20	58.91	59.44	59.86	60.19	60.71	61.22	61.74	62.00	62.26	62.53	62.79	63.06	63.33
2	8.53	9.00	9.16	9.24	9.29	9.33	9.35	9.37	9.38	9.39	9.41	9.42	9.44	9.45	9.46	9.47	9.47	9.48	9.49
3	5.54	5.46	5.39	5.34	5.31	5.28	5.27	5.25	5.24	5.23	5.22	5.20	5.18	5.18	5.17	5.16	5.15	5.14	5.13
4	4.54	4.32	4.19	4.11	4.05	4.01	3.98	3.95	3.94	3.92	3.90	3.87	3.84	3.83	3.82	3.80	3.79	3.78	3.76
5	4.06	3.78	3.62	3.52	3.45	3.40	3.37	3.34	3.32	3.30	3.27	3.24	3.21	3.19	3.17	3.16	3.14	3.12	3.10
6	3.78	3.46	3.29	3.18	3.11	3.05	3.01	2.98	2.96	2.94	2.90	2.87	2.84	2.82	2.80	2.78	2.76	2.74	2.72
7	3.59	3.26	3.07	2.96	2.88	2.83	2.78	2.75	2.72	2.70	2.67	2.63	2.59	2.58	2.56	2.54	2.51	2.49	2.47
8	3.46	3.11	2.92	2.81	2.73	2.67	2.62	2.59	2.56	2.54	2.50	2.46	2.42	2.40	2.38	2.36	2.34	2.32	2.29
9	3.36	3.01	2.81	2.69	2.61	2.55	2.51	2.47	2.44	2.42	2.38	2.34	2.30	2.28	2.25	2.23	2.21	2.18	2.16
10	3.29	2.92	2.73	2.61	2.52	2.46	2.41	2.38	2.35	2.32	2.28	2.24	2.20	2.18	2.16	2.13	2.11	2.08	2.06
11	3.23	2.86	2.66	2.54	2.45	2.39	2.34	2.30	2.27	2.25	2.21	2.17	2.12	2.10	2.08	2.05	2.03	2.00	1.97
12	3.18	2.81	2.61	2.48	2.39	2.33	2.28	2.24	2.21	2.19	2.15	2.10	2.06	2.04	2.01	1.99	1.96	1.93	1.90
13	3.14	2.76	2.56	2.43	2.35	2.28	2.23	2.20	2.16	2.14	2.10	2.05	2.01	1.98	1.96	1.93	1.90	1.88	1.85
14	3.10	2.73	2.52	2.39	2.31	2.24	2.19	2.15	2.12	2.10	2.05	2.01	1.96	1.94	1.91	1.89	1.86	1.83	1.80
15	3.07	2.70	2.49	2.36	2.27	2.21	2.16	2.12	2.09	2.06	2.02	1.97	1.92	1.90	1.87	1.85	1.82	1.79	1.76
16	3.05	2.67	2.46	2.33	2.24	2.18	2.13	2.09	2.06	2.03	1.99	1.94	1.89	1.87	1.84	1.81	1.78	1.75	1.72
17	3.03	2.64	2.44	2.31	2.22	2.15	2.10	2.06	2.03	2.00	1.96	1.91	1.86	1.84	1.81	1.78	1.75	1.72	1.69
18	3.01	2.62	2.42	2.29	2.20	2.13	2.08	2.04	2.00	1.98	1.93	1.89	1.84	1.81	1.78	1.75	1.72	1.69	1.66
19	2.99	2.61	2.40	2.27	2.18	2.11	2.06	2.02	1.98	1.96	1.91	1.86	1.81	1.79	1.76	1.73	1.70	1.67	1.63

续表

(1) ($\alpha=0.10$)

n_1 / n_2	1	2	3	4	5	6	7	8	9	10	12	15	20	24	30	40	60	120	∞
20	2.97	2.59	2.38	2.25	2.16	2.09	2.04	2.00	1.96	1.94	1.89	1.84	1.79	1.77	1.74	1.71	1.68	1.64	1.61
21	2.96	2.57	2.36	2.23	2.14	2.08	2.02	1.98	1.95	1.92	1.87	1.83	1.78	1.75	1.72	1.69	1.66	1.62	1.59
22	2.95	2.56	2.35	2.22	2.13	2.06	2.01	1.97	1.93	1.90	1.86	1.81	1.76	1.73	1.70	1.67	1.64	1.60	1.57
23	2.94	2.55	2.34	2.21	2.11	1.05	1.99	1.95	1.92	1.89	1.84	1.80	1.74	1.72	1.69	1.66	1.62	1.59	1.55
24	2.93	2.54	2.33	2.19	2.10	2.04	1.98	1.94	1.91	1.88	1.83	1.78	1.73	1.70	1.67	1.64	1.61	1.57	1.53
25	2.92	2.53	2.32	2.18	2.09	2.02	1.97	1.93	1.89	1.87	1.82	1.77	1.72	1.69	1.66	1.63	1.59	1.56	1.52
26	2.91	2.52	2.31	2.17	2.08	2.01	1.96	1.92	1.88	1.86	1.81	1.76	1.71	1.68	1.65	1.61	1.58	1.54	1.50
27	2.90	2.51	2.30	2.17	2.07	2.00	1.95	1.91	1.87	1.85	1.80	1.75	1.70	1.67	1.64	1.60	1.57	1.53	1.49
28	2.89	2.50	2.29	2.16	2.06	2.00	1.94	1.90	1.87	1.84	1.79	1.74	1.69	1.66	1.63	1.59	1.56	1.52	1.48
29	2.89	2.50	2.28	2.15	2.06	1.99	1.93	1.89	1.86	1.83	1.78	1.73	1.68	1.65	1.62	1.58	1.55	1.51	1.47
30	2.88	2.49	2.28	2.14	2.05	1.98	1.93	1.88	1.85	1.82	1.77	1.72	1.67	1.64	1.61	1.57	1.54	1.50	1.46
40	2.84	2.44	2.23	2.09	2.00	1.93	1.87	1.83	1.79	1.76	1.71	1.66	1.61	1.57	1.54	1.51	1.47	1.42	1.38
60	2.79	2.39	2.18	2.04	1.95	1.87	1.82	1.77	1.74	1.71	1.66	1.60	1.54	1.51	1.48	1.44	1.40	1.35	1.29
120	2.75	2.35	2.13	1.99	1.90	1.82	1.77	1.72	1.68	1.65	1.60	1.55	1.48	1.45	1.41	1.37	1.32	1.26	1.19
∞	2.71	2.30	2.08	1.94	1.85	1.77	1.72	1.67	1.63	1.60	1.55	1.49	1.42	1.38	1.34	1.30	1.24	1.17	1.00

(2) ($\alpha=0.05$)

n_1 / n_2	1	2	3	4	5	6	7	8	9	10	12	15	20	24	30	40	60	120	∞
1	161.4	199.5	215.7	224.6	230.2	234.0	236.8	238.9	240.5	241.9	243.9	245.9	248.0	249.1	250.1	251.1	252.2	253.3	254.3
2	18.51	19.00	19.16	19.25	19.30	19.33	19.35	19.37	19.38	19.40	19.41	19.43	19.45	19.45	19.46	19.47	19.48	19.49	19.50
3	10.13	9.55	9.28	9.12	9.01	8.94	8.89	8.85	8.81	8.79	8.74	8.70	8.66	8.64	8.62	8.59	8.57	8.55	8.53
4	7.71	6.94	6.59	6.39	6.26	6.16	6.09	6.04	6.00	5.96	5.91	5.86	5.80	5.77	5.75	5.72	5.69	5.66	5.63
5	6.61	5.79	5.41	5.19	5.05	4.95	4.88	4.82	4.77	4.74	4.68	4.62	4.56	4.53	4.50	4.46	4.43	4.40	4.36
6	5.99	5.14	4.76	4.53	4.39	4.28	4.21	4.15	4.10	4.06	4.00	3.94	3.87	3.84	3.81	3.77	3.74	3.70	3.67
7	5.59	4.74	4.35	4.12	3.97	3.87	3.79	3.73	3.68	3.64	3.57	3.51	3.44	3.41	3.38	3.34	3.30	3.27	3.23
8	5.32	4.46	4.07	3.84	3.69	3.58	3.50	3.44	3.39	3.35	3.28	3.22	3.15	3.12	3.08	3.04	3.01	2.97	2.93
9	5.12	4.26	3.86	3.63	3.48	3.37	3.29	3.23	3.18	3.14	3.07	3.01	2.94	2.90	2.86	2.83	2.79	2.75	2.71

续表

(2) (α=0.05)

n_1 \ n_2	1	2	3	4	5	6	7	8	9	10	12	15	20	24	30	40	60	120	∞
10	4.96	4.10	3.71	3.48	3.33	3.22	3.14	3.07	3.02	2.98	2.91	2.85	2.77	2.74	2.70	2.66	2.62	2.58	2.54
11	4.84	3.98	3.59	3.36	3.20	3.09	3.01	2.95	2.90	2.85	2.79	2.72	2.65	2.61	2.57	2.53	2.49	2.45	2.40
12	4.75	3.89	3.49	3.26	3.11	3.00	2.91	2.85	2.80	2.75	2.69	2.62	2.54	2.51	2.47	2.43	2.38	2.34	2.30
13	4.67	3.81	3.41	3.18	3.03	2.92	2.83	2.77	2.71	2.67	2.60	2.53	2.46	2.42	2.38	2.34	2.30	2.25	2.21
14	4.60	3.74	3.34	3.11	2.96	2.85	2.76	2.70	2.65	2.60	2.53	2.46	2.39	2.35	2.31	2.27	2.22	2.18	2.13
15	4.54	3.68	3.29	3.06	2.90	2.79	2.71	2.64	2.59	2.54	2.48	2.40	2.33	2.29	2.25	2.20	2.16	2.11	2.07
16	4.49	3.63	3.24	3.01	2.85	2.74	2.66	2.59	2.54	2.49	2.42	2.35	2.28	2.24	2.19	2.15	2.11	2.06	2.01
17	4.45	3.59	3.20	2.96	2.81	2.70	2.61	2.55	2.49	2.45	2.38	2.31	2.23	2.19	2.15	2.10	2.06	2.01	1.96
18	4.41	3.55	3.16	2.93	2.77	2.66	2.58	2.51	2.46	2.41	2.34	2.27	2.19	2.15	2.11	2.06	2.02	1.97	1.92
19	4.38	3.52	3.13	2.90	2.74	2.63	2.54	2.48	2.42	2.38	2.31	2.23	2.16	2.11	2.07	2.03	1.98	1.93	1.88
20	4.35	3.49	3.10	2.87	2.71	2.60	2.51	2.45	2.39	2.35	2.28	2.20	2.12	2.08	2.04	1.99	1.95	1.90	1.84
21	4.32	3.47	3.07	2.84	2.68	2.57	2.49	2.42	2.37	2.32	2.25	2.18	2.10	2.05	2.01	1.96	1.92	1.87	1.81
22	4.30	3.44	3.05	2.82	2.66	2.55	2.46	2.40	2.34	2.30	2.23	2.15	2.07	2.03	1.98	1.94	1.89	1.84	1.78
23	4.28	3.42	3.03	2.80	2.64	2.53	2.44	2.37	2.32	2.27	2.20	2.13	2.05	2.01	1.96	1.91	1.86	1.81	1.76
24	4.26	3.40	3.01	2.78	2.62	2.51	2.42	2.36	2.30	2.25	2.18	2.11	2.03	1.98	1.94	1.89	1.84	1.79	1.73
25	4.24	3.39	2.99	2.76	2.60	2.49	2.40	2.34	2.28	2.24	2.16	2.09	2.01	1.96	1.92	1.87	1.82	1.77	1.71
26	4.23	3.37	2.98	2.74	2.59	2.47	2.39	2.32	2.27	2.22	2.15	2.07	1.99	1.95	1.90	1.85	1.80	1.75	1.69
27	4.21	3.35	2.96	2.73	2.57	2.46	2.37	2.31	2.25	2.20	2.13	2.06	1.97	1.93	1.88	1.84	1.79	1.73	1.67
28	4.20	3.34	2.95	2.71	2.56	2.45	2.36	2.29	2.24	2.19	2.12	2.04	1.96	1.91	1.87	1.82	1.77	1.71	1.65
29	4.18	3.33	2.93	2.70	2.55	2.43	2.35	2.28	2.22	2.18	2.10	2.03	1.94	1.90	1.85	1.81	1.75	1.70	1.64
30	4.17	3.32	2.92	2.69	2.53	2.42	2.33	2.27	2.21	2.16	2.09	2.01	1.93	1.89	1.84	1.79	1.74	1.68	1.62
40	4.08	3.23	2.84	2.61	2.45	2.34	2.25	2.18	2.12	2.08	2.00	1.92	1.84	1.79	1.74	1.69	1.64	1.58	1.51
60	4.00	3.15	2.76	2.53	2.37	2.25	2.17	2.10	2.04	1.99	1.92	1.84	1.75	1.70	1.65	1.59	1.53	1.47	1.39
120	3.92	3.07	2.68	2.45	2.29	2.17	2.09	2.02	1.96	1.91	1.83	1.75	1.66	1.61	1.55	1.50	1.43	1.35	1.25
∞	3.84	3.00	2.60	2.37	2.21	2.10	2.01	1.94	1.88	1.83	1.75	1.67	1.57	1.52	1.46	1.39	1.32	1.22	1.00

续表

(3) (α=0.025)

n_2 \ n_1	1	2	3	4	5	6	7	8	9	10	12	15	20	24	30	40	60	120	∞
1	647.8	799.5	864.2	899.6	921.8	937.1	948.2	956.7	963.3	968.6	976.7	984.9	993.1	997.2	1001	1006	1010	1014	1018
2	38.51	39.00	39.17	39.25	39.30	39.33	39.36	39.37	39.39	39.40	39.41	39.43	39.45	39.46	39.46	39.47	39.48	39.40	39.50
3	17.44	16.04	15.44	15.10	14.88	14.73	14.62	14.54	14.47	14.42	14.34	14.25	14.17	14.12	14.08	14.04	13.99	13.95	13.90
4	12.22	10.65	9.98	9.60	9.36	9.20	9.07	8.98	8.90	8.84	8.75	8.66	8.56	8.51	8.46	8.41	8.36	8.31	8.26
5	10.01	8.43	7.76	7.39	7.15	6.98	6.85	6.76	6.68	6.62	6.52	6.43	6.33	6.28	6.23	6.18	6.12	6.07	6.02
6	8.81	7.26	6.60	6.23	5.99	5.82	5.70	5.60	5.52	5.46	5.37	5.27	5.17	5.12	5.07	5.01	4.96	4.90	4.85
7	8.07	6.54	5.89	5.52	5.29	5.12	4.99	4.90	4.82	4.76	4.67	4.57	4.47	4.42	4.36	4.31	4.25	4.20	4.14
8	7.57	6.06	5.42	5.05	4.82	4.65	4.53	4.43	4.36	4.30	4.20	4.10	4.00	3.95	3.89	3.84	3.78	3.73	3.67
9	7.21	5.71	5.08	4.72	4.48	4.32	4.20	4.10	4.03	3.96	3.87	3.77	3.67	3.61	3.56	3.51	3.45	3.39	3.33
10	6.94	5.46	4.83	4.47	4.24	4.07	3.95	3.85	3.78	3.72	3.62	3.52	3.42	3.37	3.31	3.26	3.20	3.14	3.08
11	6.72	5.26	4.63	4.28	4.04	3.88	3.76	3.66	3.59	3.53	3.43	3.33	3.23	3.17	3.12	3.06	3.00	2.94	2.88
12	6.55	5.10	4.47	4.12	3.89	3.73	3.61	3.51	3.44	3.37	3.28	3.18	3.07	3.02	2.96	2.91	2.85	2.79	2.72
13	6.41	4.97	4.35	4.00	3.77	3.60	3.48	3.39	3.31	3.25	3.15	3.05	2.95	2.89	2.84	2.78	2.72	2.66	2.60
14	6.30	4.86	4.24	3.89	3.66	3.50	3.38	3.29	3.21	3.15	3.05	2.95	2.84	2.79	2.73	2.67	2.61	2.55	2.49
15	6.20	4.77	4.15	3.80	3.58	3.41	3.29	3.20	3.12	3.06	2.96	2.86	2.76	2.70	2.64	2.59	2.52	2.46	2.40
16	6.12	4.69	4.08	3.73	3.50	3.34	3.22	3.12	3.05	2.99	2.89	2.79	2.68	2.63	2.57	2.51	2.45	2.38	2.32
17	6.04	4.62	4.01	3.66	3.44	3.28	3.16	3.06	2.98	2.92	2.82	2.72	2.62	2.56	2.50	2.44	2.38	2.32	2.25
18	5.98	4.56	3.95	3.61	3.38	3.22	3.10	3.01	2.93	2.87	2.77	2.67	2.56	2.50	2.44	2.38	2.32	2.26	2.19
19	5.92	4.51	3.90	3.56	3.33	3.17	3.05	2.96	2.88	2.82	2.72	2.62	2.51	2.45	2.39	2.33	2.27	2.20	2.13
20	5.87	4.46	3.86	3.51	3.29	3.13	3.01	2.91	2.84	2.77	2.68	2.57	2.46	2.41	2.35	2.29	2.22	2.16	2.09
21	5.83	4.42	3.82	3.48	3.25	3.09	2.97	2.87	2.80	2.73	2.64	2.53	2.42	2.37	2.31	2.25	2.18	2.11	2.04
22	5.79	4.38	3.78	3.44	3.22	3.05	2.93	2.84	2.76	2.70	2.60	2.50	2.39	2.33	2.27	2.21	2.14	2.08	2.00
23	5.75	4.35	3.75	3.41	3.18	3.02	2.90	2.81	2.73	2.67	2.57	2.47	2.36	2.30	2.24	2.18	2.11	2.04	1.97
24	5.72	4.32	3.72	3.38	3.15	2.99	2.87	2.78	2.70	2.64	2.54	2.44	2.33	2.27	2.21	2.15	2.08	2.01	1.94

(3) ($\alpha=0.025$)

n_2 \ n_1	1	2	3	4	5	6	7	8	9	10	12	15	20	24	30	40	60	120	∞
25	5.69	4.29	3.69	3.35	3.13	2.97	2.85	2.75	2.68	2.61	2.51	2.41	2.30	2.24	2.18	2.12	2.05	1.98	1.91
26	5.66	4.27	3.67	3.33	3.10	2.94	2.82	2.73	2.65	2.59	2.49	2.39	2.28	2.22	2.16	2.09	2.03	1.95	1.88
27	5.63	4.24	3.65	3.31	3.08	2.92	2.80	2.71	2.63	2.57	2.47	2.36	2.25	2.19	2.13	2.07	2.00	1.93	1.85
28	5.61	4.22	3.63	3.29	3.06	2.90	2.78	2.69	2.61	2.55	2.45	2.34	2.23	2.17	2.11	2.05	1.98	1.91	1.83
29	5.59	4.20	3.61	3.27	3.04	2.88	2.76	2.67	2.59	2.53	2.43	2.32	2.21	2.15	2.09	2.03	1.96	1.89	1.81
30	5.57	4.18	3.59	3.25	3.03	2.87	2.75	2.65	2.57	2.51	2.41	2.31	2.20	2.14	2.07	2.01	1.94	1.87	1.79
40	5.42	4.05	3.46	3.13	3.90	2.74	2.62	2.53	2.45	2.39	2.29	2.18	2.07	2.01	1.94	1.88	1.80	1.72	1.64
60	5.29	3.93	3.34	3.01	2.79	2.63	2.51	2.41	2.33	2.27	3.17	2.06	1.94	1.88	1.82	1.74	1.67	1.58	1.48
120	5.15	3.80	3.23	2.89	2.67	2.52	2.39	2.30	2.22	2.16	2.05	1.94	1.82	1.76	1.69	1.61	1.53	1.43	1.31
∞	5.02	3.69	3.12	2.79	2.57	2.41	2.29	2.19	2.11	2.05	1.94	1.83	1.71	1.64	1.57	1.48	1.39	1.27	1.00

(4) ($\alpha=0.01$)

n_2 \ n_1	1	2	3	4	5	6	7	8	9	10	12	15	20	24	30	40	60	120	∞
1	4052	4999.5	5403	5625	5764	5859	5928	5982	6022	6056	6106	6157	6209	6235	6261	6287	6313	6339	6366
2	98.50	99.00	99.17	99.25	99.30	99.33	99.36	99.37	99.39	99.40	99.42	99.43	99.45	99.46	99.47	99.47	99.48	99.49	99.50
3	34.12	30.82	29.46	28.71	28.24	27.91	27.67	27.49	27.35	27.23	27.05	26.87	26.69	26.60	26.50	26.41	26.32	26.22	26.13
4	21.20	18.00	16.69	15.98	15.52	15.21	14.98	14.80	14.66	14.55	14.37	24.20	14.02	13.93	13.84	13.75	13.65	13.56	13.46
5	16.26	13.27	12.06	11.39	10.97	10.67	10.46	10.29	10.16	10.05	9.89	9.72	9.55	9.47	9.38	9.29	9.20	9.11	9.02
6	13.75	10.93	9.78	9.15	8.75	8.47	8.26	8.10	7.98	7.87	7.72	7.56	7.40	7.31	7.23	7.14	7.06	6.97	6.88
7	12.25	9.55	8.45	7.85	7.46	7.19	6.99	6.84	6.72	6.62	6.47	6.31	6.16	6.07	5.99	5.91	5.82	5.74	5.65
8	11.26	8.65	7.59	7.01	6.63	6.37	6.18	6.03	5.91	5.81	5.67	5.52	5.36	5.28	5.20	5.12	5.03	4.95	4.86
9	10.56	8.02	6.99	6.42	6.06	5.80	5.61	5.47	5.35	5.26	5.11	4.96	4.81	4.73	4.65	4.57	4.48	4.40	4.31

续表

(4) ($\alpha=0.01$)

n_2 \ n_1	1	2	3	4	5	6	7	8	9	10	12	15	20	24	30	40	60	120	∞
10	10.04	7.56	6.55	5.99	5.64	5.39	5.20	5.06	4.94	4.85	4.71	4.56	4.41	4.33	4.25	4.17	4.08	4.00	3.91
11	9.65	7.21	6.22	5.67	5.32	5.07	4.89	4.74	4.63	4.54	4.40	4.25	4.10	4.02	3.94	3.86	3.78	3.69	3.60
12	9.33	6.93	5.95	5.41	5.06	4.82	4.64	4.50	4.39	4.30	4.16	4.01	3.86	3.78	3.70	3.62	3.54	3.45	3.36
13	9.07	6.70	5.74	5.21	4.86	4.62	4.44	4.30	4.19	4.10	3.96	3.82	3.66	3.59	3.51	3.43	3.34	3.25	3.17
14	8.86	6.51	5.56	5.04	4.69	4.46	4.28	4.14	4.03	3.94	3.80	3.66	3.51	3.43	3.35	3.27	3.18	3.09	3.00
15	8.68	6.36	5.42	4.89	4.56	4.32	4.14	4.00	3.89	3.80	3.67	3.52	3.37	3.29	3.21	3.13	3.05	2.96	2.87
16	8.53	6.23	5.29	4.77	4.44	4.20	4.03	3.89	3.78	3.69	3.55	3.41	3.26	3.18	3.10	3.02	2.93	2.84	2.75
17	8.40	6.11	5.18	4.67	4.34	4.10	3.93	3.79	3.68	3.59	3.46	3.31	3.16	3.08	3.00	2.92	2.83	2.75	2.65
18	8.29	6.01	5.09	4.58	4.25	4.01	3.84	3.71	3.60	3.51	3.37	3.23	3.08	3.00	2.92	2.84	2.75	2.66	2.57
19	8.18	5.93	5.01	4.50	4.17	3.94	3.77	3.63	3.52	3.43	3.30	3.15	3.00	2.92	2.84	2.76	2.67	2.58	2.49
20	8.10	5.85	4.94	4.43	4.10	3.87	3.70	3.56	3.46	3.37	3.23	3.09	2.94	2.86	2.78	2.69	2.61	2.52	2.42
21	8.02	5.78	4.87	4.37	4.04	3.81	3.64	3.51	3.40	3.31	3.17	3.03	2.88	2.80	2.72	2.64	2.55	2.46	2.36
22	7.95	5.72	4.82	4.31	3.99	3.76	3.59	3.45	3.35	3.26	3.12	2.98	2.83	2.75	2.67	2.58	2.50	2.40	2.31
23	7.88	5.66	4.76	4.26	3.94	3.71	3.54	3.41	3.30	3.21	3.07	2.93	2.78	2.70	2.62	2.54	2.45	2.35	2.26
24	7.82	5.61	4.72	4.22	3.90	3.67	3.50	3.36	3.26	3.17	3.03	2.89	2.74	2.66	2.58	2.49	2.40	2.31	2.21
25	7.77	5.57	4.68	4.18	3.85	3.63	3.46	3.32	3.22	3.13	2.99	2.85	2.70	2.62	2.54	2.45	2.36	2.27	2.17
26	7.72	5.53	4.64	4.14	3.82	3.59	3.42	3.29	3.18	3.09	2.96	2.81	2.66	2.58	2.50	2.42	2.33	2.23	2.13
27	7.68	5.49	4.60	4.11	3.78	3.56	3.39	3.26	3.15	3.06	2.93	2.78	2.63	2.55	2.47	2.38	2.29	2.20	2.10
28	7.64	5.45	4.57	4.07	3.75	3.53	3.36	3.23	3.12	3.03	2.90	2.75	2.60	2.52	2.44	2.35	2.26	2.17	2.06
29	7.60	5.42	4.54	4.04	3.73	3.50	3.33	3.20	3.09	3.00	2.87	2.73	2.57	2.49	2.41	2.33	2.23	2.14	2.03
30	7.56	5.39	4.51	4.02	3.70	3.47	3.30	3.17	3.07	2.98	2.84	2.70	2.55	2.47	2.39	2.30	2.21	2.11	2.01
40	7.31	5.18	4.31	3.83	3.51	3.29	3.12	2.99	2.89	2.80	2.66	2.52	2.37	2.29	2.20	2.11	2.02	1.92	1.80
60	7.08	4.98	4.13	3.65	3.34	3.12	2.95	2.82	2.72	2.63	2.50	2.35	2.20	2.12	2.03	1.94	1.84	1.73	1.60
120	6.85	4.79	3.95	3.48	3.17	2.96	2.79	2.66	2.56	2.47	2.34	2.19	2.03	1.95	1.86	1.76	1.66	1.53	1.38
∞	6.63	4.61	3.78	3.32	3.02	2.80	2.64	2.51	2.41	2.32	2.18	2.04	1.88	1.79	1.70	1.59	1.47	1.32	1.00

续表

(5)（α=0.005）

n_2 \ n_1	1	2	3	4	5	6	7	8	9	10	12	15	20	24	30	40	60	120	∞
1	16211	20000	21615	22500	23056	23437	23715	23925	24091	24224	24426	24630	24836	24940	25044	25148	35253	25359	25465
2	198.5	199.0	199.2	199.2	199.3	199.3	199.4	199.4	199.4	199.4	199.4	199.4	199.4	199.4	199.5	199.5	199.5	199.5	199.5
3	55.55	49.80	47.47	46.19	45.39	44.84	44.43	44.13	43.88	43.69	43.39	43.08	42.78	42.62	42.47	42.31	42.15	41.99	41.83
4	31.33	26.28	24.26	23.15	22.46	21.97	21.62	21.35	21.14	20.97	20.70	20.44	20.17	20.03	19.89	19.75	19.61	19.47	19.32
5	22.78	18.31	16.53	15.56	14.94	14.51	14.20	13.96	13.77	13.62	13.38	13.15	12.90	12.78	12.66	12.53	12.40	12.27	12.14
6	18.63	14.54	12.92	12.03	11.46	11.07	10.79	10.57	10.39	10.25	10.03	9.81	9.59	9.47	9.36	9.24	9.12	9.00	8.88
7	16.24	12.40	10.88	10.05	9.52	9.16	8.89	8.68	8.51	8.38	8.18	7.97	7.75	7.65	7.53	7.42	7.31	7.19	7.08
8	14.69	11.04	9.60	8.81	8.30	7.95	7.69	7.50	7.34	7.21	7.01	6.81	6.61	6.50	6.40	6.29	6.18	6.06	5.95
9	13.61	10.11	8.72	7.96	7.47	7.13	6.88	6.69	6.54	6.42	6.23	6.03	5.83	5.73	5.62	5.52	5.41	5.30	5.19
10	12.83	9.43	8.08	7.34	6.87	6.54	6.30	6.12	5.97	5.85	5.66	5.47	5.27	5.17	5.07	4.97	4.86	4.75	4.64
11	12.23	8.91	7.60	6.88	6.42	6.10	5.86	5.68	5.54	5.42	5.24	5.05	4.86	4.76	4.65	4.55	4.44	4.34	4.23
12	11.75	8.51	7.23	6.52	6.07	5.76	5.52	5.35	5.20	5.09	4.91	4.72	4.53	4.43	4.33	4.23	4.12	4.01	3.90
13	11.37	8.19	6.93	6.23	5.79	5.48	5.25	5.08	4.94	4.82	4.64	4.46	4.27	4.17	4.07	3.97	3.87	3.76	3.65
14	11.06	7.92	6.68	6.00	5.56	5.26	5.03	4.86	4.72	4.60	4.43	4.25	4.06	3.96	3.86	3.76	3.66	3.55	3.44
15	10.80	7.70	6.48	5.80	5.37	5.07	4.85	4.67	4.54	4.42	4.25	4.07	3.88	3.79	3.69	3.58	3.48	3.37	3.26
16	10.58	7.51	6.30	5.64	5.21	4.91	4.69	4.52	4.38	4.27	4.10	3.92	3.73	3.64	3.54	3.44	3.33	3.22	3.11
17	10.38	7.35	6.16	5.50	5.07	4.78	4.56	4.39	4.25	4.14	3.97	3.79	3.61	3.51	3.41	3.31	3.21	3.10	2.98
18	10.22	7.21	6.03	5.37	4.96	4.66	4.44	4.28	4.14	4.03	3.86	3.68	3.50	3.40	3.30	3.20	3.10	2.99	2.87
19	10.07	7.09	5.92	5.27	4.85	4.56	4.34	4.18	4.04	3.93	3.76	3.59	3.40	3.31	3.21	3.11	3.00	2.89	2.78
20	9.94	6.99	5.82	5.17	4.76	4.47	4.26	4.09	3.96	3.85	3.68	3.50	3.32	3.22	3.12	3.02	2.92	2.81	2.69
21	9.83	6.89	5.73	5.09	4.68	4.39	4.18	4.01	3.88	3.77	3.60	3.43	3.24	3.15	3.05	2.95	2.84	2.73	2.61
22	9.73	6.81	5.65	5.02	4.61	4.32	4.11	3.94	3.81	3.70	3.54	3.36	3.18	3.08	2.98	2.88	2.77	2.66	2.55
23	9.63	6.73	5.58	4.95	4.54	4.26	4.05	3.88	3.75	3.64	3.47	3.30	3.12	3.02	2.92	2.82	2.71	2.60	2.48
24	9.55	6.66	5.52	4.89	4.49	4.20	3.99	3.83	3.69	3.59	3.42	3.25	3.06	2.97	2.87	2.77	2.66	2.55	2.43

续表

(5) (α=0.005)

n_2 \ n_1	1	2	3	4	5	6	7	8	9	10	12	15	20	24	30	40	60	120	∞
25	9.48	6.60	5.46	4.84	4.43	4.15	3.94	3.78	3.64	3.54	3.37	3.20	3.01	2.92	2.82	2.72	2.61	2.50	2.38
26	9.41	6.54	5.41	4.79	4.38	4.10	3.89	3.73	3.60	3.49	3.33	3.15	2.97	2.87	2.77	2.67	2.56	2.45	2.33
27	9.34	6.49	5.36	4.74	4.34	4.06	3.85	3.69	3.56	3.45	3.28	3.11	2.93	2.83	2.73	2.63	2.52	2.41	2.29
28	9.28	6.44	5.32	4.70	4.30	4.02	3.81	3.65	3.52	3.41	3.25	3.07	2.89	2.79	2.69	2.59	2.48	2.37	2.25
29	9.23	6.40	5.28	4.66	4.26	3.98	3.77	3.61	3.48	3.38	3.21	3.04	2.86	2.76	2.66	2.56	2.45	2.33	2.21
30	9.18	6.35	5.24	4.62	4.23	3.95	3.74	3.58	3.45	3.34	3.18	3.01	2.82	2.73	2.63	2.52	2.42	2.30	2.18
40	8.83	6.07	4.98	4.37	3.99	3.71	3.51	3.35	3.22	3.12	2.95	2.78	2.60	2.50	2.40	2.30	2.18	2.06	1.93
60	8.49	5.79	4.73	4.14	3.76	3.49	3.29	3.13	3.01	2.90	2.74	2.57	2.39	2.29	2.19	2.08	1.96	1.83	1.69
120	8.18	5.54	4.50	3.92	3.55	3.28	3.09	2.93	2.81	2.71	2.54	2.37	2.19	2.09	1.98	1.87	1.75	1.61	1.43
∞	7.88	5.30	4.28	3.72	3.35	3.09	2.90	2.74	2.62	2.52	2.36	2.19	2.00	1.90	1.79	1.67	1.53	1.36	1.00

(6) (α=0.001)

n_2 \ n_1	1	2	3	4	5	6	7	8	9	10	12	15	20	24	30	40	60	120	∞
1	4053+	5000+	5404+	5625+	5764+	5859+	5929+	5981+	6023+	6056+	6107+	6158+	6209+	6235+	6261+	6287+	6313+	6340+	6366+
2	998.5	999.0	999.2	999.2	999.3	999.3	999.4	999.4	999.4	999.4	999.4	999.4	999.4	999.5	999.5	999.5	999.5	999.5	999.5
3	167.0	148.5	141.1	137.1	134.6	132.8	131.6	130.6	129.9	129.2	128.3	127.4	126.4	125.9	125.4	125.0	124.5	124.0	123.5
4	74.14	61.25	56.18	53.44	51.71	50.53	49.66	49.00	48.47	48.05	47.41	46.76	46.10	45.77	45.43	45.09	44.75	44.40	44.05
5	47.18	37.12	33.20	31.09	29.75	28.84	28.16	27.64	27.24	26.92	26.42	25.91	25.39	25.14	24.87	24.60	24.33	24.06	23.79
6	35.51	27.00	23.70	21.92	20.81	20.03	19.46	19.03	18.69	18.41	17.99	17.56	17.12	16.89	16.67	16.44	16.21	15.99	15.75
7	29.25	21.69	18.77	17.19	16.21	15.52	15.02	14.63	14.33	14.08	13.71	13.32	12.93	12.73	12.53	12.33	12.12	11.91	11.70
8	25.42	18.49	15.83	14.39	13.49	12.86	12.40	12.04	11.77	11.54	11.19	10.84	10.48	10.30	10.11	9.92	9.73	9.53	9.33
9	22.86	16.39	13.90	12.56	11.71	11.13	10.70	10.37	10.11	9.89	9.57	9.24	8.90	8.72	8.55	8.37	8.19	8.00	7.80

+：表示要将所列数乘以100。

续表

(6) （α=0.001）

n_2 \ n_1	1	2	3	4	5	6	7	8	9	10	12	15	20	24	30	40	60	120	∞
10	21.04	14.91	12.55	11.28	10.48	9.92	9.52	9.20	8.96	8.75	8.45	8.13	7.80	7.64	7.47	7.30	7.12	6.94	6.76
11	19.69	13.81	11.56	10.35	9.58	9.05	8.66	8.35	8.12	7.92	7.63	7.32	7.01	6.85	6.68	6.52	6.35	6.17	6.00
12	18.64	12.97	10.80	9.63	8.89	8.38	8.00	7.71	7.48	7.29	7.00	6.71	6.40	6.25	6.09	5.93	5.76	5.59	5.42
13	17.81	12.31	10.21	9.07	8.35	7.86	7.49	7.21	6.98	6.80	6.52	6.23	5.93	5.78	5.63	5.47	5.30	5.14	4.97
14	17.14	11.78	9.73	8.62	7.92	7.43	7.08	6.80	6.58	6.40	6.13	5.85	5.56	5.41	5.25	5.10	4.94	4.77	4.60
15	16.59	11.34	9.34	8.25	7.57	7.09	6.74	6.47	6.26	6.08	5.81	5.54	5.25	5.10	4.95	4.80	4.64	4.47	4.31
16	16.12	10.97	9.00	7.94	7.27	6.81	6.46	6.19	5.98	5.81	5.55	5.27	4.99	4.85	4.70	4.54	4.39	4.23	4.06
17	15.72	10.36	8.73	7.68	7.02	6.56	6.22	5.96	5.75	5.58	5.32	5.05	4.78	4.63	4.48	4.33	4.18	4.02	3.85
18	15.38	10.39	8.49	7.46	6.81	6.35	6.02	5.76	5.56	5.39	5.13	4.87	4.59	4.45	4.30	4.15	4.00	3.84	3.67
19	15.08	10.16	8.28	7.26	6.62	6.18	5.85	5.59	5.39	5.22	4.97	4.70	4.43	4.29	4.14	3.99	3.84	3.68	3.51
20	14.82	9.95	8.10	7.10	6.46	6.02	5.69	5.44	5.24	5.08	4.82	4.56	4.29	4.15	4.00	3.86	3.70	3.54	3.38
21	14.59	9.77	7.94	6.95	6.32	5.88	5.56	5.31	5.11	4.95	4.70	4.44	4.17	4.03	3.88	3.74	3.58	3.42	3.26
22	14.38	9.61	7.80	6.81	6.19	5.76	5.44	5.19	4.98	4.83	4.58	4.33	4.06	3.92	3.78	3.63	3.48	3.32	3.15
23	14.19	9.47	7.67	6.69	6.08	5.65	5.33	5.09	4.89	4.73	4.48	4.23	3.96	3.82	3.68	3.53	3.38	3.22	3.05
24	14.03	9.34	7.55	6.59	5.98	5.55	5.23	4.99	4.80	4.64	4.39	4.14	3.87	3.74	3.59	3.45	3.29	3.14	2.97
25	13.88	9.22	7.45	6.49	5.88	5.46	5.15	4.91	4.71	4.56	4.31	4.06	3.79	3.66	3.52	3.37	3.22	3.06	2.89
26	13.74	9.12	7.36	6.41	5.80	5.38	5.07	4.83	4.64	4.48	4.24	3.99	3.72	3.59	3.44	3.30	3.15	2.99	2.82
27	13.61	9.02	7.27	6.33	5.73	5.31	5.00	4.76	4.57	4.41	4.17	3.92	3.66	3.52	3.38	3.23	3.08	2.92	2.75
28	13.50	8.93	7.19	6.25	5.66	5.24	4.93	4.69	4.50	4.35	4.11	3.86	3.60	3.46	3.32	3.18	3.02	2.86	2.69
29	13.39	8.85	7.12	6.19	5.59	5.18	4.87	4.64	4.45	4.29	4.05	3.80	3.54	3.41	3.27	3.12	2.97	2.81	2.64
30	13.29	8.77	7.05	6.12	5.53	5.12	4.82	4.58	4.39	14.24	4.00	3.75	3.49	3.36	3.22	3.07	2.92	2.76	2.59
40	12.61	8.25	6.60	5.70	5.13	4.73	4.44	4.21	4.02	3.87	3.64	3.40	3.15	3.01	2.87	2.73	2.57	2.41	2.23
60	11.97	7.76	6.17	5.31	4.76	4.37	4.09	3.87	3.69	3.54	3.31	3.08	2.83	2.69	2.55	2.41	2.25	2.08	1.89
120	11.38	7.32	5.79	4.95	4.42	4.04	3.77	3.55	3.38	3.24	3.02	2.78	2.53	2.40	2.26	2.11	1.95	1.76	1.54
∞	10.83	6.91	5.42	4.62	4.10	3.74	3.47	3.27	3.10	2.96	2.74	2.51	2.27	2.13	1.99	1.84	1.66	1.45	1.00

附表4 相关系数检验表

$n-2$	5%	1%	$n-2$	5%	1%	$n-2$	5%	1%
1	0.997	1.000	16	0.468	0.590	35	0.325	0.418
2	0.950	0.990	17	0.456	0.575	40	0.304	0.393
3	0.878	0.959	18	0.444	0.561	45	0.288	0.372
4	0.811	0.917	19	0.433	0.549	50	0.273	0.354
5	0.754	0.874	20	0.423	0.537	60	0.250	0.325
6	0.707	0.834	21	0.413	0.526	70	0.232	0.302
7	0.666	0.798	22	0.404	0.515	80	0.217	0.283
8	0.632	0.765	23	0.396	0.505	90	0.205	0.267
9	0.602	0.735	24	0.388	0.496	100	0.195	0.254
10	0.576	0.708	25	0.381	0.487	125	0.174	0.228
11	0.553	0.684	26	0.374	0.478	150	0.159	0.208
12	0.532	0.661	27	0.367	0.470	200	0.138	0.181
13	0.514	0.641	28	0.361	0.463	300	0.113	0.148
14	0.497	0.623	29	0.355	0.456	400	0.098	0.128
15	0.482	0.606	30	0.349	0.449	1000	0.062	0.081

参 考 文 献

[1] 尹奇德，王利平，王琼. 环境工程实验[M]. 武汉：华中科技大学出版社，2009.
[2] 章非娟，徐竟成. 环境工程实验[M]. 北京：高等教育出版社，2006.
[3] 郝瑞霞，吕鉴. 水质工程学实验与技术[M]. 北京：北京工业大学出版社，2006.
[4] 李燕城，吴俊奇. 水处理实验技术[M]. 2版. 北京：中国建筑工业出版社，2004.
[5] 许保玖，龙腾瑞. 当代给水与废水处理原理[M]. 北京：高等教育出版社，2001.
[6] 李圭白，张杰. 水质工程学[M]. 北京：中国建筑工业出版社，2005.
[7] 严煦世，范瑾初. 给水工程[M]. 北京：中国建筑工业出版社，1999.
[8] 张自杰. 排水工程[M]. 北京：中国建筑工业出版社，2000.
[9] 黄君礼. 水分析化学[M]. 北京：中国建筑工业出版社，2008.
[10] 王淑莹，曾薇. 水质工程实验技术与应用[M]. 北京：中国建筑工业出版社，2009.
[11] 艾翠玲，邵享文. 水质工程实验技术[M]. 北京：化学工业出版社，2011.
[12] 李孟，桑稳姣. 水质工程学[M]. 北京：清华大学出版社，2012.
[13] 严子春. 水处理实验与技术[M]. 北京：中国环境科学出版社，2008.
[14] 章北平，陆谢娟，任拥政. 水处理综合实验技术[M]. 武汉：华中科技大学出版社，2011.
[15] 国家环境保护总局编委会. 水和废水监测分析方法[M]. 4版. 北京：中国环境科学出版社，2012.
[16] 白晓宇，张跃军. 微电解/水解酸化/接触氧化法处理甲萘酚废水[J]. 资源节约与环保，2013(6).
[17] 姚建军. 微电解－UASB－接触氧化法处理萘普生医药废水工艺研究[D]. 南京：南京农业大学，2005.
[18] 王利平，李祥梅，马燕东，等. 曝气－水解酸化－接触氧化工艺处理甲萘胺废水[J]. 环境工程，2014(5)：17-19.
[19] 任小娜，张春玲，许新兵，等. 高铁酸钾氧化去除水中甲萘酚的研究[J]. 广州化工，2013，41(21)：48-50.
[20] 秦伯强，杨柳燕，陈非洲，等. 湖泊富营养化发生机制与控制技术及其应用[J]. 科学通报，2006(16)：1857-1866.
[21] 吴庆龙，谢平，杨柳燕，等. 湖泊蓝藻水华生态灾害形成机理及防治的基础研究[J]. 地球科学进展，2008(11)：1115-1123.
[22] 王利平，茆永晶，李新颖，等. 陶瓷膜的制备及对富营养化水体净化效果的研究[J]. 中国给水排水，2014(5)：75-77.
[23] 王利平，郭宇川，陆雷，等. 电气浮工艺对富营养化湖泊型原水中蓝藻的去除[J]. 中国农村水利水电，2011(7)：42-44.
[24] 王利平，薛春阳，郭迎庆，等. TiO_2/PP填料光催化氧化预处理湖泊型原水[J]. 中

国给水排水，2010(11)：77-79.

[25] 张治宏，王彩花，王晓昌. 高级氧化技术在印染废水处理中的研究进展[J]. 工业安全与环保，2008(08)：19-21.

[26] 光建新. 微电解处理高浓度印染废水的试验研究[D]. 镇江：江苏大学，2007.

[27] 王利平，倪可，郭宇川，等. 超声—非均相催化臭氧氧化处理印染废水试验研究[J]. 给水排水，2013(9)：137-141.

[28] 倪可，王利平，李祥梅，等. 负载型金属催化剂的制备及印染废水的催化氧化处理[J]. 化工环保，2014(2)：176-180.

[29] 余跃. 印染废水综合处理研究[D]. 南京：南京工业大学，2004.

[30] 王桂华，尹平河，赵玲，等. 超声波辅助 TiO$_2$ 光催化降解印染废水的研究[J]. 工业水处理，2004(4)：42-45.

[31] 李鱼，张荣，李海生，等. Co/Bi 催化剂催化湿法氧化降解垃圾渗滤液中的氨氮[J]. 高等学校化学学报，2005(3)：430-435.

[32] 杨运平，唐金晶，方芳，等. UV/TiO$_2$/Fenton 光催化氧化垃圾渗滤液的研究[J]. 中国给水排水，2006(7)：34-37.

[33] 王开演，汪晓军，刘剑玉. 臭氧预氧化—BAF 工艺深度处理垃圾渗滤液[J]. 环境工程学报，2009(9)：1563-1566.

[34] 王利平，王亚奇，胡德飞，等. 催化臭氧氧化预处理垃圾渗滤液[J]. 环境科学与技术，2009(11)：160-162.

[35] 王利平，刘宾昌，胡德飞，等. 一种多相催化臭氧氧化处理垃圾渗滤液的方法[P]. CN101580294. 2009-11-18.

[36] 李凡修，陆晓华，梅平，等. 高级氧化技术用于油田废水处理的研究进展[J]. 油田化学，2006(2)：188-192.

[37] 王利平，胡原君，刘晓红，等. 改性磁性材料处理油田废水的研究[J]. 中国给水排水，2008(15)：44-47.

[38] 任昭，张涛，刘智峰. 近 10 年油田废水处理技术综述[J]. 广州环境科学，2010(4)：28-31.

[39] 李海涛，朱其佳，祖荣. 电化学氧化法处理海洋油田废水[J]. 工业水处理，2002(06)：23-25.

[40] 王利平，陈毅忠，胡原君，等. 一种用于处理油田废水的装置[P]. CN101215060. 2008-07-09.

[41] 安金鹏，卢忠远，严云. 粉煤灰基地聚物水泥固化重金属和放射性废物研究现状及发展趋势[J]. 原子能科学技术，2008(12)：1086-1091.

[42] 杨少辉. 铅锌冶炼污酸体系渣硫固定/稳定化研究[D]. 长沙：中南大学，2011.

[43] 甄树聪，董晓慧，杨建明，等. 一种重金属固体废弃物固化剂的制备方法[P]. CN102989741A. 2013-03-27.

[44] 贺庭，刘婕，朱宇恩，等. 重金属污染土壤木本-草本联合修复研究进展[J]. 中国农学通报，2012(11)：237-242.

[45] 楼飞永. 矿渣、粉煤灰用于土壤聚合物固化重金属的技术研究[D]. 杭州：浙江工业

大学，2006.

[46] 黑亮，胡月明，吴启堂，等. 用固定剂减少污泥中重金属污染土壤的研究[J]. 农业工程学报，2007(08)：205-209.

[47] 郭德，吴大为，张秀梅. 高浓度矿井水的处理方案与实践[J]. 工业水处理，2003(5)：55-56.

[48] 李丹，何绪文，王春荣，等. 高浊高铁锰矿井水回用处理实验研究[J]. 中国矿业大学学报，2008(01)：125-128.

[49] 武强，王志强，叶思源，等. 混凝—微滤膜分离技术在矿井水处理与回用中的试验研究[J]. 煤炭学报，2004(05)：581-584.

[50] 毕翀宇. 煤矿矿井水处理及其资源化研究[D]. 太原：山西大学，2008.

[51] 莫樊，郁钟铭，吴桂义，等. 煤矿矿井水资源化及综合利用[J]. 煤炭工程，2009(6)：103-105.

[52] 黄群星，严建华，王飞，等. 集成式双流化床污泥干化燃烧装置[P]. CN10305-8487A. 2013-04-24.

[53] 川岛胜，小山智之，竹中彰，等. 污泥焚烧方法和污泥焚烧设备[P]. CN10256-3666A. 2012-07-11.

[54] 陈泽峰，陈金兴，吕燕根，等. 一种污泥干化与垃圾焚烧一体化的方法[P]. CN102537979A. 2012-07-04.

[55] 崔宝臣. 超临界水氧化处理含油污泥研究[D]. 哈尔滨：哈尔滨工业大学，2009.

[56] 廖传华，周玲，郭丹丹，等. 有机污泥超临界水氧化治理及资源化利用的系统和方法[P]. CN102503066A. 2012-06-20.

[57] 姚毅，李博，王飞，等. 深圳市污水处理厂污泥焚烧处理可行性研究[J]. 环境卫生工程，2011(05)：31-34.

[58] 秦翠娟，李红军，钟学进. 我国污泥焚烧技术的比较与分析[J]. 能源工程，2011(1)：52-56.

[59] 方平，岑超平，唐子君，等. 污泥焚烧大气污染物排放及其控制研究进展[J]. 环境科学与技术，2012(10)：70-80.

[60] 刘风，陈文兵，袁连新，等. 污水处理厂污泥焚烧及烟气净化工程分析[J]. 山东建筑大学学报，2012(01)：71-74.

[61] 陈好寿，裴辉东，张霄宇. 杭州市区土壤铅、锶同位素示踪研究[J]. 浙江地质，1999(1)：43-48.

[62] 汪智军，杨平恒，旷颖仑，等. 基于～(15)N同位素示踪技术的地下河硝态氮来源时空变化特征分析[J]. 环境科学，2009(12)：3548-3554.

[63] 吴举宏. 同位素示踪技术的应用[J]. 生物学教学，2003(10)：54-55.

[64] 孙金艳. 同位素示踪技术在动物营养中的应用[J]. 黑龙江农业科学，2008(01)：82-83.

[65] 张志友，李淼，郑庆芳，等. 新型同位素示踪监测技术的研究[J]. 油气井测试，2005(06)：68-69.

[66] 郑彤，陈春云. 环境系统数学模型[M]. 北京：化学工业出版社，2003.

[67]　雒文生，宋星原. 水环境分析及预测[M]. 武汉：武汉大学出版社，2000.

[68]　彭泽洲. 水环境数学模型及其应用[M]. 北京：化学工业出版社，2007.

[69]　刘来福，曾文艺. 数学模型与数学建模[M]. 北京：北京师范大学出版社，2002.

[70]　赵东方. 数学模型与计算[M]. 北京：科学出版社，2007.

[71]　刘卫国，陈昭平，张颖. MATLAB 程序设计与应用[M]. 北京：高等教育出版社，2002.

[72]　Delores M. Etter, David C. Kuncicky, Holly Moore. MATLAB7 及工程问题解决方案[M]. 北京：机械工业出版社，2006.

[73]　许保玖. 当代给水与废水处理原理 [M]. 2 版. 北京：高等教育出版社，2000.

[74]　胡瑞，樊鹏. 美国大学科学研究持续发展的三个支点[J]. 黑龙江高教研究，2012(9)：19-22.

[75]　陈东，吕晓虹. 试论科学研究中的创造性思维[J]. 国际关系学院学报，2008(4)：87-93.

[76]　刘高岑. 科学研究中的图像表征方法及其创新功能[J]. 科学学研究，2011(12)：1780-1785.

[77]　刘希佳. 科学研究中的创造性思维研究[D]. 乌鲁木齐：新疆大学，2011.

[78]　胡建华. 关于大学开展科学研究的几点思考[J]. 教育学报，2006(3)：64-69.

[79]　夏君子. 科技论文写作中数据处理方法的创新性分析[J]. 黑龙江教育学院学报，2013(01)：186-188.

[80]　王亚军. 科技论文写作相关国家标准[J]. 安全与环境学报，2003(4)：55.

[81]　杨震. 科技论文写作中需注意的一些问题[J]. 安全与环境学报，2007(6)：155-156.

[82]　张志钊. 提高科技论文写作质量的几个问题[J]. 江苏技术师范学院学报，2011(12)：175-177.

[83]　刘志壮. 科技论文写作的技巧与规范[J]. 湖南科技学院学报，2009(5)：210-212.

[84]　赵飞. 常用文献管理软件功能比较[J]. 现代图书情报技术，2012(3)：67-72.

[85]　张喜珊，黄建华. 文献信息管理系统在科研写作中的应用探讨[J]. 情报探索，2010(3)：88-91.

[86]　华力为，王晓峰，李文喆，等. 利用文献管理软件优化编辑工作[J]. 中国科技期刊研究，2012(3)：433-435.

[87]　蔡敏. 三种常用参考文献管理软件比较研究[J]. 现代情报，2007(10)：176-179.

[88]　卞文娟. 环境工程实验[M]. 南京：南京大学出版社，2011.

[89]　李兆华，胡细全，康群. 环境工程实验指导书[M]. 武汉：中国地质大学出版社，2010.

[90]　仇春华. 环境工程实验教程[M]. 沈阳：东北大学出版社，2008.

[91]　张莉，余训民，祝启坤. 环境工程实验指导教程（基础型、综合设计型、创新型）[M]. 北京：化学工业出版社，2011.

[92]　黄忠臣. 水环境工程实验[M]. 北京：中国水利水电出版社，2014.

[93]　潘大伟，金文杰. 环境工程实验[M]. 北京：化学工业出版社，2014.